SERGIO MANTOVANI   IRENE SACCHETTI

GEO 1
NATURA L'EUROPA E L'ITALIA

GEONATURA 1
card studente OpenBook + Extrakit
Sergio Mantovani

CODICE PIN
2816F JYXMI

OpenBook

Mosaico

MyDigiTest

W0020806

OpenBook è il nuovo libro di testo digitale, interattivo e multimediale.
ExtraKit è il pacchetto gratuito di contenuti multimediali che arricchisce ed espande il tuo libro di testo RCS Education.

Puoi accedere al tuo OpenBook e al tuo ExtraKit inserendo il codice PIN indicato. Come?

• Collegati al sito **www.rcseducation.it**
• Registrati o effettua il login
• Accedi alla tua area personale MyStudio
• Inserisci il codice PIN nell'apposito spazio
• Accedi al tuo ExtraKit e al tuo OpenBook!

In più per te **Mosaico** e My**Digi**Test!

Mosaico è l'innovativo motore di ricerca per la scuola per creare e pubblicare percorsi di studio personalizzati. MyDigi**Test** è l'eserciziario digitale per mettersi alla prova con test e questionari.

*Acquista **Mosaico** e MyDigiTest rispettivamente al prezzo speciale di 5€ e 3€. Puoi farlo dalla tua area personale My**Studio**!*

ISBN 978-88-915-2008-1

9 788891 520081
2015 I

DT 0048939724

2006 GEONATUR
A 1 VOLUME
RISTAMPA
SACCHETTI
MANTOVANI SER

FABBRI

FABBRI
EDITORI

in collaborazione con

Erickson

SOGNARE IL FUTURO COSTRUENDO IL PRESENTE

Il progetto Rizzoli Education per la scuola

LO STUDENTE AL CENTRO

Ogni studente è diverso dagli altri perché è un individuo unico, con un proprio processo cognitivo e relazionale: valorizzare le differenze è un filo rosso che colora tutto il progetto per la scuola di Rizzoli Education.

IL PATTO CON LE FAMIGLIE

Il successo formativo è frutto della sinergia tra docenti, studenti e genitori; Rizzoli Education propone materiali speciali gratuiti a corredo dei propri corsi per supportare e affiancare le famiglie.

INNOVAZIONE DIGITALE

Coinvolgere, condividere e innovare: le piattaforme e i prodotti digitali Rizzoli Education sono progettati sui bisogni della scuola, utilizzando la tecnologia come facilitatore didattico.

VERSO IL TRAGUARDO

Il compito della scuola è accompagnare i ragazzi nel proprio percorso di crescita e formazione, guidando i talenti verso le scelte che li porteranno alla realizzazione del successo formativo.

UN PERCORSO COMPLETO

Un progetto unico per la scuola, che parte dalla primaria fino alla maturità, con una particolare attenzione alle delicate fasi di passaggio tra i cicli scolastici.

IN EUROPA E OLTRE

Conoscere le lingue è un obiettivo curricolare e un modo per avvicinarsi alle culture di altri Paesi; Rizzoli Education collabora con i migliori editori stranieri a supporto degli studenti italiani in questo percorso.

FORMAZIONE ED ECCELLENZA

Non si smette mai di imparare: Rizzoli Education crede fermamente nella formazione dei docenti come strumento di eccellenza, e per questo offre corsi ed eventi per il loro aggiornamento.

I PARTNER CERTIFICATI

Per proporre un'offerta editoriale completa, efficace e innovativa, Rizzoli Education si avvale delle competenze dei migliori partner, tra i quali il Centro Studi Erickson, Oxford University Press, l'Università Ca' Foscari e Alpha Test.

MYSTUDIO
L'ambiente digitale interattivo per la scuola

Innovativo,
facile e gratuito

MyStudio è il sistema digitale polifunzionale per lo studio e l'insegnamento che integra in un unico ambiente i prodotti e gli strumenti di Rizzoli Education sviluppati per la didattica digitale e cooperativa.
Con una semplice registrazione su www.rizzolieducation.it puoi accedere a MyStudio e utilizzare gli strumenti digitali gratuiti, con cui lavorare in autonomia o confrontarti e collaborare con la classe. Puoi inoltre attivare e utilizzare ExtraKit, il pacchetto di contenuti multimediali che espande il libro di testo e OpenBook, il libro digitale interattivo.

Con MyStudio puoi:

- partecipare a una classe virtuale, potenziare le attività cooperative e facilitare la didattica di tutti i giorni attraverso la tecnologia;

- attivare il codice pin che trovi sul libro cartaceo, per accedere ai contenuti digitali che integrano il corso (OpenBook ed Extrakit);

- condividere i materiali, svolgere le attività, controllare le scadenze, monitorare i tuoi risultati;

- realizzare oggetti digitali, aggregare contenuti multimediali, autoprodotti o reperiti in rete e creare ricerche e pubblicazioni digitali.

mystudio.rizzolieducation.it

OPENBOOK
Interattivo, multimediale e inclusivo

OpenBook è il libro digitale di Rizzoli Education arricchito da video, animazioni, audio, media-gallery e verifiche interattive. Puoi sfogliare le pagine del libro, attivare i contenuti multimediali e utilizzare gli strumenti integrati con cui studiare, prendere appunti e registrare note vocali.

● Le pagine accessibili, ove presenti, sono un efficace strumento per l'inclusione: è possibile impostare la dimensione e il tipo di carattere - fra cui EasyReading®, il font ad alta leggibilità - e attivare la lettura automatica del testo.

● OpenBook è utilizzabile su computer (PC, Mac e Linux) e tablet (Android e iOS) ed è ottimizzato per LIM e videoproiettori. Il libro è fruibile anche offline.

openbook.rizzolieducation.it

EXTRAKIT
Espandere, approfondire, integrare

ExtraKit è l'espansione online del libro di testo e contiene tutti gli oggetti che compongono l'offerta digitale del corso. In ExtraKit sono disponibili approfondimenti, contenuti e materiali didattici presenti in OpenBook, accompagnati da eventuali integrazioni e aggiornamenti effettuati lungo il corso dell'anno scolastico.

● Extrakit è integrato con gli strumenti MyStudio, per creare percorsi didattici personalizzati.

● Puoi trovare velocemente i contenuti che ti interessano e filtrarli per tipologia (video, audio, animazioni e altri contenuti multimediali).

extrakit.rizzolieducation.it

GEONATURA

L'Italia, l'Europa, i Paesi extraeuropei. Un percorso entusiasmante alla scoperta del nostro pianeta, dei suoi paesaggi, dei suoi ambienti, del suo territorio. Con strumenti didattici inclusivi nati dalla preziosa collaborazione con Erickson.

ORGANIZZAZIONE DEI CONTENUTI

Il testo è organizzato in due parti dedicate alla geografia generale dell'Europa e dell'Italia: **Geografia fisica e degli ambienti** e **Geografia umana ed economica**.
Il **percorso di studio** si struttura in brevi capitoli, a loro volta scanditi in lezioni di due o quattro pagine, con contenuti misurati sulla effettiva capacità di lettura e di comprensione degli allievi.

Nello svolgimento della lezione l'Atlante **Osservo e Imparo** offre un utile supporto cartografico, che va a costituire una "terza pagina" sempre disponibile per la visualizzazione dello spazio e dei temi geografici affrontati.

IMMAGINI, DISEGNI, INFOGRAFICHE E CARTOGRAFIA

Le **infografiche** rendono comprensibili argomenti complessi.

Le **carte** geografiche e tematiche offrono una precisa rappresentazione del territorio o del fenomeno affrontato.

Grandi **disegni** commentati descrivono gli ambienti e i paesaggi.

NATURA&AMBIENTE

Geonatura invita gli studenti a un comportamento responsabile nei confronti del territorio e dell'ambiente. Per questo propone un percorso di **educazione ambientale** sviluppato non solo nel profilo del testo, ma anche nelle pagine **Natura&Ambiente** che tornano con frequenza nelle pagine dei volumi.

LE ATTIVITA' DIDATTICHE

Le attività didattiche **Impara a imparare** guidano pagina dopo pagina gli allievi ad apprendere contenuti, a rielaborare le conoscenze, a sviluppare abilità e a raggiungere competenze. Ampio spazio è dedicato alle proposte di attività cooperative (**Imparare insieme**), per favorire la collaborazione e l'inclusione. Le **verifiche** consentono di mettere alla prova le **conoscenze** apprese, le **abilità** sviluppate e le **competenze** raggiunte.

PRIMO RIPASSO

Per aiutare tutti gli allievi nell'apprendimento dei contenuti essenziali delle unità, **Erickson ha predisposto grandi schemi di ricapitolazione**.
Le mappe sono composte in carattere EasyReading™ per favorire l'inclusione.

TIRIAMO LE FILA

Una breve **sintesi**, una **mappa** a completamento e alcune **domande-guida** aiutano gli allievi nella preparazione dell'interrogazione, per avere ben presenti i concetti studiati e per essere allenati a rielaborarli e a esporli oralmente.

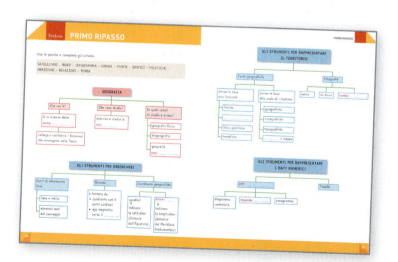

OSSERVO E IMPARO

Strumenti per apprendere, studiare, ripassare a scuola e a casa. Sempre a disposizione, alla portata di tutti.

Osservo e Imparo è un Atlante allegato al corso **Geonatura**: una vera e propria "cassetta degli attrezzi" da usare in maniera integrata con il volume base.

Osservo e Imparo propone un repertorio di carte fisiche, politiche e tematiche che segue i contenuti del volume base. Può essere utilizzato in maniera autonoma dagli studenti a casa e a scuola come strumento per il ripasso dei **contenuti essenziali**.

La lettura delle carte è strutturata su due livelli.

Una carta in grande formato accompagnata da un breve testo visualizza l'argomento illustrato.

La stessa carta è proposta in versione facilitata e guidata per il ripasso e il raggiungimento degli obiettivi minimi da parte di tutti. I testi sono composti in carattere ad alta leggibilità EasyReading™.

Osservo e Imparo integra i contenuti e gli strumenti offerti dal volume base. Le grandi carte della pagina di sinistra costituiscono la "terza pagina" del volume, che può restare aperta nel corso dello studio delle lezioni, consentendo allo studente di avere sempre a disposizione la carta fisica, politica o tematica relativa all'argomento di studio. Puntuali rimandi specificati in ogni carta favoriscono l'integrazione tra gli strumenti dell'Atlante e i capitoli del libro.

In **Osservo e Imparo** si trovano anche altri strumenti per lo studio: le **carte mute** per il lavoro in classe e due prove di allenamento all'**INVALSI**, con una attività legata alla competenza di lettura di un testo espositivo a carattere geografico (Testo B della prova nazionale).

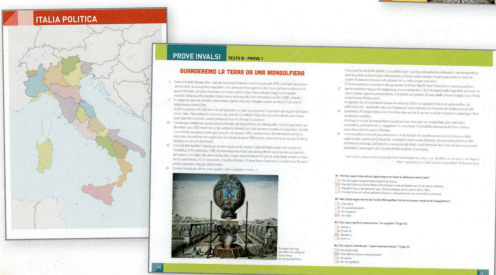

IL VOLUME REGIONI D'ITALIA

In set con il volume 1 è disponibile il volumetto **Regioni d'Italia** che ripercorre rapidamente i principali contenuti relativi all'organizzazione dello Stato italiano e le caratteristiche principali delle singole regioni. Il percorso di studio si organizza secondo uno schema ricorrente che descrive il territorio, l'ambiente, le caratteristiche dell'insediamento e della popolazione e l'economia. Ogni regione viene descritta anche in un suo aspetto specifico, interessante e curioso, attraverso le pagine dedicate a **Natura&Ambiente** e **Geoitinerari**.

OpenBook ed ExtraKit in Geonatura

I materiali digitali presenti in Geonatura sono fruibili in OpenBook ed ExtraKit, e completano, integrano e facilitano i contenuti del libro di testo.

Contenuti multipli, per accedere a file di tipologie diverse, elencati in un breve indice

Verifica interattiva, per mettersi alla prova e autovalutare la propria preparazione

Video, per facilitare l'apprendimento con carte animate, filmati, interviste, casi di studio, tutorial

Allegato scaricabile, per disporre di materiali di approfondimento aggiuntivi

Contenuto integrativo, per arricchire quanto proposto sul libro di testo con mediagallery, infografiche, carte interattive, mappe concettuali e testi di approfondimento

Didattica inclusiva, in apertura di ciascun capitolo, materiali per facilitare l'apprendimento di tutti

INDICE

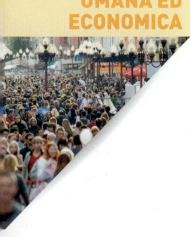

PARTE 2 GEOGRAFIA UMANA ED ECONOMICA

PARTE 1

GEOGRAFIA FISICA E DEGLI AMBIENTI

■ In questa prima parte scoprirai che ci sono **molti strumenti per conoscere il nostro pianeta**: da quelli più tradizionali, come le carte geografiche e le fotografie, sino ai più moderni, messi a disposizione da Internet e quindi accessibili dal computer e dallo smartphone.

■ Affronterai **il difficile rapporto tra l'uomo e l'ambiente naturale** e un tema molto importante ai giorni nostri: quello dello **sviluppo sostenibile**, che permette di soddisfare le esigenze umane senza distruggere la Terra, ovvero l'unico pianeta di cui disponiamo per vivere.

■ In seguito, scoprirai quanto straordinariamente ricca è la **natura del nostro Paese e dell'Europa**, i rischi che corre e come possiamo difenderla.

■ Conoscerai i **tipi di clima** che caratterizzano il continente e quindi gli aspetti fisici dell'Italia e dell'Europa: **montagne**, **colline** e **pianure**, **fiumi**, **laghi** e **mari**.

Un po' alla volta, ti renderai conto che tutti questi elementi non sono tra loro scollegati, bensì uniti in un unico grande sistema.

I CAPITOLI

1 ALLA SCOPERTA DELLA GEOGRAFIA

2 GLI STRUMENTI DELLA GEOGRAFIA

3 UOMO E AMBIENTE, UN RAPPORTO DIFFICILE

4 I CLIMI

5 LE REGIONI DELLA NATURA

6 UNO SGUARDO ALL'EUROPA

7 MONTAGNE, COLLINE E PIANURE

8 FIUMI E LAGHI

9 MARI, COSTE E ISOLE

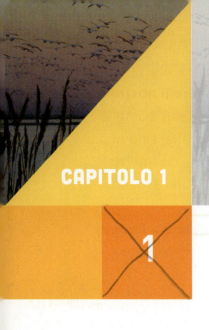

CAPITOLO 1

ALLA SCOPERTA DELLA GEOGRAFIA

1 UN VIAGGIO AVVENTUROSO

◢ Tutti a bordo!

Il lungo viaggio che ci porterà a conoscere l'Italia e l'Europa (e poi, più avanti, anche il resto del mondo) sta per cominciare: sarà un viaggio divertente e avrai presto modo di accorgertene.

Viaggeremo nelle regioni italiane, nei Paesi europei e ancora più lontano, in luoghi esotici dall'altra parte del mondo.

Sarà un percorso straordinario, che ci farà conoscere tantissimi luoghi, avvenimenti e aspetti curiosi del mondo in cui viviamo, perché nella geografia le cose da scoprire non finiscono mai!

✕ Mille curiosità!

Tieni a mente questa parola, **curiosità**: sarà il filo conduttore che ci guiderà, accompagnandoci ovunque.

La geografia si occupa infatti di tutti gli aspetti che riguardano i vari elementi della natura e delle città: le montagne e i vulcani, gli oceani, gli animali, i gruppi umani più sconosciuti, ma anche la realtà urbana in cui viviamo.

La geografia offre nuovi spunti di conoscenza perché affronta numerosi aspetti reali della vita e del mondo che ci circonda e grazie ai nuovi strumenti tecnologici (computer, smartphone…) potrai approfondire gli argomenti che ti affascinano di più.

La curiosità, dunque, sarà alla base di questo percorso di approfondimento: più sarai curioso più sarai coinvolto in questo interessante viaggio e arricchirai le tue conoscenze.

GEOGRAFIA... DI CHE COSA SI TRATTA?

Una scienza molto antica

Che cos'è la geografia? Per dare una prima risposta partiamo dall'origine della parola, cioè dalla sua **etimologia**. "**Geografia**" è un termine che deriva dal greco antico e significa **descrizione della Terra**. Se vogliamo comprendere meglio, possiamo aggiungere alla parola "descrizione" il termine "studio": descrizione e studio della Terra, quindi. Ma di che cosa, esattamente? Della **superficie terrestre e di tutti i fenomeni che la riguardano**, sia che si riferiscano agli aspetti fisici sia che prendano in considerazione gli esseri viventi, a partire dall'uomo.

Da quando l'uomo ha sviluppato **civiltà evolute** ha sempre avvertito il **bisogno di conoscere e di descrivere le terre a lui note** e, per questo, ha cominciato a **cartografare** il territorio, vale a dire a riprodurre una porzione di spazio terrestre su qualche supporto, che in origine poteva essere semplicemente una tavoletta in pietra.

Il **primo mappamondo** risale addirittura alla civiltà mesopotamica del VI secolo a.C. (stanziata nel territorio corrispondente all'attuale Iraq).

La **cartografia** ha avuto poi grande sviluppo con i **Greci** e in seguito con i **Romani**.

Ma **per quale motivo** si è avvertito il bisogno di rappresentare il territorio?

In realtà dovremmo parlare di motivi, che si riferivano spesso a **esigenze molto concrete**:

- esigenze militari, soprattutto per controllare meglio i territori conquistati;
- volontà di fondare nuove colonie lungo le coste del Mar Mediterraneo.

Come puoi immaginare, il mondo che si poteva rappresentare e descrivere a quell'epoca era **estremamente più piccolo di quello di oggi**, perché gran parte del pianeta era ancora del tutto sconosciuta. Inoltre, sempre a causa delle conoscenze limitate e degli scarsi mezzi a disposizione, le rappresentazioni dello spazio che si potevano fare 2.000 anni fa erano in genere molto approssimative.

1. Particolare dalla Tavola Peutingeriana, copia del XII-XIII secolo di un'antica carta romana.
2. Antica mappa del mondo mesopotamico, 700-500 a.C. circa.
3. Mappa di Londra dell'inizio del XVII secolo.
4. Mappamondo antico con supporto in legno.

✘ Geografia, ovvero la scienza delle relazioni

Dopo questa premessa, possiamo dire che la geografia è semplicemente una scienza che serve a descrivere il territorio? Certamente no!

Non dobbiamo cadere nell'errore di pensare che la geografia sia una scienza statica, che si limita a fare una "fotografia" della realtà che sta dinanzi ai nostri occhi. La realtà può essere descritta correttamente solo se si **mettono in relazione** i diversi fenomeni e proprio per questo la geografia si può considerare la **scienza dinamica** per eccellenza.

Ma che cosa vuol dire "mettere in relazione"? Facciamo qualche esempio. È possibile studiare in modo approfondito la **distribuzione delle colture agricole** senza metterle in relazione al clima? Ovviamente no, perché **ogni coltura è anzi strettamente associata a ben precise caratteristiche climatiche**. Per questo motivo, ad esempio, il riso si coltiva in Piemonte e in Lombardia, dove c'è abbondanza di acqua, e non in Puglia, dove l'acqua è invece molto scarsa.

Possiamo comprendere dove e perché si sono sviluppate le **grandi città** senza conoscere gli aspetti (anche storici) che riguardano l'**economia**? Anche in questo caso la risposta è no, per-ché **all'origine del grande sviluppo delle aree urbane ci sono sempre cause di tipo economico e sociale**.

Non è un caso, del resto, che molte città italiane siano cresciute in corrispondenza delle grandi trasformazioni economiche del '900.

❶ Ogni giorno le grandi città sono invase da flussi di lavoratori, un tema affrontato dalla geografia urbana.

❷ Campi coltivati nella campagna umbra. La geografia economica studia anche l'agricoltura.

❸ La geografia economica analizza il rapporto tra risorse e sviluppo industriale.

❹ La geografia si occupa anche dello studio del clima.

❺ La geografia fisica studia il territorio. Nell'immagine la costa norvegese con i tipici fiordi.

[annotazioni a margine: NO SCIENZA STATICA; SCIENZA DINAMICA]

✶ Una geografia o tante geografie?

A questo punto possiamo porci una domanda: dobbiamo parlare di **geografia**, al singolare, oppure possiamo anche parlare di **geografie**? Prima di dare una risposta, facciamo qualche semplice considerazione.

La geografia, abbiamo detto, è la scienza delle relazioni, la scienza che mette in connessione **diversi fenomeni**, prendendo in prestito le conoscenze maturate in **diverse discipline** e come tale è una **scienza di sintesi**. Anzi, è la scienza di sintesi per eccellenza.

È anche vero però che della geografia esistono **diverse branche**, ognuna delle quali si occupa di approfondire un determinato "settore" della materia. Così, ad esempio:

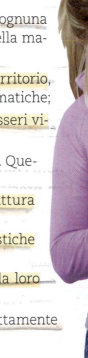

- la **geografia fisica** si occupa di studiare gli aspetti fisici del territorio, come la distribuzione delle montagne e le caratteristiche climatiche;
- la **biogeografia** si occupa di studiare la distribuzione degli esseri viventi, ad eccezione dell'uomo;
- la **geografia umana** studia gli aspetti che riguardano l'uomo. Questa poi si suddivide a sua volta in altre branche:
  - la **geografia urbana**, che studia la distribuzione e la struttura delle città;
  - la **geografia economica**, che approfondisce le caratteristiche economiche delle varie regioni;
  - la **geografia politica**, che si occupa di studiare gli Stati e la loro organizzazione.

La geografia pertanto comprende varie discipline tra loro strettamente collegate.

COME SI STUDIA LA GEOGRAFIA

Impariamo a studiare la geografia

Finora abbiamo visto che cos'è la geografia, che cosa studia e quali branche comprende. Ma **come si studia questa materia**? **Perché è importante studiarla in modo corretto**?

Spesso, quando si pensa alla geografia, si immaginano **lunghi elenchi** di nomi di città, di montagne, di laghi, di fiumi, di risorse naturali; si pensa, quindi, che la geografia sia una disciplina in cui bisogna imparare tutto a **memoria**; se fosse così, sarebbe in effetti una materia un po' noiosa e faremmo anche fatica a capirne la vera utilità.

In realtà, **la geografia è qualcosa di molto diverso** da un semplice elenco, da un insieme di nozioni più o meno collegate tra loro: essa infatti non si basa sui nomi e sul loro studio a memoria ma, piuttosto, sulla comprensione dei fenomeni che avvengono nel territorio e che riguardano l'ambiente fisico e quello dell'uomo.

Interpretare i dati e i fenomeni mettendoli in relazione tra loro

Nonostante la premessa appena fatta, non si può pensare di imparare la geografia ignorando il nome della capitale della Francia o del fiume più lungo d'Europa, o della montagna più alta del mondo, oppure ancora senza riuscire a indicare su una carta geografica la posizione dell'Italia, degli Stati Uniti o dell'Oceano Pacifico. Anche le **nozioni**, quindi, hanno la loro importanza. L'aspetto che, però, conta di più e che ti verrà insegnato, è quello di riuscire a interpretare i dati e i fenomeni mettendoli in relazione tra loro, confrontandoli: perché ogni aspetto si comprende meglio se viene valutato attraverso il confronto.

Facciamo **qualche esempio**: se diciamo che la Russia è grande oltre 17 milioni di km², che cosa abbiamo capito? Forse abbiamo intuito che è grande, ma questo

ci dice molto poco di per sé. Se però sappiamo quanto è grande l'Italia, allora possiamo dire che **la Russia è più estesa di quasi 60 volte**.

Se diciamo che nella **località più piovosa del mondo** cadono in media 13.000 mm di pioggia in un anno, siamo in grado di comprendere bene questo dato? Probabilmente no. Ma potremmo **confrontarlo con quello della piovosità di Milano** e scoprire che è 13 volte superiore. Possiamo poi trasformare i millimetri in metri e dire che si tratta di **13 metri di pioggia** in un anno: se continuiamo con il ragionamento scopriremo che 13 metri di pioggia corrispondono a un condominio di 4 piani!

La geografia, quindi, non è una disciplina basata sulla memoria, ma sul ragionamento: ogni cosa che si impara ha un significato se la si guarda immersa nel contesto in cui si trova e se si mettono i dati in relazione tra loro.

Come in un **immenso mosaico**, in cui ogni singola tessera da sola non ha significato, la geografia è un insieme di pezzi da assemblare per capire il mondo in maniera più chiara.

Inoltre, per imparare a studiare la geografia è bene ricordare che, dietro a ogni dato geografico, si nasconde un perché, un motivo che lo genera. Se impariamo che i vulcani si trovano soprattutto in certe regioni, dobbiamo anche ca-

pire perché sono lì e non altrove. Se impariamo che la Svizzera è uno dei Paesi più ricchi del mondo, dobbiamo anche comprenderne il motivo.

Perché studiare la geografia?

A questo punto abbiamo capito **come** studieremo la geografia. Ma rimane una domanda importante: **perché** bisogna studiarla?

Nel mondo di oggi, ancora più che in passato, non possiamo permetterci di non conoscere la geografia! **In pochi decenni, infatti, il mondo è cambiato moltissimo**: le montagne, i fiumi, i laghi sono rimasti dov'erano ma a cambiare continuamente e con rapidità sono il mondo dell'uomo e la sua concezione. È infatti solo da pochi decenni che il nostro pianeta è diventato quello che oggi chiamiamo "villaggio globale", un mondo cioè in cui **tutti i luoghi sono tra loro strettamente connessi** dai mezzi di trasporto e di comunicazione, in cui ciò che accade dall'altra parte del globo può avere effetti anche dove vivi tu in pochissimo tempo. L'uomo influisce continuamente, con le proprie attività, **anche sull'ambiente**, che perciò continua a mutare. **Conoscere la geografia** significa dunque, in un certo senso, riuscire a **capire in anticipo cosa potrebbe accadere nel mondo in un determinato momento**... senza bisogno di essere degli indovini!

Contenuto integrativo

CURIOSITÀ

Quanta ignoranza in geografia! Nonostante la geografia sia una materia importante, sono in molti a ignorarla, sia in Italia sia negli altri Paesi.

Si è scoperto, ad esempio, che molti cittadini americani non sono in grado di localizzare su una carta geografica Paesi europei come la Svizzera, la Norvegia, o persino la Germania e la Russia. In un sondaggio effettuato dalla rivista "National Geographic" nel 2006 è emerso inoltre che **solo un giovane americano su tre**, nella fascia d'età tra 18 e 24 anni, **riesce a identificare la Gran Bretagna su una carta geografica**. I due terzi degli interpellati, poi, sono convinti che la popolazione degli Stati Uniti sia compresa tra 750 milioni e 2 miliardi di persone (mentre è pari "solo" a 325 milioni). In un precedente sondaggio realizzato nel 2002 dalla National Geographic Society (che pubblica la rivista) era emerso addirittura che il 30% della popolazione statunitense non è in grado di identificare su un planisfero l'Oceano Pacifico e più della metà non è riuscita a localizzare un grande Stato come l'India!

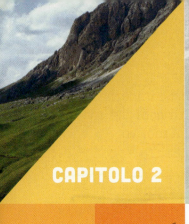

CAPITOLO 2

GLI STRUMENTI DELLA GEOGRAFIA

1 IMPARIAMO A ORIENTARCI

 Video

Che cosa significa "orientarsi"?

Quasi ogni giorno ognuno di noi compie degli **spostamenti** senza alcun supporto all'orientamento. Ciò accade perché **conosciamo già il percorso da compiere** (da casa nostra alla scuola, alla palestra, alla casa di un amico ecc...): vedendo ogni volta le stesse strade o piazze, spesso anche i singoli edifici, palazzi e chiese, possediamo una mappa mentale del percorso. Sappiamo quindi **in quale direzione muoverci per raggiungere la meta**.

Tuttavia, in alcuni casi può capitare di trovarsi in **luoghi sconosciuti** dei quali non abbiamo una mappa mentale e di cui quindi bisogna avere una **pianta** che ci indichi il percorso da compiere. Ma, se non possiamo contare sull'aiuto di una mappa, che cosa facciamo?

In questo caso, è indispensabile avere altri **punti di riferimento**: in una città potrebbe essere un edificio molto alto, visibile anche a distanza, che sappiamo essere situato vicino alla nostra meta.

Ma supponiamo di trovarci in montagna, di aver fatto diverse ore di cammino fino a raggiungere luoghi sconosciuti, in cui non abbiamo punti di riferimento sulla Terra e di avere perso la strada. Possiamo ancora orientarci? Sì, se sappiamo usare un'altra categoria di **punti di riferimento**, **non più personali ma assoluti** (cioè utilizzabili da chiunque, in qualunque luogo del pianeta): **il Sole** e, se è notte, **le stelle**.

Il Sole e le stelle come punti di riferimento

Fin dall'antichità l'uomo ha scrutato il cielo per orientarsi. Durante il dì (cioè durante le ore di luce) basta osservare la **posizione del Sole** nella volta celeste per capire in quale direzione muoversi.

Il Sole ci viene in aiuto perché **il suo percorso apparente** (non è il Sole a muoversi, ma la Terra!) **nel cielo è lo stesso ogni giorno**.

In base alla posizione del Sole nel cielo siamo quindi in grado di determinare quattro punti fondamentali per orientarsi, **i punti cardinali**:

- **est**, cioè oriente: il punto in cui il Sole sorge, al mattino;
- **ovest**, cioè occidente: il punto in cui tramonta, alla sera;
- **sud**, o meridione: quando il Sole raggiunge il punto più alto nel cielo, a mezzogiorno;
- **nord**, o settentrione: la parte opposta rispetto al Sole a mezzogiorno.

E se è notte? In questo caso nel nostro continente ci soccorre una stella chiamata **Stella Polare**, che indica la posizione del Polo Nord: sapendo dove si trova il nord, potremo capire di conseguenza in quale direzione sono situati gli altri punti cardinali.

La bussola, uno strumento antico ma sempre moderno

Se il cielo è nuvoloso e non mi permette di vedere il Sole e le stelle, come posso orientarmi? In questo caso possiamo ricorrere alla **bussola**, uno strumento molto antico, inventato in Cina addirittura nel III millennio a.C. e giunto in Europa nel XII secolo, utilissimo per i **navigatori** e gli **esploratori** che si avventuravano in terre e mari sconosciuti.

La bussola serve a **indicare i punti cardinali** e, rispetto all'utilizzo degli astri, ha il vantaggio di indicarli con maggiore precisione.

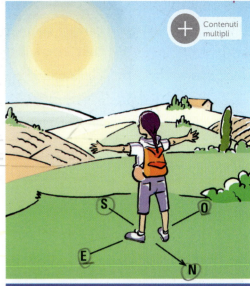

Orsa Maggiore (Grande Carro) — Orsa Minore (Piccolo Carro) — Stella Polare — 5d

È possibile orientarsi aiutandosi con una carta, osservando le stelle o ricorrendo alla bussola.

Contenuti multipli

impara

IMPARARE

_RISPONDO

1. Quando possiamo dire di possedere la mappa mentale di un percorso?

2. Dove si trova il Sole nei diversi momenti della giornata?

3. A che cosa serve la bussola? Sottolinea la risposta sul testo.

IMPARARE *insieme*

_CON UN COMPAGNO

4. Insieme al compagno di banco osservate la posizione del Sole e stabilite se la finestra della vostra aula si affaccia a nord, est, sud o ovest. Se il cielo è nuvoloso e non si vede il Sole, cercate di ricordarvi in che posizione lo avete visto verso la stessa ora nelle giornate di bel tempo. Confrontate la vostra risposta con quella degli altri compagni.

LE COORDINATE GEOGRAFICHE

Che cosa sono le coordinate geografiche

Abbiamo già utilizzato i termini **nord**, **sud**, **est**, **ovest**: ma che cosa significano esattamente? Come possiamo sapere se un luogo è più a nord o più a est di un altro? Ad esempio, dove si trova la tua scuola rispetto alla casa in cui abiti?

Per rispondere a questa domanda si usano le **coordinate geografiche**, **che** ci **permettono di stabilire la posizione di un punto** e hanno una caratteristica molto importante: sono **univoche**, cioè sono sempre le stesse, non cambiano nel tempo.

Le coordinate geografiche vengono determinate grazie al **reticolato geografico**, un insieme di infiniti cerchi che avvolgono la Terra, e si suddividono in:

■ **paralleli**, in senso **orizzontale**;

■ **meridiani**, in senso **verticale**.

Ovviamente si tratta di **cerchi immaginari**, perché non sono realmente tracciati sulla superficie terrestre.

Il reticolato geografico viene costruito a partire da due punti:

■ il **Polo Nord**, che rappresenta il punto più settentrionale della Terra;

■ il **Polo Sud**, che è il punto più meridionale della Terra.

I paralleli indicano la latitudine

I **paralleli** sono cerchi che "avvolgono" la Terra in senso orizzontale. Il cerchio più grande, equidistante dai due Poli, si chiama **Equatore** e divide la Terra in due parti uguali, chiamate **emisferi**:

■ a nord dell'Equatore si trova l'**emisfero boreale**;

■ a sud dell'Equatore si trova l'**emisfero australe**.

I paralleli sono dunque delle circonferenze con ampiezza diversa perché a mano a mano che dall'Equatore ci spostiamo verso nord e verso sud, la circonferenza terrestre diventa più piccola.

Tutti i punti che si trovano sullo stesso parallelo si trovano alla medesima distanza dall'Equatore e per questo si dice che hanno la **stessa latitudine**.

1. Il globo terrestre suddiviso in tanti "spicchi" dai meridiani.

2. I paralleli suddividono il globo in tante "fette".

3. Il meridiano di Greenwich.

Polo Nord — **Meridiano fondamentale**

Longitudine OVEST — Longitudine EST

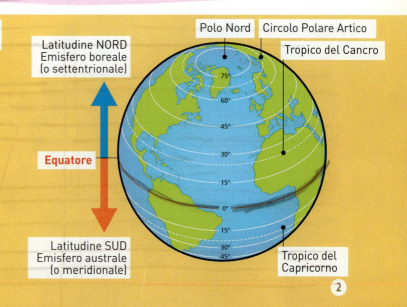

Latitudine NORD Emisfero boreale (o settentrionale)

Equatore

Latitudine SUD Emisfero australe (o meridionale)

Polo Nord — Circolo Polare Artico — Tropico del Cancro

Tropico del Capricorno

I paralleli di riferimento sono 180:

■ 90 nell'emisfero nord;

■ 90 nell'emisfero sud.

L'Equatore ha quindi latitudine pari a 0°, mentre i poli hanno latitudine 90°.
Oltre all'Equatore, ci sono altri due paralleli di cui occorre ricordare il nome: il **Tropico del Cancro** nell'emisfero boreale e il **Tropico del Capricorno** nell'emisfero australe, posti a circa 23°.

I meridiani indicano la longitudine

 Contenuto integrativo

Come abbiamo visto, per stabilire le coordinate geografiche di un punto ci serve conoscere, oltre alla latitudine, anche la **longitudine**, individuata dai **meridiani**. Che cos'è un meridiano? È **una semicirconferenza, che unisce i due Poli**: come un grande arco, quindi, che si allunga sulla Terra da nord a sud. La lunghezza, che per i paralleli è variabile, nei meridiani è **sempre uguale**. Esiste, poi, il cosiddetto **meridiano fondamentale**, che passa per Greenwich, vicino al centro di Londra. Anch'esso è un "arco" lungo come tutti i meridiani. A renderlo peculiare è il fatto che, per convenzione (cioè per una scelta dell'uomo), la posizione di tutti gli altri meridiani (e quindi la longitudine) si calcola a partire da esso.

I meridiani di riferimento sono 360:

■ 180 a ovest rispetto al meridiano di Greenwich;

■ 180 a est rispetto al meridiano di Greenwich.

Ogni punto sullo stesso meridiano ha la **stessa longitudine**: i punti situati sul meridiano di Greenwich hanno longitudine pari a 0°, mentre i punti che si trovano sul meridiano più lontano hanno una longitudine di 180°.
Da ogni punto della superficie terrestre passano dunque **un parallelo e un meridiano**, ognuno dei quali assume un valore ben preciso: insieme, questi due valori, espressi in gradi, indicano le **coordinate geografiche del punto**.

CURIOSITÀ

Quando le coordinate geografiche sorprendono! La penisola che costituisce buona parte del nostro Paese ha una forma obliqua, in particolare **è piegata verso est**. Osservando l'Italia su una carta geografica, tuttavia, non abbiamo la giusta percezione di quanto sia inclinata e di quanto ci porti spesso ad avere **un'idea sbagliata delle coordinate di diverse località**. Vogliamo fare una prova? Chiedete ai vostri genitori se è situata più a est Palermo, collocata quasi sulla punta occidentale della Sicilia, oppure Udine, in Friuli, vicino al confine con la Slovenia. Molto probabilmente vi risponderanno Udine, ma la risposta corretta è Palermo. Potete ripetere la stessa prova con Roma e Venezia: quale delle due città si trova più a est? Vi sentirete rispondere quasi sicuramente "Venezia", in realtà è leggermente più a est Roma!

impara — **IMPARARE**

— LAVORO SUL LESSICO

1 Scrivi le parole o espressioni che corrispondono alle definizioni date.

a) Ci permettono di stabilire la posizione di un punto.

b) Insieme di cerchi immaginari che avvolgono la Terra.

c) È il meridiano fondamentale.

d) Misura la distanza di un punto dall'Equatore.

e) Si misura sui meridiani.

— UTILIZZO GLI STRUMENTI DELLA GEOGRAFIA

2 Cerca su un mappamondo o un planisfero una città che si trovi all'incirca sullo stesso parallelo della tua città, ma in un altro Paese.

Dublin 6°15' W
Greenwich 00°00' W
Moscow 37
Berlin 13°25' E
Amsterdam 4°55' E
Greenwich 00°00' E
Paris 2°20' E

I FUSI ORARI

◢ La Terra ruota, l'ora cambia

Certamente avrai già sentito parlare dei **fusi orari**. Di che cosa si tratta? Per capirlo devi prima di tutto ricordare che **la Terra ruota sul proprio asse** e che, per compiere un giro completo, impiega 24 ore. Poiché il Sole rimane invece sempre fermo, ogni località del mondo, a seconda del luogo in cui si trova, **raggiunge una determinata ora in un momento diverso** rispetto a un'altra che si trova più a est (in cui l'alba arriva prima), oppure più a ovest (che "vede" invece il Sole più tardi). Questo ci fa capire perché, nello stesso istante, l'ora di Milano è diversa da quella di New York, di Tokyo, di Sydney e così via. Per capire di quanto, ricorriamo ai fusi orari.

◢ I fusi orari dividono la Terra in 24 spicchi verticali

I fusi orari sono degli **spicchi** che suddividono la superficie della Terra in verticale, cioè nel senso dei meridiani. Si tratta di una **suddivisione convenzionale**, cioè introdotta dall'uomo (nel 1893) **per stabilire in ogni momento l'ora di una località** e, quindi, la differenza con l'ora di località situate a una longitudine diversa. Ogni spicchio è compreso tra due linee, ovviamente **immaginarie** (perché non sono tracciate sulla superficie terrestre) e corrisponde a un'ora ben precisa.

Gli spicchi sono 24 (come le ore del giorno) e la differenza di orario tra uno spicchio e quello vicino equivale a 1/24 di giorno, cioè a un'ora, e a 15° di longitudine (15 si ottiene dividendo 360° per 24). Era però necessario trovare un **fuso orario di riferimento**, a partire dal quale calcolare la differenza in ore, in più e in meno. Esso è stato individuato nello spicchio attraversato dal **meridiano fondamentale**, cioè quello di **Greenwich**, a Londra. Spostandosi verso est, nello stesso istante le ore aumentano, diminuiscono invece se ci si muove verso ovest.

I fusi orari presentano un andamento molto irregolare, seguendo spesso il profilo degli Stati, in modo da evitare che un Paese si trovi ad avere orari diversi nelle varie regioni. A questa regola ci sono però diverse eccezioni, soprattutto nei Paesi più estesi in longitudine: la Russia ha ben 9 fusi orari mentre la Cina ne adotta uno solo. Altra eccezione di tipo opposto è la Repubblica Democratica del Congo che ha due fusi orari nonostante l'estensione ridotta.

L'Italia, così come buona parte dell'Europa, è compresa nel primo fuso orario (indicato con +1): dunque, ad esempio, quando a Londra sono le 11:00, nel nostro Paese sono le 12:00.

GRAFICO
I fusi orari nel mondo

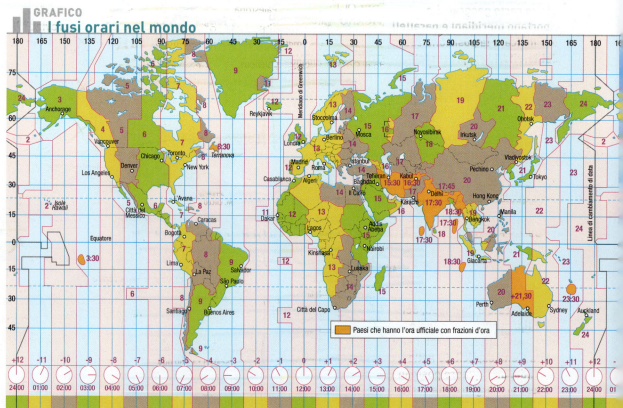

Paesi che hanno l'ora ufficiale con frazioni d'ora

4 LE CARTE GEOGRAFICHE

Contenuto integrativo

✗ Che cos'è una carta geografica?

Una **carta geografica** è una rappresentazione della superficie terrestre riportata su un piano. Si tratta dunque di un **disegno**, che comprende linee, punti, simboli e colori diversi. Anche se esistono **diversi tipi** di carta geografica, **alcune caratteristiche sono comuni**:

- la carta è una rappresentazione **ridotta**: essa infatti non riproduce le distanze e le superfici reali ma, ovviamente, le riduce. In che modo? Utilizzando la **scala**, come vedremo tra breve;

- la carta è una rappresentazione **approssimata** in quanto non è possibile riprodurre esattamente la superficie di una sfera (qual è la Terra) su un piano: pertanto, una carta non è fedelissima nel rappresentare i contorni delle superfici e le proporzioni tra queste ultime, che risultano quindi più o meno **deformate**;

- la carta è una rappresentazione **simbolica**, perché per rappresentare ciò che si trova sulla superficie terrestre fa ricorso a dei simboli: ad esempio cerchietti e quadratini per indicare le città, linee colorate per indicare le principali vie di comunicazione e i confini tra Stati o regioni e così via. La **legenda**, posta in genere ai margini della carta, descrive e spiega i principali simboli usati.

1 Una **linea doppia** o **più spessa** indica una strada, una ferrovia, un fiume di una certa importanza.

2 Molte carte geografiche riportano **meridiani** e **paralleli**, per indicare la posizione esatta del territorio rappresentato.

3 La pianura è indicata con il verde, mentre il marrone diventa via via più scuro all'aumentare della quota. A un azzurro più intenso corrisponde invece una maggiore profondità del mare.

4 Il significato dei simboli, dei vari tipi di cifre, dei colori e dei diversi spessori usati nella carta viene esplicitato nella **legenda**, un riquadro posto in genere ai margini della carta.

5 Una scritta più grande o più marcata rispetto alle altre, oppure sottolineata o evidenziata, indica un elemento più importante (in questo caso un capoluogo di provincia).

Scala 1 : 1 600 000

Legenda:
- Autostrade
- Strade
- Ferrovie
- Fiumi
- Province confini
- Regioni confini

◢ Carte fisiche e carte politiche

Una prima, fondamentale distinzione tra i vari tipi di carta geografica è quella tra **carte fisiche** e **carte politiche**. La **carta fisica** ha lo scopo, come suggerisce il termine, di rappresentare l'aspetto fisico del territorio, quindi sia le **masse d'acqua**, come i mari e gli oceani, sia le **terre emerse**. Per queste ultime vengono poi evidenziati i **rilievi** (cioè le montagne e le colline) e le **pianure**, ma anche i **laghi**, i **fiumi** e, quando sono presenti, altri elementi come i ghiacciai.

Nella carta fisica è fondamentale l'uso dei **colori**. Per mari e oceani si utilizza l'azzurro, che può sfumare fin quasi al bianco quando la profondità è molto modesta, oppure fino al blu intenso quando le acque sono molto profonde. Per i rilievi si utilizza il marrone, in varie tonalità in base all'altitudine: il colore sfuma nel beige quando si tratta di colline. Le pianure, invece, vengono indicate con il verde.

La **carta politica** ha un disegno meno complesso, che serve a evidenziare i confini amministrativi tra Stati o regioni, indicandoli con delle linee, e a segnalare i centri abitati, quindi le città e, se la carta è sufficientemente dettagliata, anche i paesi.

Quando una carta riproduce sia l'aspetto fisico sia la suddivisione politica e amministrativa, si parla di **carta fisico-politica**.

◢ La scala di riduzione, elemento fondamentale della carta geografica

Hai appena letto che i paesi vengono indicati su una carta solo se questa è abbastanza dettagliata. Ma per quale motivo una carta geografica può essere **molto o poco dettagliata**?

Dipende dall'estensione del territorio che si vuole rappresentare: se è molto grande, come ad esempio quello di uno Stato o un continente, la carta sarà poco dettagliata, mentre all'opposto, se l'estensione è modesta, come quella di una regione, la carta sarà più dettagliata. In quest'ultimo caso la carta potrà contenere un maggior numero di elementi, come i nomi di centri abitati piuttosto piccoli, ma anche i nomi di montagne, fiumi ecc.

In entrambi i casi, però, per riprodurre il territorio sulla carta dobbiamo eseguire un'operazione fondamentale: **ridurre le dimensioni reali**! Per farlo, si ricorre alla **scala di riduzione**.

1 Un esempio di carta fisico-politica.

Che cosa indica la scala di riduzione?

La **scala di riduzione** serve a indicare di quanto esattamente è ridotta la dimensione reale della superficie terrestre che si rappresenta e, in particolare, a individuare il rapporto tra una lunghezza misurata sulla carta e la corrispondente lunghezza misurata sul terreno. Se, ad esempio, su una carta trovi scritto 1:100.000 ("uno a centomila"), significa che 1 centimetro di lunghezza sulla carta corrisponde a 100.000 centimetri nella realtà: quindi, 1 centimetro corrisponde a 1.000 metri, che a loro volta equivalgono a 1 chilometro. Se quindi 1 centimetro corrisponde a 1 chilometro, 10 centimetri corrisponderanno a 10 chilometri e così via. Leggendo la scala di una carta, occorre quindi ricordare che:

- se il secondo numero è molto grande, significa che il territorio rappresentato è molto esteso. Ad esempio, 1:10.000.000 significa che un centimetro corrisponde a 100 chilometri reali: in questo caso si dice che la **scala è piccola**;

- quando il secondo numero è piccolo, il territorio rappresentato è poco esteso e si parla di **carta a grande scala**. Un esempio è dato dalle carte che hanno scala 1:10.000, in cui 1 centimetro corrisponde a 100 metri.

Questo è il motivo per cui quando su una carta si rappresenta il mondo intero, si usa una scala piccolissima, per esempio 1:80.000.000.

Scala numerica e scala grafica, che differenza c'è?

La scala di riduzione viene indicata sulla carta geografica in due modi:

- tramite i numeri, come abbiamo visto finora, e in questo caso si parla di **scala numerica**;

- graficamente, con un segmento (simile a un righello) diviso in varie parti di lunghezza pari a 1 centimetro: ogni centimetro equivale a una determinata distanza reale (ad esempio 10 km, 50 km, 1.000 km e così via) che viene indicata, e in questo caso si parla di **scala grafica**.

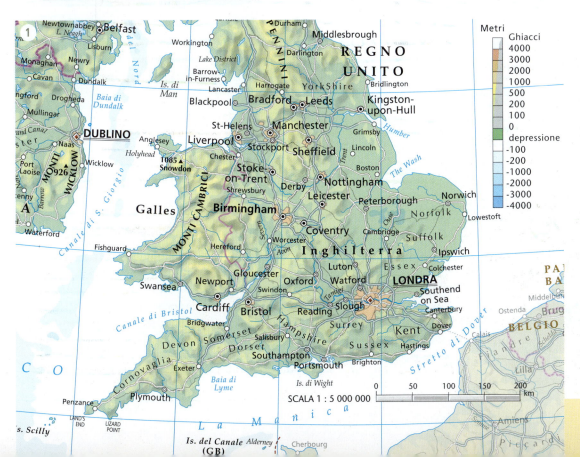

1 Un esempio di carta geografica con scala molto piccola che riporta sia la scala numerica sia quella grafica.

Scale diverse, carte diverse

A seconda della scala, che come abbiamo visto può essere più o meno grande, possiamo distinguere diversi tipi di carta:

- le carte con scala inferiore o uguale a 1:10.000, quindi molto grande, si chiamano **piante** quando si riferiscono a centri abitati, a prescindere dalla loro dimensione (città, villaggi). Le piante sono molto dettagliate e indicano anche i nomi di strade e piazze. Prendono invece il nome di **mappe** quando riguardano le aree rurali, cioè le campagne;

- le carte a grande scala, compresa tra 1:10.000 e 1:100.000, appartengono alla categoria delle **carte topografiche**, molto utili per rappresentare piccole porzioni di territorio con un elevato grado di dettaglio: vengono riportati infatti anche i centri abitati più piccoli, le case sparse nella campagna, i corsi d'acqua minori ecc.;

- le carte a scala abbastanza piccola, compresa tra 1:100.000 e 1:1.000.000 sono dette **carte corografiche** e vengono utilizzate per rappresentare delle regioni, ancora con un buon livello di dettaglio, pur se inferiore a quello delle carte topografiche;

- le carte a scala molto piccola, superiore a 1:1.000.000, sono denominate **carte geografiche**. Vengono impiegate per riprodurre superfici molto ampie, in genere Stati e continenti;

- quando viene rappresentata l'intera superficie del pianeta, si parla di planisferi: in questo caso la scala è davvero piccolissima, di solito superiore a 1:50.000.000. Un sinonimo di planisfero è **mappamondo**. Spesso il termine "mappamondo" viene usato, in modo non proprio corretto, anche per indicare la superficie terrestre riprodotta su una sfera che simula la forma del pianeta: in questo caso è più opportuno parlare di **globo**.

2 Un esempio di pianta di città; la scala molto grande permette di leggere i particolari.

3 Particolare di una carta topografica, con un elevato grado di dettaglio.

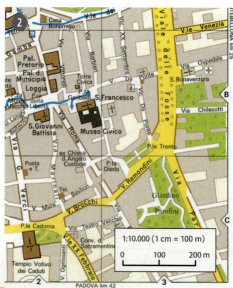

1:10.000 (1 cm = 100 m)

0   100   200 m

1:25.000 (1 cm = 250 m)

0   250   500 m

CURIOSITÀ

Il globo più antico su uova di struzzo La scoperta è stata compiuta nel 2013: si tratta del **più antico globo conosciuto** in cui compare anche l'America. Secondo gli studiosi risale al **1504**, pochi anni dopo, quindi, i viaggi di Cristoforo Colombo che hanno portato a scoprire questo continente.

Ciò significa che in così poco tempo erano già state raccolte molte informazioni su quelle terre lontane. Inoltre, questo oggetto ha una particolarità davvero unica: è stato infatti **disegnato sulle parti inferiori di due uova di struzzo**, tagliate e unite per ottenere una forma sferica.

impara **IMPARARE**

— RISPONDO E COMPLETO

1 Per vedere i nomi delle città e dei paesi devo consultare una carta fisica o una carta politica? ....

2 In una carta a grande scala vedo più o meno dettagli che in una carta a piccola scala? ....

3 Che tipo di carta si utilizza per rappresentare una regione? ....

IMPARARE *insieme*

— CON UN COMPAGNO

4 Completa le frasi, confrontale con quelle del tuo compagno di banco e, a turno, esercitatevi a esporle per un'eventuale interrogazione.

La carta si legge attraverso la .... che indica di quanto è .... la dimensione reale: su una carta, 1:200.000 significa che 1 cm corrisponde a .... cm, cioè a .... km; 1:10.000.000 significa che 1 cm corrisponde a .... chilometri.

5 LE CARTE TEMATICHE

Che cos'è una carta tematica?

Oltre alle carte geografiche in geografia esiste un'altra categoria di carte utilizzate molto di frequente: le **carte tematiche**. Si tratta di un particolare tipo di carta che serve a rappresentare su una base geografica vari fenomeni, che possono riguardare sia la geografia fisica sia la geografia umana e quella economica. Ognuno di questi fenomeni costituisce un **tema** (da qui il nome "carte tematiche") che, nella carta geografica, viene evidenziato attraverso un particolare procedimento grafico e utilizzando colori, linee, punti, simboli per segnalare la presenza e la maggiore o minore diffusione o intensità di quel tema particolare.

Alla base abbiamo ancora una carta geografica, che può mostrarci una regione, uno Stato, un continente o anche il mondo intero, ma, anziché riportare città, montagne, fiumi e laghi, indica **in che modo si distribuisce un certo fenomeno** in quell'area geografica, ad esempio la quantità di pioggia che cade in un anno, la disponibilità di acqua potabile, la diffusione delle religioni.

Carte tematiche qualitative e quantitative

L'aspetto più significativo delle carte tematiche è la possibilità di essere utilizzate per rappresentare moltissimi fenomeni: potremmo addirittura dire che **le carte tematiche possibili sono infinite!**

Cominciamo a capire però quali sono le principali tipologie:

- **carte qualitative**: riportano l'estensione di un fenomeno, come la distribuzione delle religioni, dei diversi tipi di clima, di vegetazione, o dei prodotti agricoli prevalenti;

- **carte quantitative**: riportano, ad esempio per le varie regioni, la densità di popolazione, o il numero di bovini allevati, ma anche la frequenza con cui si verificano i terremoti. Nella carta quantitativa i segni (linee, punti) e i colori servono a evidenziare come cambia l'intensità del tema (fenomeno) nelle varie aree geografiche.

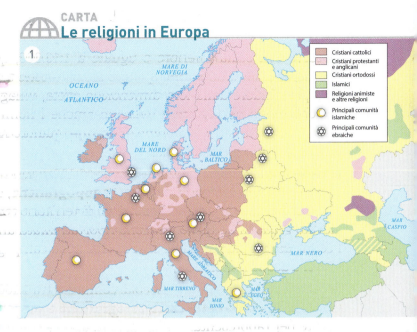

CARTA
Le religioni in Europa

Cristiani cattolici
Cristiani protestanti e anglicani
Cristiani ortodossi
Islamici
Religioni animiste e altre religioni
Principali comunità islamiche
Principali comunità ebraiche

CARTA
Variazioni delle precipitazioni dal 1900 al 2000

Tendenza in percentuale
- 50% - 40% - 30% - 20% - 10% 0 + 10% + 20% + 30% + 40% + 50%

Due esempi di carte tematiche: la carta 1 illustra la diffusione delle diverse religioni in Europa, rappresentate con colori diversi; la carta 2 utilizza una simbologia per indicare la quantità di maggiore o minore pioggia nelle varie zone del mondo.

◢ Una carta tematica per ogni scopo

Possiamo raggruppare le carte tematiche in alcune grandi tipologie (ricordando però che potenzialmente sono numerosissime):

- **carte tematiche che rappresentano fenomeni fisici**: appartengono a questa categoria le carte climatiche e meteorologiche, quelle geologiche, che mostrano i vari tipi di roccia presenti in una certa regione, le carte sismiche, che indicano l'intensità del pericolo di terremoti;

- **carte biogeografiche**: riguardano la distribuzione delle specie vegetali e animali. Possono essere qualitative, qual è per esempio una carta che mostra la distribuzione dei principali tipi di vegetazione, oppure quantitative, come la carta che riporta, con varie sfumature di colore, il numero di specie vegetali presenti nelle varie aree di un Paese;

- **carte culturali**: riguardano ad esempio la distribuzione delle lingue e delle religioni, ma anche il numero di strutture presenti quali musei e biblioteche, o la percentuale di persone che hanno raggiunto un determinato titolo di studio;

- **carte demografiche**: riportano la distribuzione della densità di popolazione, oppure la percentuale di abitanti al di sopra di una determinata età e così via;

- **carte economiche**: possono riguardare ad esempio il livello medio del reddito della popolazione, oppure la quantità annua di produzione di un certo prodotto agricolo o di petrolio estratto dal sottosuolo.

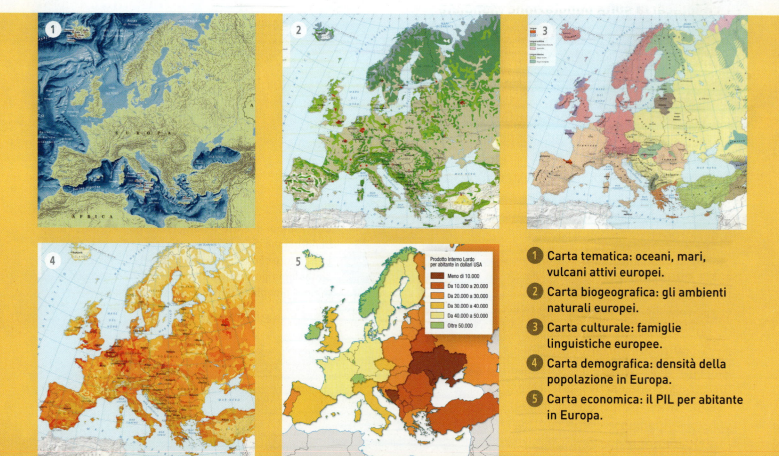

1 Carta tematica: oceani, mari, vulcani attivi europei.

2 Carta biogeografica: gli ambienti naturali europei.

3 Carta culturale: famiglie linguistiche europee.

4 Carta demografica: densità della popolazione in Europa.

5 Carta economica: il PIL per abitante in Europa.

Metacarte e coremi

Una **metacarta** è un particolare tipo di carta tematica in cui la dimensione di una regione, di uno Stato o di un continente viene rappresentata in modo proporzionale all'intensità che assume il fenomeno che si vuole raffigurare.

Facciamo un esempio. L'India è grande circa un terzo dell'Europa, ma ha una popolazione molto superiore, quasi doppia: in una metacarta che vuole rappresentare la densità di popolazione l'India risulta pertanto più grande dell'Europa. Per lo stesso motivo, l'Australia, molto estesa ma poco abitata, diventa piccolissima.

Si ricorre alla metacarta quando si vuole **visualizzare con grande immediatezza** la rilevanza del tema raffigurato. In alcuni casi può non essere fondamentale rappresentare in modo preciso **la forma, i contorni** di un Paese o di un continente, perché ciò che conta è solo fornire un'adeguata rappresentazione di un fenomeno: in questi casi si fa ricorso al **corema**. Il corema è un particolare tipo di carta nella quale la forma del territorio è disegnata in modo approssimativo, sufficiente comunque per identificare la regione o lo Stato esaminato.

impara
IMPARARE

— **RISPONDO**

1 Che cosa può essere indicato in una carta demografica?

2 Che cosa può essere indicato in una carta economica?

3 Che cos'è una metacarta?

CARTA
Metacarta sulla popolazione mondiale

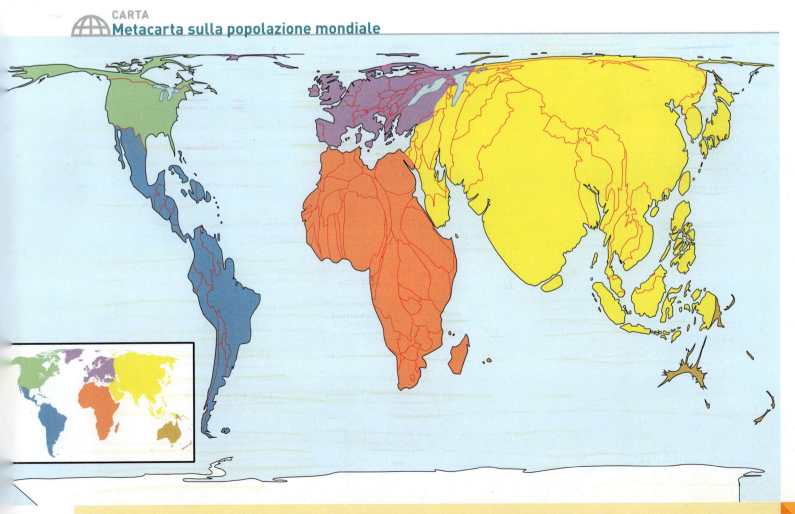

LE FOTOGRAFIE

◢ Uno strumento utilissimo per conoscere il territorio

Oltre alle carte geografiche, uno strumento molto utile per osservare le caratteristiche dell'ambiente fisico è la **fotografia**.

Come puoi intuire, tra una **carta geografica** e una **fotografia** c'è una **fondamentale differenza**:

- la carta geografica offre una **rappresentazione approssimata della realtà**;

- la fotografia restituisce un'immagine **esattamente corrispondente alla realtà**.

Per questo motivo, la fotografia non ha bisogno di ricorrere a simboli: gli elementi della porzione di spazio che viene considerata sono infatti mostrati direttamente.

La fotografia dà quindi un'immagine immediata del territorio, così come ci appare. La carta geografica, però, essendo frutto di un'elaborazione dell'uomo, permette di dare risalto a particolari aspetti che non emergono da una fotografia.

Carte geografiche e fotografie sono quindi strumenti diversi, non si sostituiscono le une alle altre bensì **si integrano**.

◢ Fotografie dall'alto…

Per lo studio del territorio è molto utile la **fotografia aerea**, cioè quella realizzata da aeroplani o da altri mezzi in grado di volare, tra i quali si possono comprendere anche i **droni**, piccoli velivoli telecomandati sempre più diffusi.

Il principale vantaggio della fotografia aerea sta nella possibilità di rilevare delle caratteristiche del territorio che non sono percepibili a livello del suolo.

Ovviamente, tanto più alta è la quota dalla quale la fotografia è scattata, tanto più aumenta la visione d'insieme degli elementi naturali e artificiali che definiscono un territorio, mentre si riduce il livello di dettaglio.

1 Un drone.

2 La Val Aurina, in Trentino-Alto Adige in una fotografia aerea (2), vista più da vicino (3) e nel dettaglio con una foto scattata da terra (4).

1

2

Per lo stesso motivo, la fotografia aerea è **molto utile per studiare l'evoluzione del territorio**, cioè per vedere come quest'ultimo si è modificato nel tempo. Proprio per la visione di sintesi che offre, la fotografia aerea è uno strumento di grande importanza per il geografo ed è utile anche ai cartografi, che possono avvalersene come base per la preparazione delle carte geografiche e topografiche.

... e dal basso!

Non sono però solo le fotografie aeree a fornirci uno strumento formidabile per la **lettura del paesaggio**. Le **fotografie scattate a livello del suolo** ci forniscono molti dettagli non visibili dall'alto. Ad esempio, dalla fotografia di un **paesaggio collinare** di qualche angolo del nostro Appennino, possiamo vedere nitidamente se ci sono solo boschi oppure anche aree dedicate all'agricoltura. Possiamo inoltre farci un'idea di come sia il bosco (se è di latifoglie o di conifere) e di quali coltivazioni vi siano (vite, grano, foraggio per il bestiame). Inoltre, se la fotografia mostra gli insediamenti, possiamo notarne la struttura e altre caratteristiche. Ci chiediamo ad esempio: sono case isolate o sono villaggi? Si nota la presenza umana oppure appaiono abbandonati? Se osservata con attenzione, ogni fotografia dell'ambiente **ci fornisce molti più elementi e spunti di conoscenza di quanti ne potremmo immaginare**. La fotografia aerea e quella scattata da terra sono dunque complementari, cioè si integrano a vicenda.

Pensa a un **fiume**: una fotografia scattata dall'alto ci permette di vederne la forma, la larghezza e di notare come è distribuita la vegetazione lungo le rive, mentre una fotografia scattata a livello del suolo ci può dire quale tipo di vegetazione si trova lungo quel preciso tratto.

impara — **IMPARARE**

LAVORO SUL TESTO

1 Perché la fotografia non ha bisogno di simboli? Sottolinea la risposta sul testo.

RISPONDO E COMPLETO

2 Che tipo di fotografia può aiutare a studiare i cambiamenti di un territorio nel tempo? ....

3 Che tipo di fotografia ci permette di vedere il tipo di vegetazione presente in un territorio e le caratteristiche delle abitazioni? ....

IMPARARE *insieme*

CON UN COMPAGNO

4 Insieme al tuo compagno cercate nel volume dedicato alle regioni italiane una foto aerea e una foto dal suolo e preparate una descrizione orale di ciò che ciascuna delle due foto vi permette di capire del territorio che rappresenta.

LE IMMAGINI SATELLITARI

 Contenuto integrativo

◢ I satelliti artificiali al servizio della geografia

A partire dalla fine degli anni '50 del secolo scorso, la scienza ha permesso all'uomo di disporre di uno strumento rivoluzionario per lo studio della Terra e per tanti altri scopi: i **satelliti artificiali**.

I satelliti sono macchine costruite dall'uomo, trasportate con un razzo a una quota molto alta, oltre l'atmosfera, in modo che possano rimanere in orbita attorno alla Terra.

L'altezza in cui orbitano varia molto, ma è di gran lunga superiore a quella a cui volano gli aerei:

- i **satelliti delle orbite basse** stanno a una quota che va da 200 a 1.200 km (per confronto, un aereo di linea viaggia a "soli" 10 km di altezza!);

- i **satelliti** cosiddetti **geostazionari** vengono "lasciati" dai razzi a una quota di 36.000 km, quindi 3.600 volte più in alto rispetto alla quota raggiunta dagli aerei nei voli intercontinentali.

I satelliti sono **macchine molto sofisticate**, che hanno a bordo una strumentazione con la quale si possono **effettuare delle riprese della Terra e trasmettere i dati ad apposite stazioni**. Vengono utilizzati per le **telecomunicazioni**, per la **meteorologia** (cioè per le previsioni del tempo atmosferico), per avere indicazioni su come muoversi sulla Terra (anche i comuni navigatori che si utilizzano sulle automobili sono collegati a un satellite) e per **esaminare la superficie terrestre**.

1 Un satellite in orbita intorno alla Terra.
2 Il ghiacciaio Columbia, in Alaska, visto dal satellite.

◢ Le immagini satellitari, uno strumento utilissimo

I satelliti artificiali sono utili per lo studio della geografia perché le immagini che inviano ci offrono la possibilità di avere in ogni momento una **visione della Terra nel suo aspetto reale**, e dei **fenomeni che si stanno verificando**: la riduzione dei ghiacciai, la distruzione delle foreste, gli eventuali vasti incendi o la direzione in cui si sta muovendo un grande uragano tropicale. Insomma, con i satelliti la Terra può non solo essere osservata ma anche controllata.

Osservando a distanza di tempo le immagini di una stessa porzione della superficie terrestre e di ciò che contiene, possiamo infatti vedere che cosa è cambiato e in che modo. Ad esempio, possiamo vedere come si è "allargata" la città in cui viviamo, o osservare se e come è cambiata l'estensione di foreste di Paesi lontani. Anche se quelle trasmesse dai satelliti non sono vere e proprie fotografie, l'effetto finale è lo stesso, con il vantaggio che, trattandosi di immagini riprese dallo spazio, possono riguardare anche **superfici molto estese**: vaste regioni, ma anche Stati o addirittura interi continenti.

impara **IMPARARE**

— COMPLETO

1 Le immagini satellitari servono per le ...., per le previsioni ...., per monitorare la riduzione dei ...., il propagarsi di vasti incendi, la distruzione delle ...., i movimenti degli ....

IMPARARE *insieme*

— CON UN COMPAGNO

2 Se la vostra scuola dispone di un'aula di informatica, dividetevi in coppie, scegliete un Paese europeo o una regione italiana e avviate una ricerca su Internet cercando: il nome della capitale o del capoluogo, il numero degli abitanti, quale lingua vi si parla, una ricetta tipica o un'usanza popolare. Raccogliete i dati in un file di testo.

STUDIARE LA GEOGRAFIA CON INTERNET

Internet, una vera rivoluzione

Internet rappresenta la più grande rivoluzione della storia dell'umanità per quanto riguarda il modo di comunicare e la condivisione di informazioni e di dati. Prima dell'era di Internet, cercare informazioni era decisamente laborioso e le fonti da cui poterle attingere erano molto limitate: si poteva, ad esempio, consultare un'enciclopedia, qualche atlante, fare ricerche in biblioteca.

Oggi invece, stando seduti davanti a un computer o tenendo in mano uno smartphone o un tablet, possiamo attingere a un gran numero di fonti, da cui **ottenere dati e informazioni sul mondo in cui viviamo, in tutti i suoi aspetti: fisici, antropici, culturali ed economici** con una consultazione semplice e rapida.

Che cosa possiamo ottenere da Internet?

In primo luogo, Internet si rivela utile per conoscere i **dati statistici**, cioè numeri che servono per capire qual è la dimensione di un determinato fenomeno in un luogo definito.

Attraverso il confronto dei dati riferiti a Paesi, regioni o città differenti, è possibile farsi un'idea precisa, perché **i dati statistici sono come una fotografia espressa in numeri**. Le statistiche si riferiscono a molti fenomeni di interesse geografico, che riguardano ad esempio il livello di ricchezza di una determinata area, gli aspetti demografici, l'entità delle precipitazioni atmosferiche ecc.

Internet ci offre però anche molte **informazioni di tipo descrittivo**, utili a conoscere gli aspetti fisici e antropici di un Paese o di una regione: dalla morfologia al clima, dagli aspetti culturali, alla forma e alla distribuzione degli insediamenti umani. Proprio perché Internet mette a disposizione un gran numero di siti in cui è possibile attingere dati e informazioni, **le fonti vanno selezionate** in base alla loro qualità e attendibilità.

Carte geografiche su carta, su tablet e sullo schermo di un computer: tanti modi di fare geografia.

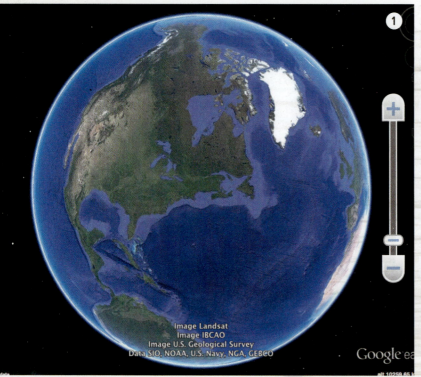

New York

Image Landsat
Image IBCAO
Image U.S. Geological Survey
Data SIO, NOAA, U.S. Navy, NGA, GEBCO

Google ea

Esplorare la Terra con Google Earth

Che cos'è Google Earth

Probabilmente avrai già sentito parlare di Google Earth e magari ti sarà capitato di utilizzarlo. Di che cosa si tratta? Google Earth è **un programma, scaricabile gratuitamente da Internet, che consente di osservare la Terra** ("Earth" in inglese significa "Terra") **attraverso le immagini satellitari**. Ci offre quindi una visione dall'alto del nostro pianeta. Un aspetto che rende straordinario questo strumento è la possibilità di osservare la Terra **variando enormemente il livello di dettaglio**: possiamo osservare così il pianeta nel suo insieme oppure i singoli continenti e oceani, ma, "zoommando" sempre di più, possiamo arrivare a distinguere addirittura singoli edifici, come la casa in cui abitiamo, e anche oggetti più piccoli, ad esempio un albero.

Un nuovo strumento per lo studio della geografia

Grazie a Google Earth abbiamo la possibilità di osservare le **forme** degli elementi della superficie terrestre: possiamo studiare la forma di un fiume, di una montagna, di una valle, ma anche quella di un singolo centro abitato, distinguendo in quest'ultimo caso tra centro storico e periferie. Se scegliamo l'opzione "Edifici 3D", intere città e gli edifici più importanti appariranno in modo tridimensionale, con un effetto spettacolare.
Ma c'è anche molto altro. Ad esempio, quando muovi il cursore, in basso a destra puoi osservare sia le **coordinate geografiche di ogni punto** sia, sulla terraferma, l'**altitudine sul livello del mare**; se invece ti sposti sui mari, puoi vedere la **profondità**. Inoltre, se dal menu selezioni "Strumenti", puoi prendere il righello per **misurare qualunque distanza**: quella, ad esempio, che separa la tua casa dalla scuola, oppure quella che c'è tra Milano o Roma e New York.
"Zoomando" adeguatamente, puoi inoltre vedere qual è l'**uso che vien fatto del territorio**: ci sono superfici urbanizzate? Hanno funzione residenziale oppure produttiva? Si vedono capannoni? Sono presenti aree naturali, come i boschi, oppure i terreni sono utilizzati per l'agricoltura?
Insomma, oggi possiamo davvero indagare ogni aspetto del territorio stando comodamente seduti alla scrivania.

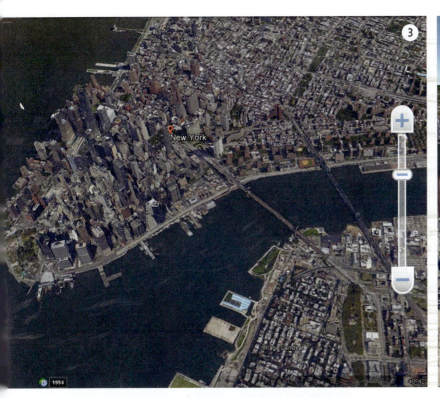

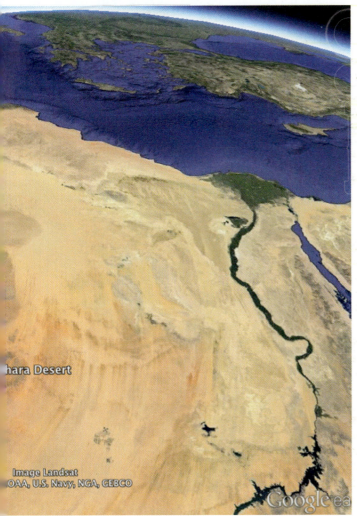

Diventiamo esploratori con Google Earth

Google Earth ci offre poi un'altra straordinaria opportunità: quella di **diventare esploratori**. Esploratori del III millennio, che si servono delle moderne tecnologie per avventurarsi alla scoperta di terre lontane. Infatti tutte le funzioni di cui abbiamo appena parlato possono essere utilizzate per qualunque area del globo. In questo modo, abbiamo una possibilità fino a poco tempo fa inimmaginabile: quella di **viaggiare, in un certo senso, scoprendo anche gli angoli più remoti e selvaggi della Terra, attraverso il nostro computer.**

In pochi istanti, "scrollando" con il mouse e usando la "manina" (o puntatore), puoi spostarti ad esempio dalla tua città al deserto del Sahara, per osservarne magari le spettacolari montagne, scoprire che anche là ci sono aree con alberi ed "entrare" persino nei villaggi più sperduti. Poi, sempre nell'arco di pochi secondi, puoi trasferirti nella grande isola indonesiana del Borneo, a 10.000 km di distanza, osservare le foreste pluviali e vedere quante, purtroppo, ne sono state già distrutte per lasciare spazio alle piantagioni.

1. La prima schermata di Google Earth mostra il pianeta Terra visto dallo spazio. Se digiti nella casella di ricerca "New York", il globo si sposta come se tu arrivassi proprio sopra la città.

2. Se clicchi sul segno + o sposti il cursore verso l'alto, l'immagine si ingrandisce: qui vedi la città di New York.

3. Se "zoommi" ancora, ti avvicini come se fossi su un aereo e puoi distinguere ponti, edifici ecc.

4. L'opzione "Edifici 3D" ti permette di vedere da vicino e di girare intorno agli edifici.

9 LE UNITÀ DI MISURA IN GEOGRAFIA

◢ Perché è importante "prendere le misure"

Studiando la geografia ti accorgerai che spesso verranno forniti sia dati sull'ampiezza di continenti, Stati e regioni, città e aree naturali sia dati riferiti alla lunghezza dei fiumi, all'altezza delle montagne, alla profondità di mari e oceani ecc.

La conoscenza di molti di questi dati è utile, ma è importante soprattutto saperli interpretare e metterli in rapporto tra loro, perché ogni dato acquisisce significato grazie al confronto con gli altri.

Avere un termine di paragone è fondamentale per saper leggere uno specifico dato. Questa capacità ha un'utilità anche nella vita quotidiana: se quando ascolti un telegiornale o leggi una notizia su Internet, ad esempio, vieni a sapere che in una regione italiana sono scesi 300 mm di pioggia in tre ore, come puoi capire se si tratta di un diluvio se non hai un termine di paragone?

◢ Le unità di misura di lunghezza, altezza e profondità

Per interpretare i dati geografici esistono diverse unità di misura, che ci permettono di confrontare le informazioni tra loro e di avere una visione più chiara e comprensibile della realtà che ci circonda:

- per misurare una **lunghezza** l'unità di misura è in genere il **chilometro (km)**, corrispondente a 1.000 metri. La lunghezza di un fiume, ad esempio, viene indicata in chilometri, così come quella di un'isola oppure di uno Stato, tra le due estremità più lontane. Il chilometro si usa anche come unità di misura della larghezza, ad esempio quella di un mare o di un oceano;
- quando si tratta di esprimere l'**altezza** di una montagna, oppure la profondità di un mare o di un lago, il dato viene riportato in **metri (m)**;
- per misurare le precipitazioni atmosferiche, cioè la pioggia e la neve, vengono usati i **millimetri (mm)**.

① Nei Paesi anglosassoni le distanze si misurano in miglia.

② L'altezza e la profondità sono misurate in metri.

③ L'estensione di superfici modeste, come nel caso di appezzamenti agricoli, si esprime in ettari.

④ Quando si vuole esprimere il numero di animali presenti in una determinata area si usa come riferimento il dato per ettaro.

Nei Paesi anglosassoni (come il Regno Unito e gli USA), la lunghezza viene spesso indicata in **miglia** (un miglio equivale a circa 1,6 km); si utilizzano inoltre la **iarda** (in inglese "yard"), che corrisponde a circa 0,91 m, e il **piede** equivalente a circa 30 cm, ad esempio per indicare l'altezza delle montagne.

Le unità di misura di superficie e di volume

Nel caso in cui avessimo bisogno di misurare una superficie, le unità di misura prima elencate non sarebbero corrette. Quando si tratta di una superficie, infatti, si utilizzano:

- il **chilometro quadrato (km²)**, corrispondente a un quadrato con il lato lungo un chilometro. Questa unità di misura è molto importante perché, oltre a essere utilizzata per indicare l'**estensione** di regioni, Stati, laghi, oceani ecc., serve anche quando si vuole esprimere la **densità di una popolazione**: per esempio, possiamo dire che la densità di abitanti dell'Italia è pari a circa 200 abitanti per km² (ab/km²);

- l'**ettaro (ha)**, pari a 10.000 metri quadrati (m²), quando si tratta di **estensioni piuttosto modeste** (ad esempio le superfici di parchi nazionali e di altre aree protette vengono solitamente espresse in questa unità di misura). Spesso anche la **densità di popolazione delle specie animali** viene indicata facendo ricorso all'ettaro: per esempio, potremmo dire che nell'Appennino bolognese ci sono tot cervi ogni 100 ettari;

- quando si tratta di esprimere un **volume**, ad esempio per indicare la portata di un fiume (cioè quanta acqua passa in un determinato punto in un momento ben preciso), oppure il volume d'acqua di un lago si usa il **metro cubo** (m³).

impara **IMPARARE**

— COMPLETO

1 Completa le frasi relative all'utilizzo delle diverse unità di misura.

a) Noi misuriamo in chilometri quadrati (km²) ....

b) In chilometri (km) la lunghezza di ....

c) In metri (m) l'altezza di .... mare.

d) In millimetri (mm) la quantità di ....

IMPARARE *insieme*

— CON UN COMPAGNO

2 Con il compagno di banco studiate il paragrafo sulle unità di misura in geografia e a turno interrogatevi (una volta uno fa la domanda e l'altro risponde e per la domanda successiva vi scambiate i ruoli) su quali sono e per che tipo di misurazione si utilizzano le varie unità di misura descritte nel paragrafo.

TABELLE E GRAFICI PER RAPPRESENTARE I DATI

◢ L'importanza dei dati in geografia

La geografia fa ampio ricorso ai **dati numerici**, i quali costituiscono un elemento fondamentale della materia: sia che si tratti di fenomeni naturali sia che si tratti di fenomeni legati all'uomo e quindi alla società e all'economia, **i numeri sono essenziali**. Ad esempio, può essere utile conoscere la quantità di pioggia che cade in un anno in una determinata località e confrontarla con quella di altri luoghi oppure può servire conoscere la distribuzione dei lavoratori nei vari settori dell'economia o, ancora, la quantità di un bene prodotta in un arco di tempo per comprendere l'andamento della produzione. **I dati, quindi, servono per quantificare i vari fenomeni di interesse geografico nello spazio e nel tempo**.

◢ Come ordinare e visualizzare i dati

Affinché i dati possano essere letti e interpretati con facilità, è indispensabile che siano **opportunamente organizzati e visualizzati in modo schematico**.
I dati, infatti, acquistano un particolare valore se sono accostati tra loro e se vengono proposti in modo tale da **rendere immediata** (o, comunque, agevole) **la loro interpretazione**.
I dati numerici, dunque, sono davvero preziosi per la geografia, a patto che siano disposti in maniera ordinata; in caso contrario risulterebbe molto dispendioso, in termini di tempo, capire ciò che esprimono e rischieremmo di non poter sfruttare il loro grande potenziale nel raccontarci i vari fenomeni. Per ovviare a questo problema, si predispongono le **tabelle** e i **grafici**.

◢ Che cos'è una tabella?

Uno strumento molto semplice per organizzare e visualizzare i dati è la **tabella**. In una tabella si riportano i **dati che appartengono a una stessa categoria**: ad esempio, il numero di automobili prodotte, oppure il numero di abitanti di regioni e Paesi. Una tabella è costituita da righe e colonne che, incrociandosi, formano delle celle: in ogni cella viene riportato un dato.

TABELLA
Popolazione delle regioni italiane al 01.01.2014

Regione	Popolazione				
Lombardia	9.973.397	Piemonte	4.436.798	Abruzzo	1.333.939
Lazio	5.870.451	Puglia	4.090.266	Friuli-Venezia Giulia	1.229.363
Campania	5.869.965	Toscana	3.750.511	Trentino-Alto Adige	1.051.951
Sicilia	5.094.937	Calabria	1.980.533	Umbria	896.742
Veneto	4.926.818	Sardegna	1.663.859	Basilicata	578.391
Emilia-Romagna	4.446.354	Liguria	1.591.939	Molise	314.725
		Marche	1.553.138	Valle d'Aosta	128.591
				Totale	60.782.668

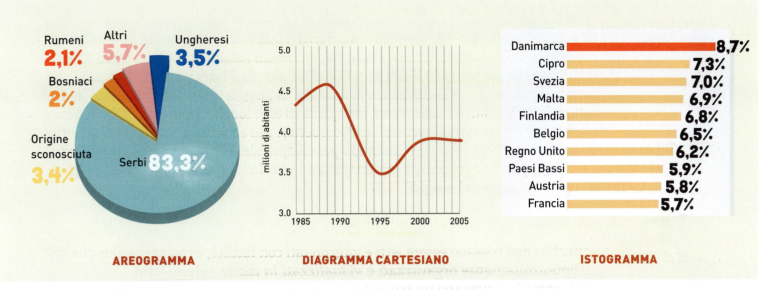

AREOGRAMMA   **DIAGRAMMA CARTESIANO**   **ISTOGRAMMA**

Che cos'è un grafico?

Non meno importante della tabella è il **grafico**. Si tratta di un modo per rappresentare i dati statistici, utilizzando, come suggerisce il nome stesso, una rappresentazione grafica: i dati vengono dunque visualizzati attraverso un disegno, che può contenere **linee, colonne o altro ancora**.

Esistono **diversi tipi di grafico** e, a seconda della tipologia di dato che si vuole rappresentare, se ne sceglie uno piuttosto che un altro:

- uno dei più comuni è il **diagramma cartesiano**, molto utilizzato per rappresentare l'andamento di un fenomeno nel tempo, ad esempio per mostrare com'è variata la popolazione di una città o di uno Stato in un certo periodo. Si tratta di un grafico molto semplice, composto da due assi che si incontrano nell'angolo in basso a sinistra: su quello orizzontale, chiamato **asse delle ascisse**, si riportano, a intervalli regolari, gli anni; su quello verticale, chiamato **asse delle ordinate**, si indicano i valori che assume il fenomeno considerato. A ogni anno corrisponde quindi un punto nel diagramma; una volta segnati, i vari punti vengono collegati con una linea, che permette di visualizzare l'andamento del fenomeno;

- un altro tipo di grafico molto utilizzato è l'**istogramma**, in cui il valore assunto dal fenomeno viene espresso attraverso una **colonnina**, la cui altezza o lunghezza è proporzionale al valore riportato;

- quando il dato che si vuole rappresentare non è in valore assoluto, ma **in percentuale**, si utilizza invece l'**areogramma**, chiamato anche **grafico a torta**, in cui le varie "fette", di solito colorate in modo diverso, hanno una dimensione proporzionale alla percentuale da rappresentare, rispetto al totale di 100 (che corrisponde all'intero cerchio).

impara
IMPARARE

— RISPONDO

1 A che cosa servono tabelle e grafici?

2 Com'è fatta una tabella? Che cosa vi si riporta?

3 Da che cosa è composto un grafico?

— COMPLETO

4 Quando voglio esprimere in forma grafica un valore in percentuale utilizzo ....

IMPARARE *insieme*

— IN PICCOLI GRUPPI

5 Dividetevi in gruppi di cinque o sei e tracciate un diagramma su un foglio a quadretti. Sull'asse orizzontale scrivete i nomi dei componenti del gruppo, su quello verticale inserite dei numeri da 0 a 10 (mettete un numero per ogni quadretto). Per ognuno dei componenti del gruppo tracciate una colonna in base al numero di animali domestici (cani, gatti...) che ha. Il diagramma mostrerà la distribuzione degli animali domestici all'interno del gruppo.

CONOSCENZE

Conoscere le carte e i grafici utilizzati in geografia

1 Che cosa è rappresentato in una carta politica? E in una carta fisica? Completa la tabella attribuendo in modo corretto i termini dell'elenco.

mari • ghiacciai • fiumi • paesi • oceani • colline • confini • laghi • montagne • città

CARTA FISICA	CARTA POLITICA

2 Scrivi sotto ciascuna di queste carte se si tratta di una carta politica, fisica o tematica.

3 Scrivi il nome di ciascun tipo di grafico.

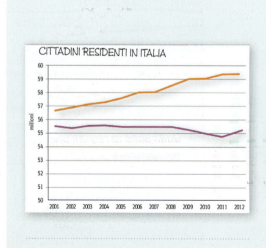

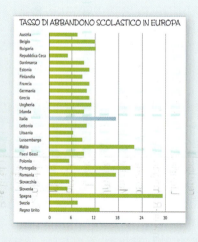

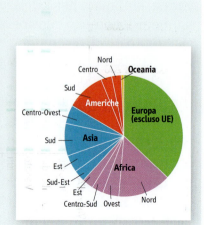

▲ **Utilizzare gli strumenti della geografia**

4 Sulla carta geografica dell'Italia, che trovi nell'Atlante allegato al testo, calcola la longitudine e la latitudine delle città elencate.

Es.: Roma: longitudine 12° Est; latititudine 42° Nord

Caltanissetta: ....

Torino: ....

Firenze: ....

Brindisi: ....

Trieste: ....

Cagliari: ....

Bologna: ....

5 Misura con un righello la distanza fra Bologna e Firenze e trasforma i centimetri in chilometri. Poi rispondi alla domanda.

A. Quanti chilometri distano fra loro le due città? ....

6 Leggi i dati sulla densità della popolazione in Italia. Poi svolgi le attività e rispondi alle domande.

A. Costruisci la carta tematica della densità di popolazione in Italia utilizzando varie tonalità di azzurro.

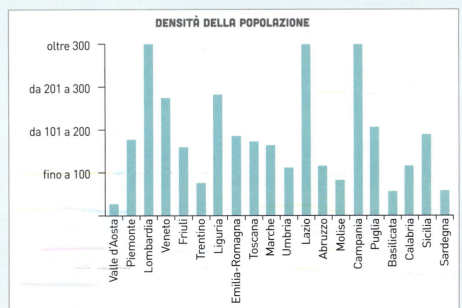

B. Quali sono le regioni più densamente popolate?

....

C. Qual è la regione meno densamente popolata?

....

Usa le parole e completa gli schemi.

SATELLITARI – NORD – ISTOGRAMMA – UMANA – PIANTE – GRAFICI – POLITICHE –
MERIDIANI – RELAZIONI – TERRA

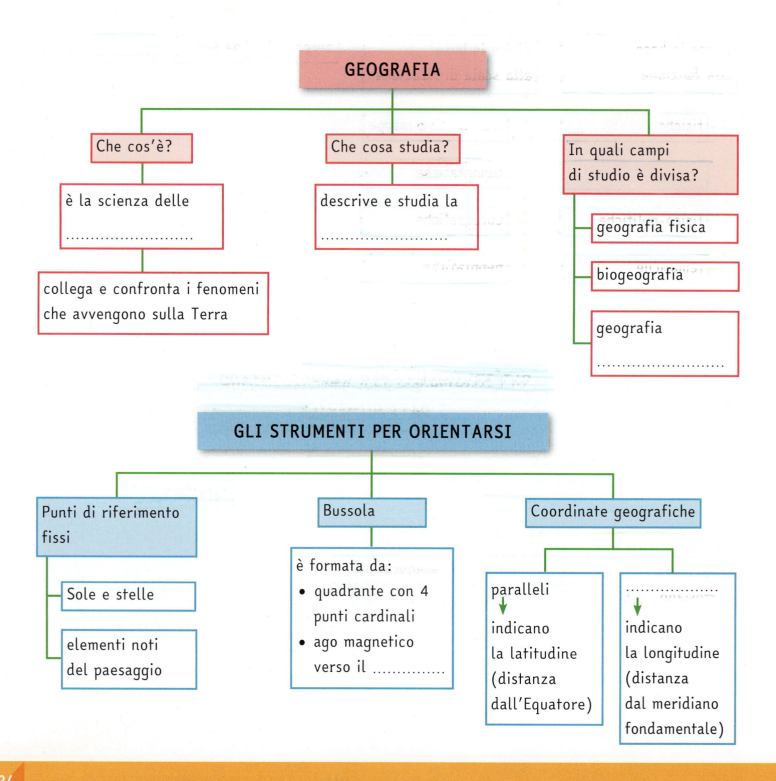

GEOGRAFIA

Che cos'è?

è la scienza delle
....

collega e confronta i fenomeni
che avvengono sulla Terra

Che cosa studia?

descrive e studia la
....

**In quali campi
di studio è divisa?**

geografia fisica

biogeografia

geografia
....

GLI STRUMENTI PER ORIENTARSI

**Punti di riferimento
fissi**

Sole e stelle

elementi noti
del paesaggio

Bussola

è formata da:
• quadrante con 4
  punti cardinali
• ago magnetico
  verso il ....

Coordinate geografiche

paralleli
↓
indicano
la latitudine
(distanza
dall'Equatore)

....
↓
indicano
la longitudine
(distanza
dal meridiano
fondamentale)

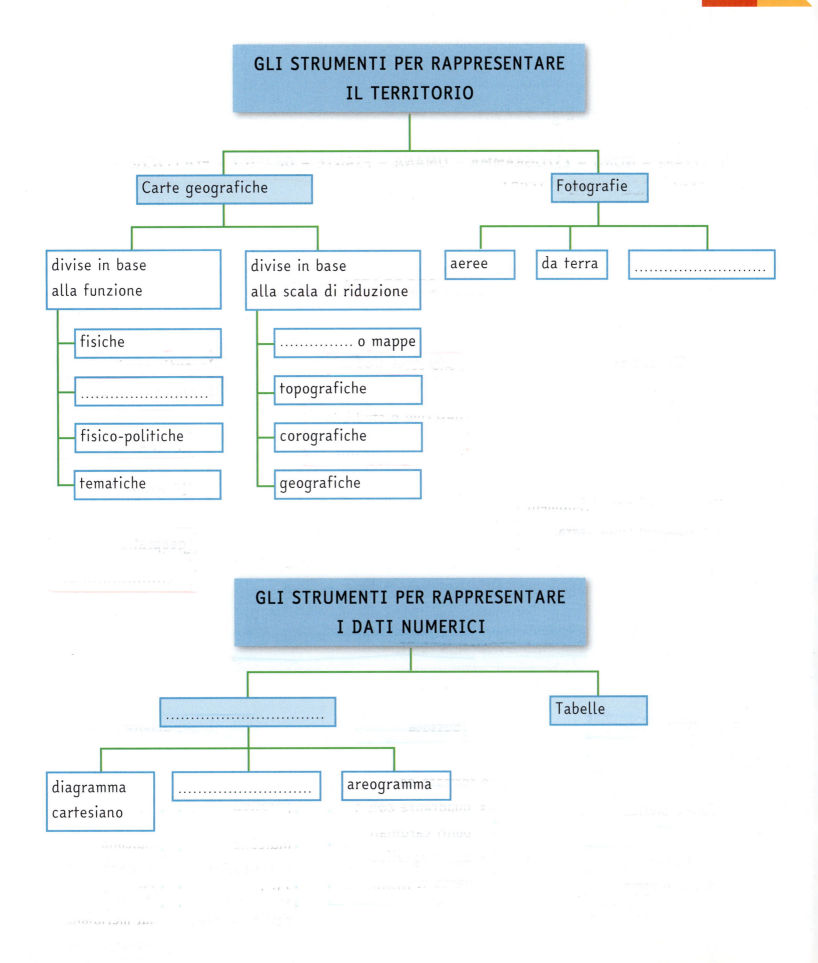

GLI STRUMENTI PER RAPPRESENTARE IL TERRITORIO

Carte geografiche

Fotografie

divise in base alla funzione

divise in base alla scala di riduzione

aeree

da terra

....

fisiche

....

fisico-politiche

tematiche

.... o mappe

topografiche

corografiche

geografiche

GLI STRUMENTI PER RAPPRESENTARE I DATI NUMERICI

....

Tabelle

diagramma cartesiano

....

areogramma

Contenuti
multipli

1 | LA SINTESI

■ **Orientarsi** significa conoscere il percorso da compiere e avere punti di riferimento: per muoverci nella direzione giusta, se non abbiamo una mappa, durante il giorno ci aiuta la posizione del Sole, che nel suo percorso ci indica i 4 punti cardinali: **est**, **ovest**, **nord**, **sud**. Di notte, la Stella Polare indica il nord. Anche la **bussola** serve a orientarci perché indica i 4 punti cardinali.

■ Le **coordinate geografiche** permettono di stabilire la posizione univoca di un punto sulla Terra e sono date dalla **latitudine** e dalla **longitudine** del punto stesso. La latitudine e la longitudine si misurano attraverso un reticolato di cerchi immaginari costituito dai **paralleli** (orizzontali) e dai **meridiani** (verticali).
La **latitudine indica la distanza di un parallelo dall'Equatore**; la **longitudine, la distanza di un meridiano dal meridiano fondamentale di Greenwich** che viene usato anche come meridiano di riferimento per calcolare i vari **fusi orari**.
I paralleli sono **180**: 90 a nord e 90 a sud dell'Equatore, il cerchio più grande.
I meridiani sono **360** e passano tutti per i due Poli: 180 a est e 180 a ovest di Greenwich. La latitudine e la longitudine sono **misurate in gradi**.

■ La **carta geografica** è una rappresentazione della Terra su un piano; è quindi una rappresentazione ridotta, approssimata, deformata, e simbolica. Può essere di vario tipo: fisica, politica, tematica, molto o poco dettagliata, a seconda dell'estensione del territorio rappresentato. Le dimensioni reali del territorio rappresentato sono ridotte secondo la **scala di riduzione**, che ci dice a quanto corrisponde nella realtà un centimetro sulla carta.

■ La **fotografia** ci offre un'immagine esattamente corrispondente alla realtà: più è scattata dall'alto, più è esteso il territorio rappresentato.
Le immagini **satellitari** vengono usate per le telecomunicazioni, le previsioni del tempo e per esaminare la superficie terrestre (individuando uragani, incendi, ghiacciai, foreste).

■ Le **unità di misura** in geografia sono il chilometro quadrato (km^2) per le superfici, il chilometro (km) per le distanze, il metro (m) per la profondità di mari e laghi o l'altitudine di montagne, i millimetri (mm) per pioggia o neve.

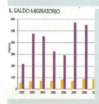

■ Spesso si usano **tabelle e grafici** per rappresentare fenomeni nello spazio e nel tempo (quantità di pioggia caduta in un anno in varie località, aumento/diminuzione della popolazione in un luogo negli ultimi cento anni…).

2 LA MAPPA

L'ORIENTAMENTO

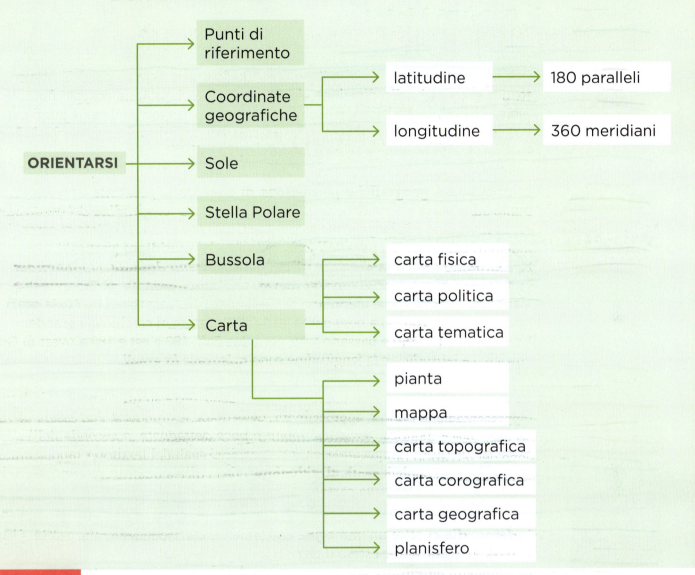

ORIENTARSI
- Punti di riferimento
- Coordinate geografiche
  - latitudine → 180 paralleli
  - longitudine → 360 meridiani
- Sole
- Stella Polare
- Bussola
- Carta
  - carta fisica
  - carta politica
  - carta tematica
  - pianta
  - mappa
  - carta topografica
  - carta corografica
  - carta geografica
  - planisfero

3 L'INTERROGAZIONE

Leggi le domande e verifica se conosci le risposte. Se non sei sicuro/a, torna a leggere il testo alle pagine indicate. Poi rispondi oralmente a ciascuna domanda.

1. In assenza di punti di riferimento, come ci orientiamo di giorno e di notte? → pag. 11
2. Che cosa sono le coordinate geografiche? → pag. 12
3. Quanti sono i paralleli? E i meridiani? Sono tutti uguali? → pag. 13
4. Che cos'è una carta geografica? → pag. 15
5. A che cosa serve la scala di riduzione? → pag. 17
6. A che cosa servono le immagini satellitari? → pag. 24
7. Perché usiamo tabelle e grafici? Fai qualche esempio. → pag. 30

UOMO E AMBIENTE, UN RAPPORTO DIFFICILE

CAPITOLO 3

1 L'AMBIENTE E IL PAESAGGIO

Parole diverse, significati diversi

Leggendo i giornali o guardando la televisione ti sarai imbattuto spesso nei termini **ambiente** e **paesaggio**.

Frequentemente vengono utilizzati come sinonimi, cioè come parole che hanno lo stesso significato e quindi interscambiabili; in realtà esprimono **concetti diversi** ed è bene capirne subito le differenze.

Che cos'è l'ambiente?

L'**ambiente** è l'insieme delle caratteristiche, visibili e invisibili, di uno spazio fisico composto di terra, acqua, aria dove vivono vegetali, animali ed esseri umani. Facciamo un esempio partendo dall'ambiente in cui probabilmente ti trovi adesso.

Esso è composto dalla scuola, dagli edifici vicini, dall'erba o dai giardini che presumibilmente si trovano a poca distanza e da tutte le forme di vita che questo spazio contiene: non solo gli uccelli o gli insetti, ma anche l'erba, gli alberi, i fiori... Oltre a ciò che puoi osservare, **l'ambiente è formato anche da elementi invisibili**, come le condizioni climatiche o l'aria che respiri. Se la tua scuola si trovasse a Milano, a Palermo, oppure ancora in un paese di montagna, l'aria e il clima sarebbero diversi, così come la flora e la fauna: l'edificio potrebbe essere lo stesso, ma l'ambiente in cui è situato sarebbe ogni volta differente!

In alcune regioni l'uomo ha modificato fortemente il paesaggio naturale, costruendo città e villaggi, strade, ferrovie, industrie ecc.

I diversi tipi di ambiente

Come avrai intuito, esistono molti **tipi di ambiente**, i quali possono essere raggruppati in **due grandi categorie**:

- l'**ambiente naturale**, cioè quello che non è stato modificato (o solo in minima parte) dall'uomo, ad esempio i nevai e i vicini prati d'alta montagna;
- l'**ambiente antropizzato**, vale a dire frutto dell'attività umana, ad esempio gli edifici e le strade di una città o di un paese, così come i campi coltivati che li circondano per la cui formazione il contributo dell'uomo è stato determinante.

Che cos'è il paesaggio?

Quando parliamo di **paesaggio** ci riferiamo invece all'aspetto di un territorio, ovvero all'insieme delle caratteristiche **visibili** di un determinato ambiente. Nel paesaggio, dunque, gli aspetti invisibili, come il clima, non si considerano.

Anche **i tipi di paesaggio sono numerosi**, ma possiamo ancora una volta **raggrupparli in due categorie**:

- il **paesaggio naturale**, quando ciò che sta davanti ai nostri occhi è stato plasmato in tutto o in gran parte dalla natura;
- il **paesaggio antropizzato**, quando è principalmente delineato dall'uomo.

Ovviamente, è possibile che **i due tipi di paesaggio convivano**. Immagina di essere alla finestra di una casa di montagna: il tuo sguardo abbraccia il paese, i boschi sovrastanti e poi più in alto pietraie e vette incontaminate. Davanti a te c'è tutto quello che interessa al geografo: uno spazio in cui elementi naturali e antropici hanno interagito costruendo un paesaggio complesso e del tutto nuovo.

GLOSSARIO

Antropizzato: ambiente che ha subito un processo di antropizzazione, cioè di trasformazione da parte dell'uomo. Un ambiente antropizzato è dunque un ambiente non più naturale ma modificato.

impara

IMPARARE

— COMPLETO

1 L'ambiente è l'insieme di caratteristiche .... di un luogo.

2 Il paesaggio è l'insieme di caratteristiche .... di un luogo.

— LAVORO SUL TESTO

3 Che cos'è un ambiente naturale? Sottolinea la risposta sul testo.

4 Che cos'è un ambiente antropizzato? Sottolinea la risposta sul testo.

IMPARARE *insieme*

— CON UN COMPAGNO

5 Insieme al tuo compagno di banco costruisci una scaletta utile per l'esposizione di questo paragrafo, utilizzando le seguenti parole: *ambiente, paesaggio, differenze, caratteristiche visibili e invisibili, naturale, antropizzato.*

Ambiente e paesaggio sono realtà in movimento

Ambiente e paesaggio non sono realtà statiche: al contrario, sono in continuo movimento, anche se a volte non ce ne accorgiamo.

Il cambiamento avviene in **tempi molto diversi**: in genere, i **processi naturali** richiedono **periodi di tempo molto lunghi** prima che le trasformazioni diventino visibili.

Una delle poche eccezioni è costituita dalle conseguenze prodotte dai **vulcani** (v. cap. 7 pag. 96) che, con le loro eruzioni, sono in grado di trasformare l'ambiente e il paesaggio circostanti in pochissimo tempo, oppure dai terremoti (v. cap. 7 pag. 98) che hanno in alcuni casi grandi capacità distruttive.

Gli **effetti prodotti dall'uomo**, invece, diventano evidenti in tempi **estremamente più rapidi**. È proprio nelle terre abitate, infatti, che l'ambiente naturale ha subito e continua a subire **pesanti trasformazioni** a una velocità impressionante.

✕ Agenti endogeni ed esogeni

I processi naturali che modellano la Terra e quindi anche l'ambiente e il paesaggio si possono dividere in due categorie: **endogeni ed esogeni**. Sembrano due parole difficili, ma esprimono concetti facili da comprendere.

■ I processi endogeni sono originati da forze che agiscono **dall'interno della Terra**.
■ I processi esogeni operano dall'esterno della Terra.

Quali sono le forze endogene? Come vedremo meglio più avanti (v. pag. 94), **l'interno del nostro pianeta è in continuo fermento** ed è proprio a causa di questa energia che la superficie della Terra si è corrugata, dando così origine alle montagne, alle colline, ai vulcani.

1 Le Bardenas Reales, in Spagna, sono un sito naturale in cui l'erosione dell'acqua e del vento ha creato forme sorprendenti.

2 Anche i ciottoli delle spiagge sono originati dall'erosione.

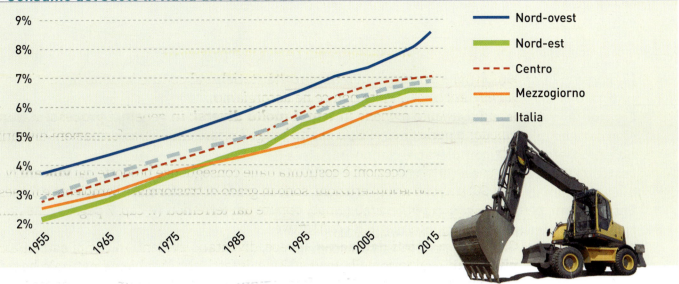

Le forze esogene sono invece quelle che agiscono **sulla superficie della Terra**, trasformandola continuamente: gli **agenti atmosferici**, cioè tutti i fenomeni che avvengono nell'atmosfera che avvolge la Terra (**la pioggia**, **il vento**, **la neve**), ma anche i **fiumi** e il **mare**. Queste forze, pur molto diverse tra loro, hanno tutte la capacità di erodere (o di levigare, nel caso del vento) le superfici, di sgretolarle, asportando materiali (nella forma di **detriti**) che poi vengono depositati altrove.

Un ghiaione d'alta montagna, una spiaggia di sabbia o di ciottoli, un deserto pietroso o sabbioso, sono tutti originati dall'**erosione** attuata dalle forze esogene. Un tipo di pianura, detta alluvionale, è formata dalla sedimentazione dei materiali (limo, sabbia, ghiaia) erosi e poi trasportati a valle dai fiumi.

Come hai già imparato, si tratta in tutti i casi di **processi lenti**: la pioggia e il ghiaccio impiegano moltissimo tempo per spianare le montagne e, allo stesso modo, le onde marine e le maree modellano le coste in periodi molto lunghi.

 ## L'uomo è il principale "attore" della trasformazione dell'ambiente

Guardando all'Italia, se immaginassimo di fare **un salto indietro nel tempo**, che cosa troveremmo? Certamente troveremmo un ambiente quasi ovunque molto diverso da quello attuale. Le eccezioni sarebbero pochissime: una tra queste è l'**alta montagna**, dove da sempre dominano grandi pareti di roccia ed estesi ghiacciai.

Tuttavia, **persino in questo ambiente estremo** e molto ostile all'insediamento dell'uomo, potremmo scoprire che **qualcosa è cambiato**: ad esempio, potremmo notare la presenza di una nuova costruzione, come un rifugio alpino, o renderci conto che **i ghiacciai erano molto più estesi rispetto a oggi**. Infatti, gli scienziati ritengono che le **sostanze inquinanti** immesse nell'atmosfera dalle attività umane stanno determinando il rapido scioglimento dei ghiacciai!

impara
IMPARARE

— RISPONDO E COMPLETO

1 Sono generalmente più rapidi i processi naturali o gli effetti dell'uomo sull'ambiente? ....
....
....

2 Quali fenomeni naturali possono avere un risultato immediato sull'ambiente? ....
....
....

3 Le forze .... sono quelle che agiscono nelle profondità del pianeta.

4 Le forze .... sono quelle che agiscono nell'atmosfera e sulla superficie terrestre.

IMPARARE *insieme*

— A COPPIE

5 Confrontati con il tuo compagno di banco e insieme stendete un elenco sul quaderno dei principali vantaggi e svantaggi degli interventi dell'uomo sull'ambiente. Completate l'elenco dopo aver ascoltato le proposte delle altre coppie.

3 LO SVILUPPO SOSTENIBILE

Uomo e ambiente: un equilibrio in rottura

L'uomo con la propria attività **trasforma l'ambiente naturale** in un processo che non conosce sosta.
Ciò **non si verifica solamente oggi**, ma è una trasformazione in atto da quando gli esseri umani hanno sviluppato **civiltà complesse** e hanno iniziato a costruire villaggi, paesi e città, a coltivare la terra, ad allevare animali.

Per millenni, però, i mezzi di cui l'uomo ha potuto disporre per "interferire" nei processi naturali sono stati molto limitati e, di fatto, è stato l'ambiente a condizionare l'uomo e tutte le sue attività. Poi, rapidamente, è cambiato tutto.

Tra **'700 e '800** il progresso della scienza e delle conoscenze ha consentito di costruire le prime industrie, di rendere più efficiente la coltivazione della terra aumentando la produzione di cibo, di curare le malattie. La popolazione, come conseguenza, ha cominciato a crescere a un ritmo mai visto prima.

La **capacità dell'uomo di modificare l'ambiente** è via via aumentata e, di fatto, non si è mai fermata. **I risultati, purtroppo, sono stati in alcuni casi terribili**, perché questa azione è **rapida** e incontrollata e spesso ci si accorge che ha effetti nefasti quando è ormai troppo tardi.

 Video

Invertire la rotta prima che sia troppo tardi

Perché la nostra specie modifica l'ambiente, invece di adattarvisi? L'uomo trasforma l'ambiente naturale per poter **disporre di tutti i beni materiali** che gli consentono (o che gli dovrebbero consentire) di vivere meglio: taglia gli alberi per avere la legna per costruire case e mobili e per produrre carta; estrae dal sottosuolo il petrolio e il gas per riscaldarsi e far funzionare le industrie; ricopre il suolo di cemento e asfalto per avere strade su cui spostarsi; pesca nei mari per nutrirsi e così via.

Il problema è che queste attività, se non gestite con lungimiranza, hanno un **impatto ambientale molto forte che si ritorce contro l'uomo** stesso. Infatti, col tempo, si susseguono inquinamento dell'acqua e dell'aria, perdita delle foreste (che producono ossigeno), desertificazione con conseguente perdita di terreni coltivabili, progressivo impoverimento delle risorse del sottosuolo, estinzione di animali e piante. Tutto ciò impone all'uomo di **cambiare rapidamente rotta**.

1 Dipinto di fine '800 che raffigura una zona industrializzata della Germania.

2 Gli impianti industriali hanno un forte impatto ambientale.

3 Le pale eoliche sono sempre più diffuse per ricavare energia rinnovabile.

CURIOSITÀ

Le più grandi "isole" del mondo? Sono fatte di immondizia!

Tra i tanti effetti negativi prodotti dalle attività umane sull'ambiente c'è l'inquinamento. O, meglio, gli inquinamenti, perché ce ne sono di diverso tipo. Di uno, in particolare, la scienza si è resa conto solo da pochi anni: l'enorme quantità di rifiuti che galleggia in tutti gli oceani! Si tratta perlopiù di **plastica arrivata tramite i fiumi**. In molte parti del mondo, Italia compresa, i corsi d'acqua vengono purtroppo utilizzati ancor oggi da molti come una discarica. Per un gioco di correnti, **decine di migliaia di tonnellate di plastica si sono accumulate in corrispondenza di cinque grandi vortici subtropicali**, distribuiti nei tre oceani, formando delle enormi isole di spazzatura.

Secondo i ricercatori, quella dell'Oceano Pacifico potrebbe estendersi per diversi milioni di km², **una superficie paragonabile a quella dell'Australia!**

Lo sviluppo deve essere sostenibile

Per fermare i disastri ambientali che l'uomo sta provocando, occorre **ripensare il modello** a cui ci si è a lungo ispirati, ovvero quello **della crescita delle attività produttive a ogni costo**.

Fino a oggi l'uomo si è spesso comportato come un **vorace predatore di risorse naturali**, senza preoccuparsi troppo delle **conseguenze** che questo produceva. Solo **da pochi decenni**, quando le conseguenze negative di questo comportamento dissennato hanno cominciato a essere molto evidenti, si è iniziato a porre attenzione non solo sulla crescita, ma anche sul modo in cui questa avviene. Così, a partire **dagli anni '70 del secolo scorso**, si è iniziato a parlare di "**sviluppo sostenibile**". Ciò significa che la crescita delle attività produttive **deve tener conto non solo dei bisogni e degli interessi attuali, ma anche di quelli futuri**, delle generazioni che verranno. È facile intuire che, affinché lo sviluppo sia realmente sostenibile, **molte attività che hanno effetti distruttivi sull'ambiente andrebbero eliminate** o comunque ripensate.

La sfida che l'uomo si trova dinanzi oggi è quella di sviluppare un **nuovo concetto di benessere**, che consideri non solo la quantità di beni materiali di cui può disporre, ma anche altri aspetti, che rendano il mondo più vivibile.

impara
IMPARARE

COMPLETO

1 Per molti _millenni_ l'ambiente ha condizionato l'uomo, ma tra _700_ e _800_ l'uomo ha trasformato l'ambiente con le prime _industrie_ e le _coltivazioni_ di terre grazie al progresso della _scienza_. Se non cambieremo il nostro modo di _sfruttare l'ambiente_, l'impatto ambientale travolgerà _l'uomo_

LAVORO SUL TESTO

2 Sottolinea sul testo con colori diversi le risposte alle seguenti domande:

a) Perché l'uomo ha modificato l'ambiente, invece di adattarsi a esso?

b) Quali effetti negativi ciò ha comportato?

c) Che cosa deve fare oggi l'uomo per rimediare ai disastri prodotti?

d) Che cosa significa sviluppo sostenibile?

VERIFICA

Verifica interattiva

Conoscere l'ambiente e l'importanza del rapporto reciproco con l'uomo

1 Scrivi la differenza tra ambiente naturale e ambiente antropizzato.

....

....

2 Collega ogni parola con la rispettiva definizione.

A. Paesaggio

B. Ambiente

1. L'insieme delle caratteristiche, visibili e invisibili, di una determinata porzione di spazio.

2. L'insieme delle caratteristiche visibili di un determinato ambiente.

3 Completa le frasi seguenti scegliendo l'opzione giusta tra quelle proposte.

A. Per salvaguardare l'ambiente anche in futuro, l'uomo dovrebbe...
- [ ] **1.** avere a disposizione molti beni materiali.
- [ ] **2.** eliminare tutte le industrie.
- [ ] **3.** evitare le attività produttive dannose per l'ambiente.
- [ ] **4.** tornare a vivere come nel Medioevo.

B. Le conseguenze delle modifiche all'ambiente a volte sono gravissime perché...
- [ ] **1.** sono rapide.
- [ ] **2.** possono avere effetti negativi sull'uomo.
- [ ] **3.** non si sono verificate ovunque.
- [ ] **4.** si sono verificate solo in pianura.

C. La frase "impatto ambientale molto forte che si ritorce contro l'uomo" indica...
- [ ] **1.** che esiste uno scontro molto violento della natura con gli uomini.
- [ ] **2.** un miscuglio di cause e di effetti ambientali.
- [ ] **3.** danni all'ambiente così gravi che danneggiano anche l'uomo.
- [ ] **4.** che i terremoti sono provocati dall'uomo.

Utilizzare gli strumenti della geografia per analizzare ambienti e paesaggi

4 Osserva la foto e rispondi alla domanda scrivendo un breve testo descrittivo.

Quali trasformazioni prodotte dall'uomo possiamo osservare nel paesaggio?

....

....

....

....

....

5 Osserva le immagini e sotto ciascuna scrivi se si tratta di ambiente naturale (AN) o ambiente antropizzato (AA).

 1

 2

 3

....

 4

 5

 6

....

Utilizzare il linguaggio geografico

6 Che cosa significa *sviluppo sostenibile*? Scrivi tre frasi che contengano questa espressione.

A. ....

B. ....

C. ....

Individua cause e conseguenze

7 Completa la mappa inserendo nell'ordine corretto causa, conseguenza e soluzione. Rielabora poi sotto forma di testo il contenuto della mappa.

disastri ambientali • sviluppo sostenibile • crescita a ogni costo

CAUSA		CONSEGUENZA		SOLUZIONE

CAPITOLO 4

I CLIMI

1 IL CLIMA E LA SUA INFLUENZA SULL'UOMO

Che cos'è il clima?

CLIMA E TEMPO ATMOSFERICO

Il clima è l'insieme delle caratteristiche atmosferiche "medie" che contraddistingue un determinato luogo o una certa regione. Occorre specificare "medie" perché quando si parla di clima non ci si riferisce a un istante preciso, ma alle condizioni meteorologiche che si rilevano in **un periodo di tempo più o meno lungo**. Quando si fa riferimento a un momento particolare si parla invece di **tempo atmosferico**.
Il **tempo cambia in fretta** (basta pensare alla rapidità con cui sopraggiunge un temporale estivo...), il **clima** è invece dato da un insieme di fattori che restano piuttosto stabili in periodi abbastanza lunghi.
Il clima non solo influenza l'ambiente naturale ma anche **l'uomo e le sue attività**.

Temperatura, umidità, pressione atmosferica

Gli **elementi** che definiscono le caratteristiche climatiche di un luogo sono tre:

- la **temperatura**, cioè la quantità di calore che si rileva nell'ambiente; è influenzata dai raggi solari;

- l'**umidità**, cioè la quantità di vapore acqueo presente nell'aria. Condensandosi, dà origine alle **nubi**, precipita al suolo in forma di **pioggia** (ma anche di **neve** e **grandine** quando la temperatura scende a 0°C) o forma la **foschia** e la **nebbia**. L'umidità si forma per **evaporazione** dell'acqua dai mari e dalla terraferma;

- la **pressione atmosferica**, cioè la forza che una massa d'aria esercita sulla superficie terrestre sottostante: anche l'aria ha un peso! Le masse d'aria si spostano dalle zone ad alta pressione verso quelle a bassa pressione. In generale, all'alta pressione si associa il bel tempo, alla bassa pressione il brutto tempo.

CURIOSITÀ

 Meteorologia o metereologia? La scienza che studia il clima si chiama **climatologia**, da non confondere con la **meteorologia**, che **studia** invece l'**andamento del tempo atmosferico in brevi intervalli cronologici**, in genere non superiori a due settimane. Ma si dice meteorologia o metereologia? Il termine corretto è il primo: la parola deriva infatti dal greco "meteora", che significa fenomeno atmosferico. Sono in molti, però, a sbagliare! Basta una semplice ricerca in Internet per scoprire che incorrono in questo errore anche alcuni siti di università, enti pubblici, note riviste, enti del turismo e persino qualche stazione meteorologica!

◢ I fattori che influenzano il clima Contenuto integrativo

Il clima di ogni località o regione è influenzato da **numerosi fattori**, ma **quattro** di questi sono particolarmente significativi:

- la **latitudine**, cioè la distanza dall'Equatore. A mano a mano che da quest'ultimo ci si sposta verso i Poli, i raggi solari diventano sempre più obliqui e scaldano in minor misura la Terra;

- l'**altitudine**, perché la temperatura scende mediamente di 0,6°C ogni 100 metri di quota. A 1.000 metri, quindi, e a parità di ogni altro fattore, la temperatura media è inferiore di 6°C rispetto al livello del mare, a 2.000 metri di 12°C e così via. Questo spiega perché in montagna fa più freddo che in pianura;

- la **distanza dalle grandi masse d'acqua**: gli oceani, i mari (quando sono abbastanza profondi) e i laghi (quando non sono troppo piccoli e raggiungono una buona profondità) hanno la capacità di influenzare notevolmente il clima delle terre che li lambiscono. Le grandi masse d'acqua si riscaldano e si raffreddano più lentamente della terra, un aspetto che ha rilevanza sia nel passaggio dal dì alla notte sia nel cambiamento delle stagioni. Infatti, durante l'estate e nelle ore di luce le masse d'acqua si riscaldano meno della terra, mentre durante la notte e in inverno mantengono di più il calore. Oceani, mari profondi e grandi laghi hanno dunque un **effetto mitigatore** sul clima, che si affievolisce fino a scomparire del tutto a mano a mano che ci si allontana dalla costa;

- i **rilievi**: le montagne ostacolano la circolazione delle masse d'aria e quindi anche delle nubi, con ripercussioni sulle precipitazioni.

ZOOM

⊘ **Il ciclo dell'acqua** L'acqua è **essenziale per la vita** dell'uomo, degli animali e delle piante. In particolare, è fondamentale disporre di **acqua dolce**: la nostra specie ne utilizza tantissima, per l'agricoltura, per usi civili (cioè nelle case) e per fare funzionare le industrie. Fortunatamente, **questa fondamentale risorsa si rigenera** di continuo, grazie a un processo naturale che si chiama **ciclo dell'acqua**. Esso consiste nel passaggio dell'acqua dai mari, all'atmosfera, alla terra, in un circolo che non si interrompe mai. Il **motore di questo meccanismo è il Sole**, i cui raggi riscaldano l'acqua di oceani e mari, laghi e fiumi, facendola evaporare. L'acqua trasformata in vapore, priva di sali, **sale nell'atmosfera** e dà origine alle nubi (o nuvole) che si scaricano poi in forma di pioggia (ma anche di neve e grandine) sui mari stessi o sulla terra. Anche le piante, attraverso la traspirazione, contribuiscono a produrre vapore. Una parte delle precipitazioni che cade sulla terra va ad alimentare la **falda acquifera**, un grande "serbatoio" sotterraneo; un'altra parte **alimenta i ghiacciai e i fiumi**. Dalla falda e dai fiumi l'acqua ritorna poi lentamente al mare, dove il ciclo ricomincia.

GRAFICO
Il ciclo dell'acqua

Il clima ha sempre influenzato l'uomo

Il **clima** è sempre stato un **fattore determinante** nell'influenzare la possibilità dell'uomo di insediarsi in un determinato luogo o regione. Anche se nel corso dei millenni l'uomo ha dimostrato una capacità di adattamento agli ambienti superiore a quella di qualunque altra specie esistente, i **climi estremi**, troppo rigidi, troppo caldi oppure troppo secchi, hanno sempre messo a dura prova la possibilità per il genere umano di insediarsi e di svolgere le attività che gli sono indispensabili per vivere.

Ecumene, anecumene...

Ecumene indica la parte delle terre emerse che è stabilmente abitata dall'uomo. La parte restante, disabitata, costituisce l'**anecumene**. I fattori che influenzano la possibilità per l'uomo di stabilirsi in una certa regione sono diversi, ma a operare la distinzione tra ecumene e anecumene è essenzialmente il clima. Gli altri fattori, come la morfologia del territorio o la maggiore o minore vicinanza ai mari o ai fiumi, sono molto rilevanti, ma secondari. Facciamo un esempio: sulle Alpi la presenza dell'uomo è generalmente scarsa e gli insediamenti spesso molto piccoli. Ciò accade perché la morfologia delle montagne non facilita la costruzione di grandi città, che sono sorte prevalentemente in pianura. Nel grande **deserto del Sahara**, in Africa, che ha una morfologia in buona parte pianeggiante (bassopiano), l'insediamento umano è scarsissimo e ciò proprio a causa del suo clima arido che è un ostacolo quasi insormontabile all'insediamento dell'uomo. Anche nell'enorme **altopiano del Tibet**, nel cuore dell'Asia, vaste aree più o meno pianeggianti sono rimaste pressoché disabitate, perché oltre 4.500 metri d'altitudine l'uomo non può vivere in quanto le condizioni climatiche non lo consentono.

Le latitudini temperate

Le aree più densamente abitate si collocano dunque nelle fasce climatiche temperate. Non è un caso che l'Europa, continente in gran parte collocato a una latitudine caratterizzata da un clima temperato, sia seconda per densità di popolazione solo all'Asia. Quasi tutte le grandi città europee, del resto, sono situate nella fascia compresa tra 40° e 55° di latitudine, cioè nella fascia intermedia. Se diamo uno sguardo al mondo nel suo insieme, vediamo che le regioni meno abitate sono quelle situate alle latitudini estreme, con climi molto freddi e aridi, mentre le regioni tropicali sono molto popolose. Per quale motivo?
Affinché l'uomo si insedi stabilmente, il clima non deve essere solo gradevole ma anche **favorevole allo sviluppo delle attività produttive**. L'agricoltura, primo settore economico a svilupparsi, ha bisogno più di ogni altra attività umana di un clima che sia sufficientemente caldo e piovoso. Freddo e aridità sono i primi "nemici" dell'uomo.

1 Quello del deserto del Sahara è un esempio di clima estremo.

2 L'altitudine dell'altopiano del Tibet non facilita gli insediamenti umani.

3 La formazione di un temporale.

La Corrente del Golfo

Oltre che dalla presenza dell'Oceano, il clima della regione atlantica è influenzato notevolmente dalla **Corrente del Golfo**. Di che cosa si tratta? È un enorme "flusso" di acqua calda che si genera nel Golfo del Messico, a sud degli Stati Uniti, e che si sposta verso nord-est, come un grande "nastro trasportatore", raggiungendo le coste dei Paesi dell'Europa occidentale, a nord della Spagna, compiendo un percorso di oltre 8.000 km.
Nella regione tropicale in cui si forma, i raggi solari riscaldano l'acqua fino a farle raggiungere 27°C; una volta attraversato l'oceano la temperatura è più bassa, ma comunque ancora sufficiente per **mitigare fortemente il clima**, anche nelle regioni costiere situate a latitudini molto alte, come la **parte settentrionale della Penisola Scandinava e l'Islanda**.
L'effetto è molto evidente in inverno: i mari raggiunti dalla Corrente del Golfo non gelano mai, mentre, poco più a est, una parte del Mar Baltico (interno e quindi non mitigato dalla Corrente) ghiaccia regolarmente anche a latitudini più basse.
Negli ultimi anni gli scienziati hanno notato un **notevole indebolimento della Corrente del Golfo**, come non era mai stato riscontrato in precedenza. Una possibile causa potrebbe essere il riscaldamento globale provocato dalle attività umane: lo scioglimento dei ghiacci della Groenlandia immette infatti nell'oceano una gran quantità di acqua dolce, rendendo meno salata (e quindi meno densa e più leggera) l'acqua oceanica alle alte latitudini, interferendo così con la circolazione della Corrente del Golfo.

impara **IMPARARE**

COMPLETO

1 .... è tra gli esseri viventi il più adattabile al clima.

2 Le zone abitate stabilmente si chiamano ...., quelle non abitate ....

RISPONDO

3 Perché nelle zone montuose la presenza dell'uomo è generalmente scarsa?

4 Entro quali latitudini sono comprese le più grandi città europee?
☐ 40°/55°
☐ 15°/35°

LAVORO SUL TESTO

5 Sottolinea sul testo quali sono le regioni meno abitate della Terra.

6 Sottolinea sul testo perché le regioni equatoriali sono molto popolose.

CARTA
Le correnti che influenzano il clima

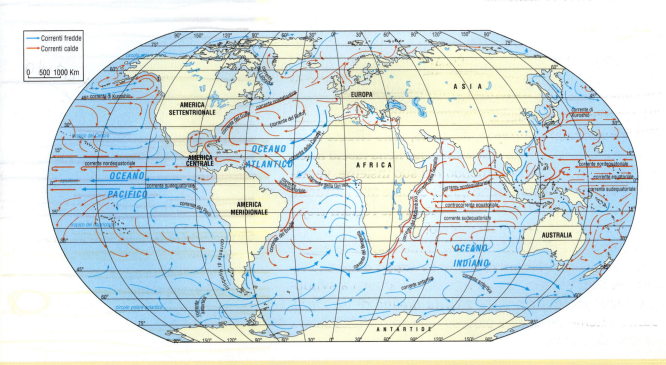

I CLIMI DELL'EUROPA

Un piccolo continente con climi molto diversi

L'Europa, in uno spazio relativamente ridotto, presenta una varietà climatica davvero notevole. Ciò è dovuto al suo **forte sviluppo in latitudine**, che va da circa 35° (la stessa dell'India settentrionale) fino a 80° (se si considerano anche le isole a nord della Scandinavia), alla presenza di **catene montuose**, che ostacolano la circolazione atmosferica, e alle diverse **distanze dall'oceano e dai mari**.

In Europa si individuano **5 fasce climatiche principali**:

- clima artico e subartico;
- clima continentale;
- clima atlantico (o oceanico);
- clima alpino (o montano);
- clima mediterraneo.

Il clima artico e subartico

Il **clima artico** si incontra alle **latitudini più settentrionali** ed è caratterizzato dalla presenza di ghiaccio durante gran parte dell'anno, temperature rigidissime e poche piogge: a differenza di quanto si potrebbe pensare, infatti, **le regioni artiche sono in genere molto aride**, cioè con poche precipitazioni, in quanto dominate dall'alta pressione e dal bel tempo.

In Europa appartengono a questa fascia climatica le isole dell'estremo nord, di cui le Svalbard, in Norvegia, sono le più importanti.

Il **clima subartico** interessa invece buona parte della Penisola Scandinava, della Finlandia e della Russia settentrionale. Anche in questa regione il clima è generalmente molto rigido, ma **in estate le temperature possono salire fino a circa 10°C**, permettendo lo scioglimento del ghiaccio e, dunque, la vita vegetale e animale. Anche in questa fascia le precipitazioni sono molto scarse, paragonabili a quelle delle regioni mediterranee più secche. È, questo, il regno della **tundra**.

1

| | Clima polare |
| Clima alpino |
| Clima oceanico |
| Clima continentale con estati calde |
| Clima continentale con estati miti |
| Clima mediterraneo |

1 L'orso polare vive nella regione artica.

2 Le temperature influiscono molto sulla vegetazione; per i girasoli il clima ideale è quello mediterraneo.

3 In estate l'avifauna della regione artica è molto varia. Nella foto un fulmaro, specie marina.

impara IMPARARE

— COMPLETO

1 Gli Stati europei caratterizzati dal clima mediterraneo sono

....

— LAVORO SULLA CARTA

2 Segna sulla carta le lettere corrisponenti alle cinque fasce climatiche principali:
a) artico e subartico; b) continentale; c) atlantico; d) alpino; e) mediterraneo.

— LAVORO SUL TESTO

3 Sottolinea sul testo il nome dei Paesi caratterizzati dal clima subartico.

4 Dove è diffuso il clima artico? Sottolinea la risposta sul testo.

1 Il paesaggio russo è dominato dalla taiga, ambiente tipico del clima continentale.

2 Le isole Lofoten, in Norvegia, godono degli effetti della Corrente del Golfo.

3 Nelle zone montuose della Slovacchia il clima è alpino, gelido e nevoso in inverno.

4 In Grecia il clima mediterraneo favorisce il turismo.

Il clima continentale

A sud della fascia caratterizzata dal clima subartico, troviamo quella del clima continentale, così detto perché è **tipico soprattutto delle regioni interne del continente**, piuttosto distanti dai mari.

Appartengono a questa fascia climatica le regioni interne dell'Europa centrale e quelle dell'Europa orientale.

Anche se è una tipologia di clima piuttosto varia, alcune caratteristiche sono comuni: in primo luogo la forte escursione termica tra estate (mite ma talvolta anche molto calda) e inverno (rigido), poi la **scarsità delle precipitazioni**, dovuta alla distanza dal mare e quindi alla difficoltà, per queste terre, di essere raggiunte da masse d'aria umida.

Questo clima caratterizza le **latitudini intermedie** e tende a sfumare a ovest nel clima oceanico, a sud in quello mediterraneo. Un esempio di clima continentale si ha nella **Russia interna**, dove si possono toccare i 30°C in estate, per poi scendere anche sotto i -30°C in inverno.

In relazione alla latitudine e alla piovosità, a questa fascia climatica si associano gli ambienti naturali della **taiga**, della **foresta di latifoglie** e della **steppa**.

Il clima atlantico

Anche il clima atlantico caratterizza soprattutto le **latitudini intermedie** ma coinvolge i **Paesi occidentali, bagnati dall'oceano**, e ha caratteristiche opposte rispetto a quello continentale: ridotte escursioni termiche tra estate (piuttosto fresca) e inverno (non molto freddo) e precipitazioni abbondanti. La temperatura scende raramente sotto gli 0°C e **le nevicate sono pertanto poco frequenti**.

In buona parte dell'Europa occidentale il clima oceanico influenza non solo le regioni costiere ma anche quelle interne, perché l'assenza di barriere montuose permette alle masse d'aria provenienti dall'Atlantico di spingersi ben oltre il litorale.

I Paesi della regione climatica atlantica hanno in comune anche il fatto di risentire degli effetti mitigatori della **Corrente del Golfo** (v. pag. 49), una corrente marina calda che si forma in America, nel Golfo del Messico, e arriva a lambire le coste dell'Eu-

GLOSSARIO

Escursione termica: differenza di temperatura tra la massima e la minima in un determinato periodo di tempo.

ropa occidentale. **I suoi effetti sul clima sono formidabili**: pensa che nell'arcipelago norvegese delle Lofoten, situato oltre il Circolo Polare Artico, la temperatura media di gennaio è di circa 0°C, cioè appena 3°C più bassa di quella di Milano.

Il clima alpino

Il clima alpino, o montano, è caratteristico delle **catene montuose dell'Europa centro-meridionale**, come le Alpi, i Pirenei e i Carpazi. È caratterizzato da **inverni freddi** e, in genere, **nevosi**, e da **estati fresche e piovose**.

Alle quote medio-alte ha temperature simili al clima subartico, ma le precipitazioni sono molto più abbondanti. Nella tundra, ad esempio, nevica in genere decisamente meno che nelle Alpi.

A questo clima si associano gli ambienti naturali della **foresta di conifere** (equivalente della taiga) e, alle quote più elevate, della **prateria alpina** (abbastanza simile alla tundra).

Il clima mediterraneo

La regione climatica mediterranea si trova nel **sud dell'Europa**, in particolare, come suggerisce il nome, nelle terre bagnate dal Mar Mediterraneo. Questo tipo di clima presenta **inverni miti ed estati calde**, spesso anche torride. Le **precipitazioni sono mediamente scarse** (intermedie tra quelle dei climi atlantico e fortemente continentale), anche se variabili: **più abbondanti nel settore orientale**, più scarse in quello occidentale.

Appartengono a questa regione la Grecia, buona parte dell'Italia peninsulare e insulare e la Spagna meridionale.

L'ambiente naturale caratteristico di questa fascia climatica è quello della **foresta mediterranea**; dove questa è stata eliminata dall'uomo prevale invece la **macchia**, composta da varie specie di arbusti.

impara

IMPARARE

— COMPLETO

1 In Europa esistono, tra gli altri, due climi con caratteristiche opposte: il clima .... è caratterizzato da una forte escursione termica tra estate e inverno, mentre il clima .... ha estati fresche e inverni miti.

— RISPONDO

2 Che tipo di ambienti naturali sono tipici del clima alpino? ....
....
....

3 Quali sono gli ambienti naturali caratteristici del clima mediterraneo?
....
....
....

— LAVORO SUL TESTO

4 Sottolinea con tre colori diversi le risposte alle seguenti domande:

a) Quale oceano percorre la Corrente del Golfo?

b) Dove ha origine?

c) Quale effetto produce sul clima nordeuropeo?

I CLIMI DELL'ITALIA

Un Paese con molti climi

L'Italia ha un'estensione piuttosto modesta eppure presenta una varietà climatica che non si riscontra in nessun altro Stato europeo, nemmeno in quelli decisamente più grandi. Le cause sono molteplici:

- l'**estensione in latitudine**: l'Italia si estende per oltre 10° di latitudine: in Europa solo Svezia, Norvegia e Russia hanno un'estensione superiore in senso nord-sud;

- la **posizione, a cavallo tra Europa e Africa**: l'ampiezza in latitudine ha una diversa influenza in base alla posizione. La Svezia, ad esempio, non ha la stessa varietà climatica dell'Italia. Il nostro Paese, infatti, fa da "cerniera" tra le regioni continentali dell'Europa e l'area nordafricana, caratterizzata da clima subtropicale e desertico;

- la **presenza di rilievi** (orografia): l'orografia italiana è molto varia, con due lunghe catene montuose che modificano la circolazione atmosferica: pochi altri Stati hanno una varietà altrettanto accentuata dell'aspetto fisico;

- la **presenza di diversi mari, con caratteristiche differenti**: buona parte del Paese si allunga tra i mari, risentendo in modo più o meno marcato del loro influsso.

Questa grande varietà climatica si riflette in **un'altrettanto ampia gamma di ambienti naturali**, caratteristica che fa dell'Italia uno dei Paesi europei **più ricchi di biodiversità**.

CARTA
Le zone climatiche in Italia

Mar Ligure

Mar Tirreno

Mar Mediterraneo

Clima alpino
Clima continentale
Clima subcontinentale
Clima mediterraneo
Clima temperato fresco
Clima subtropicale

 1

La regione alpina

Le Alpi presentano **un forte sviluppo altitudinale**. Per questo, anche il clima varia notevolmente all'interno della regione. In generale, tuttavia, possiamo dire che gli **inverni sono piuttosto rigidi**, mentre le **estati sono fresche**. Le precipitazioni sono mediamente abbondanti, soprattutto nel settore orientale, e concentrate maggiormente in primavera e in autunno. Dall'autunno inoltrato all'inizio della primavera hanno spesso **carattere nevoso**; in estate si formano frequentemente temporali.

② La Pianura Padano-Veneta

La principale pianura italiana presenta un **clima continentale**, anche se non particolarmente accentuato, grazie alla modesta distanza dai mari (si parla di clima temperato fresco o subcontinentale).
La continentalità si evidenzia bene nell'**accentuata escursione termica** tra l'inverno, relativamente freddo (le temperature minime possono scendere frequentemente sotto 0°C), e l'estate, di norma caratterizzata da temperature piuttosto elevate, con massime che superano spesso 30°C. Le **precipitazioni** si concentrano soprattutto nelle **stagioni intermedie**, con valori massimi in ottobre-novembre e in maggio.

③ Il versante adriatico

Per la sua scarsa profondità il Mare Adriatico ha un'influenza limitata sulle terre che bagna. Più che il mare in sé a differenziare il clima di questa regione è la latitudine: nel settore settentrionale è di tipo continentale (come quello padano, quindi), mentre a mano a mano che ci si sposta verso sud si entra nella regione mediterranea. Il versante adriatico è soggetto alle irruzioni delle masse d'aria gelida provenienti da nord-est che, caricandosi di umidità sul mare, possono talvolta portare ad abbondanti nevicate anche lungo la costa.

④ Il versante ligure e tirrenico

La vicinanza a **mari profondi** come il Ligure e il Tirreno e la **presenza della catena appenninica** che blocca le masse d'aria gelida provenienti da est fanno sì che su questo versante della nostra penisola si riscontri ovunque un **clima di tipo mediterraneo**. Le estati sono **calde e secche**, mentre gli **inverni sono miti**, con precipitazioni che di rado assumono carattere nevoso.

⑤ Gli Appennini

Come nella regione alpina, anche qui è soprattutto **la quota** a determinare le differenze climatiche. Nel complesso, il clima è di tipo **temperato fresco**, di tipo alpino alle quote più elevate. Le precipitazioni sono **mediamente abbondanti** e in inverno sono **frequenti le nevicate**. L'Abruzzo è la regione in cui si verificano in genere le precipitazioni nevose più intense, con accumuli nei paesi che possono arrivare a 2 metri e mezzo!

⑥ Il Sud e le isole

Nelle regioni peninsulari più meridionali e nelle isole prevale un clima **di tipo mediterraneo**, salvo che sui rilievi più elevati. L'influenza dei **mari** e la **bassa latitudine** fanno sì che gli inverni siano perlopiù miti, mentre in estate la temperatura può superare i 40°C. Il settore più meridionale della Sicilia presenta un clima **di tipo subtropicale** (la parte più meridionale di questa regione si trova alla latitudine della Tunisia). Nella Sardegna meridionale e in alcuni settori della Puglia si registra inoltre **la più bassa piovosità a livello nazionale**.

impara **IMPARARE**

— INDIVIDUO LE RELAZIONI DI CAUSA ED EFFETTO

1 L'Italia è un Paese con molti climi perché le sue caratteristiche sono:
a) estensione in *lati ludine*
b) posizione fra Europa e *Africa*;
c) *orografia* molto varia;
d) presenza di mari diversi con influenza *diversa*.

— COMPLETO

2 La varietà climatica determina *ampia gamma di ambi* e quindi *naturali ricchezza di biodiversità*.

3 La regione appenninica nella quale le nevicate sono più abbondanti è l'*Abruzzo*. Le regioni italiane nelle quali piove di meno sono *la Calabria, la Sicilia, la Sardegna*.

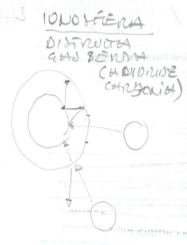

Anche nelle epoche passate il clima era mutevole

Il clima di una regione **varia** nel corso dei millenni, ma anche in tempi assai più brevi, in pochi secoli, addirittura in pochi decenni e tutto questo **anche per cause naturali**. Se andassimo indietro almeno 12.000 anni, al tempo dell'ultima **glaciazione**, troveremmo in Europa un clima molto più freddo, ma basterebbero 1.000 anni o anche "solo" alcuni secoli per trovare nel nostro continente un **clima assai diverso**. Facciamo qualche esempio. Quando, circa un millennio fa, i Vichinghi misero piede per la prima volta nell'enorme isola della Groenlandia (situata nell'estremo nord, tra Nord America e Islanda), la trovarono verde, al punto che la chiamarono proprio "Terra verde", da cui è derivato il nome inglese "Greenland". Ebbene, oggi la Groenlandia è un'immensa distesa di ghiaccio. Sappiamo che 1.000 anni fa il clima europeo era decisamente più mite di quello odierno, al punto che in Inghilterra si coltivava una pianta tipicamente mediterranea come la vite. **Nel Medioevo ci fu insomma un periodo caldo**. Tuttavia solo pochi secoli dopo la situazione nell'emisfero nord era completamente cambiata: il freddo si era impadronito dell'Europa, al punto che il periodo che va dal '500 alla metà dell'800 è noto ai climatologi come "**Piccola era glaciale**". I ghiacciai alpini si dilatarono fortemente inghiottendo alcuni villaggi, mentre in Paesi come l'Inghilterra e l'Olanda molti fiumi in inverno ghiacciarono (un fatto oggi difficilmente immaginabile) e i raccolti andarono persi, provocando gravi carestie.

L'inquinamento dell'aria cambia il clima

Il clima cambia dunque anche per cause naturali, spesso non facili da decifrare neanche per gli scienziati in quanto alla base dei cambiamenti climatici ci sono **fattori molto complessi**. Perché allora il mondo è oggi così preoccupato dei cambiamenti climatici in corso? Nell'ultimo secolo, e soprattutto negli ultimi decenni, il cambiamento è stato molto **più rapido di quanto ac-**

① Tra gli iceberg nella baia di Disko in Groenlandia, un tempo "Terra verde".

cadeva in precedenza: la Terra si sta velocemente **surriscaldando e il responsabile è l'uomo, con le sue attività**. Le **industrie e i veicoli a motore** bruciano infatti combustibili fossili (petrolio e carbone) immettendo **nell'atmosfera grandi quantità di anidride carbonica**: la sua concentrazione è talmente aumentata da diventare **un formidabile gas serra**. Questo gas lascia passare i raggi solari in entrata, ma blocca in parte il calore emesso dalla superficie terrestre che, così, diventa sempre più calda.

Tra le varie conseguenze, una delle più evidenti è lo **scioglimento dei ghiacci**, già molto visibile nel Mar Glaciale Artico, che porterà a un innalzamento del livello degli oceani, con conseguenze disastrose per parecchie regioni costiere.

◤ L'uomo cerca oggi di trovare un rimedio

Il problema del riscaldamento globale è oggi diventato particolarmente evidente perché **sono aumentati i Paesi del mondo che immettono nell'atmosfera grandi quantità di gas serra**. In pratica, quando le economie di alcuni Paesi prima molto poveri hanno cominciato a crescere, anche le emissioni di gas serra sono fortemente aumentate. Il fenomeno è molto preoccupante perché è proprio **nei Paesi in via di sviluppo che la popolazione continua ad aumentare rapidamente** e con questa l'inquinamento. Occorre un'inversione di rotta.

I rappresentanti di molti Paesi si sono incontrati più volte, cercando un accordo sulle soluzioni da attuare per frenare il riscaldamento globale. Nel 2015, a Parigi, si è tenuta un'importante conferenza internazionale nella quale i 195 Paesi partecipanti hanno trovato un accordo per ridurre le emissioni dei gas serra nell'atmosfera. Sarà necessario che gli impegni assunti siano rispettati e, in ogni caso, secondo molti esperti potrebbero non essere sufficienti.

GLOSSARIO

Gas serra: sono alcuni gas, tra cui anidride carbonica e metano, la cui concentrazione nell'atmosfera è aumentata a causa di alcune attività dell'uomo contribuendo al cosiddetto "effetto serra", cioè l'aumento della temperatura terrestre.

impara **IMPARARE**

— LAVORO SUL TESTO

1 Dopo aver riletto il testo, cancella i termini sbagliati delle seguenti frasi:

Oggi il clima cambia *più / meno* rapidamente che in passato, la responsabilità *è / non è* dell'uomo. L' *anidride carbonica / ossido di gasolio* emanata in grande quantità da *incendi / industrie* e motori è un gas serra molto dannoso perché *trattiene / non trattiene* il calore nell'atmosfera e la Terra diviene sempre più *calda / molle*.

▮▮ GRAFICO
Come ridurre le emissioni di gas serra

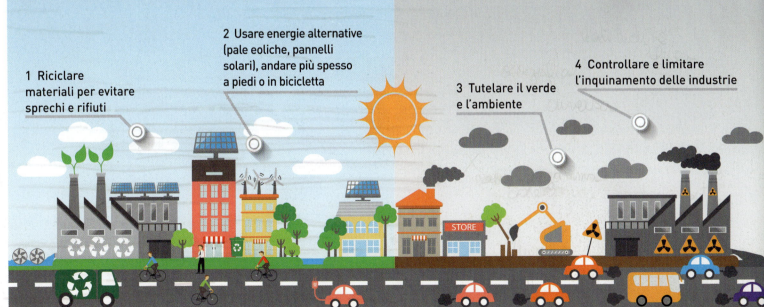

1 Riciclare materiali per evitare sprechi e rifiuti

2 Usare energie alternative (pale eoliche, pannelli solari), andare più spesso a piedi o in bicicletta

3 Tutelare il verde e l'ambiente

4 Controllare e limitare l'inquinamento delle industrie

I DISASTRI LEGATI AL CLIMA

Il clima è impazzito?

Numerosi scienziati oggi concordano nel ritenere che i cambiamenti climatici in corso sono la causa di molti fenomeni meteorologici estremi che hanno di recente colpito l'Europa. Negli ultimi due decenni in molti Paesi europei si sono verificati, con una frequenza prima sconosciuta, **uragani**, piogge molto intense che hanno provocato **gravissime alluvioni**, ma anche periodi di grande caldo alle alte latitudini, oppure di freddo in piena estate alle latitudini più basse.
Oltre a essere causa del riscaldamento, i cambiamenti del clima stanno provocando un **generale sconvolgimento climatico**. Quasi ogni anno ormai, in qualche area dell'Europa, si verifica un evento atmosferico con caratteristiche del tutto inusuali. Per questo, molte volte ti sarà capitato di sentire dire che "il clima è impazzito".

Tempeste e uragani anche in Europa

Negli ultimi decenni, alcune regioni europee sono state percorse da **uragani** di violenza inaudita, paragonabili a quelli che si verificano nelle regioni tropicali soggette a tifoni e cicloni.
Nel **dicembre 1999** due violente tempeste si sono abbattute sul **nord della Francia** scatenandosi con fortissimi venti e diluvi che hanno causato enormi danni, tra cui lo **sradicamento di oltre 10.000 alberi** del parco della reggia di Versailles. Nel **gennaio 2007** l'uragano Kyrill colpì diversi Paesi dell'Europa centro-settentrionale, con piogge intensissime e **venti a oltre 200 km/h**! Anche in questo caso le conseguenze furono devastazioni e numerose vittime in Gran Bretagna, Germania e nei Paesi Bassi.

❶ Devastazioni in Germania per la tempesta Niklas del 2005.
❷ L'uragano Kyrill ha colpito con forza l'Europa centro-settentrionale nel 2007.
❸ Praga in parte sommersa dalla Moldava per le forti precipitazioni nel 2002.

Piogge intensissime come ai Tropici

Numerosi Paesi dell'Europa centro-orientale sono stati colpiti nell'ultimo ventennio da **piogge intensissime**, che in precedenza si osservavano soprattutto alle latitudini tropicali.

Tra **maggio e giugno del 2010**, su Paesi come la Germania, la Repubblica Ceca, la Slovacchia, l'Ungheria e la Polonia cadde una quantità di pioggia eccezionale, tale da provocare lo **straripamento di molti fiumi**: varie città si ritrovarono invase dall'acqua, interi quartieri furono evacuati e i danni economici furono davvero ingenti.

Un fenomeno analogo si era già verificato **nell'agosto del 2002**: in quell'occasione **Praga** si ritrovò letteralmente **sommersa dal fango** a causa dello straripamento della Moldava.

Un grande caldo…

Negli ultimi quindici anni si sono verificate diverse **ondate di calore del tutto anomale** in Paesi in cui le estati sono generalmente fresche.

Il caso più eclatante è quello dell'**estate 2010 in Russia**, la più calda registrata fino a oggi in quel Paese.

Tra la fine di luglio e agosto fu un vero inferno: **Mosca**, che di solito si associa a un clima freddo, vide il termometro salire più volte a **40°C**, come se fosse la capitale di un Paese mediterraneo.

L'eccezionale caldo colpì buona parte della Russia europea e, a nord del Caucaso, si toccarono **addirittura i 44°C**; le alte temperature e il clima secco favorirono gli **incendi** (causati però quasi sempre dall'uomo), persino diverse centinaia, al punto che anche Mosca si trovò per giorni e giorni immersa in un'enorme cappa di fumo, che paralizzò tutti gli aeroporti e arrivò addirittura all'interno della metropolitana.

Molte persone dovettero abbandonare le loro case e vi furono decine di morti: un vero disastro.

… e un freddo insolito

In anni recenti si sono avuti anche periodi insolitamente freschi e piovosi in piena estate.

Luglio è in genere un mese molto caldo e secco ma nel **2014** il Nord Italia ha registrato temperature davvero basse per la stagione, con piogge intense e frequenti. **Più che un'estate, sembrava il cuore dell'autunno!**

Anche il **2013** è stato un anno particolare dal punto di vista climatico: in gran parte dell'Italia **non c'è stata la primavera**. Basse temperature, cieli grigi e pioggia hanno caratterizzato la stagione fino a giugno e in alcune località del Nord Italia le precipitazioni sono state addirittura doppie rispetto alle medie del periodo.

CURIOSITÀ

Pioggia da record in Italia! L'Italia non è un Paese da primato mondiale in termini di piovosità, ma vi si sono verificati alcuni episodi eccezionali. Anzitutto va detto che si riferiscono tutti alla **Liguria** e al **Friuli**: la vicinanza della montagna al mare contribuisce in queste regioni a far sì che le nubi, formatesi con la grande umidità marina, vengano "bloccate" e scarichino tutto il loro contenuto di pioggia.

Il record in un'ora si è registrato il 4 novembre 2011 in provincia di Genova: **181 mm** di pioggia, quasi quella che cade in un anno nel sud della Sardegna! Il record riferito alle 24 ore è ancor più incredibile e si riferisce sempre alla provincia di Genova: il 7 ottobre 1970 sono scesi **932 mm** di pioggia, una quantità superiore a quella che cade in molte località italiane in un intero anno.

Il record di precipitazioni nel corso di un anno spetta invece a una località della provincia di **Udine** che, nel 1960, ha visto scendere oltre **6 m** di pioggia, un valore non troppo lontano da quello delle più piovose località tropicali.

impara **IMPARARE**

COMPLETO

1 I cambiamenti climatici hanno provocato fenomeni meteorologia estremi: gli uragani che hanno dato origine ad alluvioni e a un generale sconvolgimento climatico.

LAVORO SUL TESTO

2 Sottolinea sul testo:
a) in quale parte dell'Europa si sono verificate piogge intensissime nell'ultimo ventennio;
b) che effetti ebbe il caldo eccezionale nella Russia europea nel 2010.

CONOSCENZE

Conoscere gli elementi del clima

1 Collega ogni parola con la rispettiva definizione.

A. Ecumene

B. Clima

C. Umidità

D. Clima alpino

E. Clima continentale

F. Anecumene

G. Temperatura

1. Clima caratteristico delle catene montuose dell'Europa centro-meridionale con inverni freddi ed estati fresche e piovose.
2. La quantità di vapore acqueo presente nell'aria.
3. La parte di terre emerse abitate dall'uomo.
4. L'insieme delle caratteristiche atmosferiche medie che contraddistingue un luogo.
5. La quantità di calore che si rileva nell'ambiente.
6. La parte di terre non abitate dall'uomo.
7. Clima caratterizzato da una forte escursione termica tra estate e inverno e da scarse precipitazioni.

2 Scegli il giusto completamento.

A. La latitudine influenza il clima perché:
- [ ] 1. più si è vicini ai Poli, meno i raggi solari scaldano.
- [ ] 2. salire in altitudine equivale ad avvicinarsi ai Poli.

B. La distanza dal mare influenza il clima perché:
- [ ] 1. le masse d'acqua si scaldano e si raffreddano più lentamente della terra.
- [ ] 2. il moto costante delle onde riscalda le masse d'acqua circostanti.

C. I rilievi influenzano il clima perché:
- [ ] 1. ostacolano la circolazione di aria e di nubi.
- [ ] 2. la presenza di una fitta vegetazione favorisce le precipitazioni.

D. Da quali elementi è determinato il clima?
- [ ] 1. dalla distanza dal meridiano di Greenwich.
- [ ] 2. da latitudine, distanza dai mari, presenza di catene montuose.

Conoscere i climi europei e italiani

3 Completa la tabella sui climi europei.

CLIMA	ZONE O PAESI EUROPEI IN CUI È PRESENTE	CARATTERISTICHE
Artico / Subartico		
Continentale		
Atlantico		
Alpino		
Mediterraneo		

◢ Utilizzare gli strumenti della geografia

4 Costruisci un grafico dell'escursione termica. Inizia con il completare lo schema che segue: per farlo devi sapere che, a parità di altri fattori, se saliamo di 1.000 metri la temperatura diminuisce di 6°C. Riporta poi sul grafico le temperature che hai calcolato e unisci i punti con una linea: otterrai così la raffigurazione dell'escursione termica dovuta all'altitudine.

Se a 2.500 m la temperatura è di 3°C:

a 500 m è di .... ;

a 1.500 m è di .... ;

a 3.500 m è di .... ;

a 4.500 m è di ....

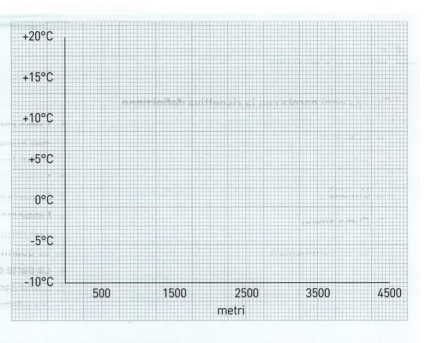

5 Sulla carta dell'Europa colora le diverse fasce climatiche con le tinte seguenti:

• in blu la zona artica
• in azzurro la zona subartica
• in grigio la zona continentale
• in arancione la zona atlantica
• in celeste la zona alpina
• in rosso la zona mediterranea

Quale tipo di carta hai creato?

....

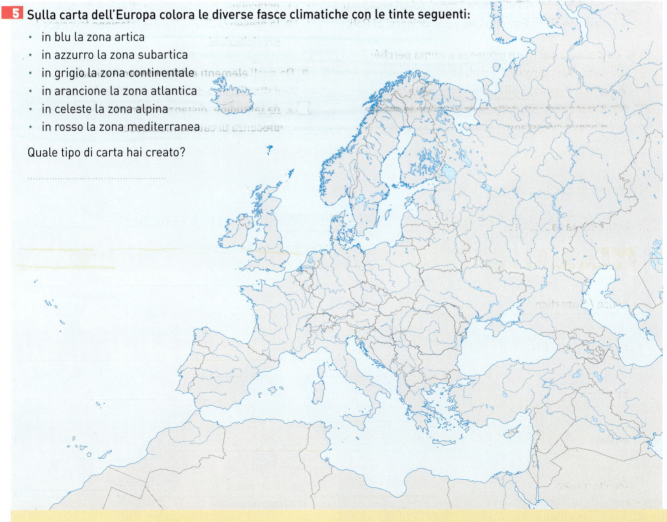

CAPITOLO 5

LE REGIONI DELLA NATURA

1 UN CONTINENTE RICCO DI BIODIVERSITÀ

◢ Che cos'è la biodiversità?

"**Biodiversità**" è una parola che si sente pronunciare sempre più spesso. Ma che cosa significa? Il termine è composto da due parti: "**bio**", dal greco "bios", cioè "che vive", e "**diversità**"; indica dunque la varietà delle forme viventi nel loro complesso. Quando si parla di biodiversità ci si riferisce a tutte le specie viventi: sia alla fauna sia alla flora e quindi un lombrico, un papavero, un capriolo, una quercia contribuiscono tutti a creare biodiversità.

Questo concetto si può riferire al mondo intero ma anche a un singolo Stato, o a una precisa regione, a un piccolo ambiente naturale come una palude, così come a un semplice giardino.

◢ L'Europa è ricca di biodiversità

L'Europa è un continente ricco di biodiversità, soprattutto se si considera la sua modesta estensione rispetto a quella degli altri continenti.

La ragione di questa ricchezza sta nella notevole varietà di ambienti naturali, dovuta a vari fattori, tra cui il forte sviluppo in latitudine e la morfologia molto varia. Molte specie (ad eccezione di quelle più adattabili) necessitano per vivere di un ben preciso habitat, per cui tanto maggiore è la varietà di ambienti tanto più grande è la biodiversità.

GRAFICO
La biodiversità europea in numeri

Allegato scaricabile

oltre
100.000
specie di **invertebrati**

1.100
specie di **pesci marini**

530
specie di **uccelli**

260
specie di **mammiferi**

546
specie di **pesci d'acqua dolce**

85
specie di **anfibi**

ITALIA 32%
EUROPA 68%
FAUNA

ITALIA 45%
EUROPA 55%
FLORA

GRAFICO
Fauna e flora in Italia e in Europa

Le specie endemiche

Oltre che di biodiversità, l'Europa è anche ricca di specie **endemiche**, cioè di specie che si trovano solo in una regione precisa e in nessun'altra parte del mondo: circa l'80% dei pesci d'acqua dolce e degli anfibi, ad esempio, è endemico, come pure la metà delle specie di rettili.

In Italia il record europeo di biodiversità

Il Paese europeo più ricco di biodiversità è l'Italia. Nessun altro Stato d'Europa può vantare una varietà di ambienti naturali come quella italiana, dai ghiacciai perenni delle Alpi alle regioni aride dell'estremo sud.

Nonostante la modesta dimensione (se paragonata a quella di Paesi come la Spagna o la Francia), l'Italia ha una forte estensione in latitudine e un territorio molto diversificato, che comprende ambienti simili alla tundra (nelle praterie alpine d'alta quota) e fasce costiere dal clima subtropicale.

Per queste ragioni, in una superficie inferiore a un trentesimo di quella europea, l'Italia ospita oltre il 30% della fauna del continente e il 45% delle specie vegetali. In tutto, sono circa 58.000 le specie animali che vivono in Italia, di cui 55.000 invertebrati (come gli insetti, i molluschi ecc.), mentre sono 6.700 le **piante vascolari**.

Ma c'è di più. Il nostro Paese detiene infatti anche il primato delle **specie endemiche**: il 10% della fauna e il 15% delle piante non si trovano in nessun'altra parte del mondo!

① L'orso marsicano è endemico dell'Italia centrale.

② L'abete delle Madonie è endemico della catena montuosa omonima, in Sicilia.

③ La salamandra pezzata è un esempio di specie endemica dell'Europa.

GLOSSARIO

Piante vascolari: presentano al loro interno strutture che conducono i fluidi.

impara **IMPARARE**

— COMPLETO

1 Una specie .... è una specie che si trova solo in un ambiente preciso e in nessun'altra parte del mondo.

2 L'Italia, sebbene il suo territorio sia piuttosto piccolo, è il Paese europeo con la maggiore biodiversità a causa della ....

3 La parola "biodiversità" è composta da bios e .... e indica la .... delle forme ....

4 Rileggi il testo e completa la mappa sulla biodiversità.

forte sviluppo in .... → varietà di ambienti → ....

.... →
molto varia

GLI AMBIENTI NATURALI IN EUROPA

Climi diversi, biomi diversi

Gli ambienti naturali sono strettamente collegati alle caratteristiche climatiche: a climi diversi, corrispondono quindi biomi altrettanto diversi. Ma che cos'è un **bioma**?

Un bioma è un tipo di ambiente naturale caratterizzato da una particolare flora e fauna e da un particolare clima.

Il clima è fondamentale nel definire le caratteristiche e i confini del bioma: infatti, sono le temperature durante i vari mesi dell'anno, l'umidità e le precipitazioni a far sì che una determinata regione geografica sia occupata, ad esempio, da foreste di conifere piuttosto che da ghiacciai perenni, dalla foresta mediterranea oppure da steppe.

È il clima a fare la differenza

Anche l'uomo interviene a modificare l'ambiente, tuttavia, per quanto incisiva possa essere la sua azione, essa non può mai sostituirsi al clima nel definire le caratteristiche dei biomi. L'uomo può distruggere le foreste su ampie superfici e sostituirle con coltivazioni, ma di certo non potrà mai portare la prateria alle latitudini polari, oppure i ghiacci perenni lungo le coste mediterranee.

Il clima, quindi, rimane predominante rispetto all'azione dell'uomo. Una prova? Ipotizziamo che per un secolo le vaste regioni dell'Europa centrale non siano più coltivate, ma lasciate a se stesse.

Poco alla volta le foreste tipiche di quel bioma tornerebbero a espandersi e, alla fine, queste terre assumerebbero un aspetto non troppo diverso da quello che avevano prima che fossero abitate dall'uomo.

Legenda

- foresta di latifoglie
- brughiere
- foresta di conifere e taiga
- tundra
- foresta e macchia mediterranea
- steppa

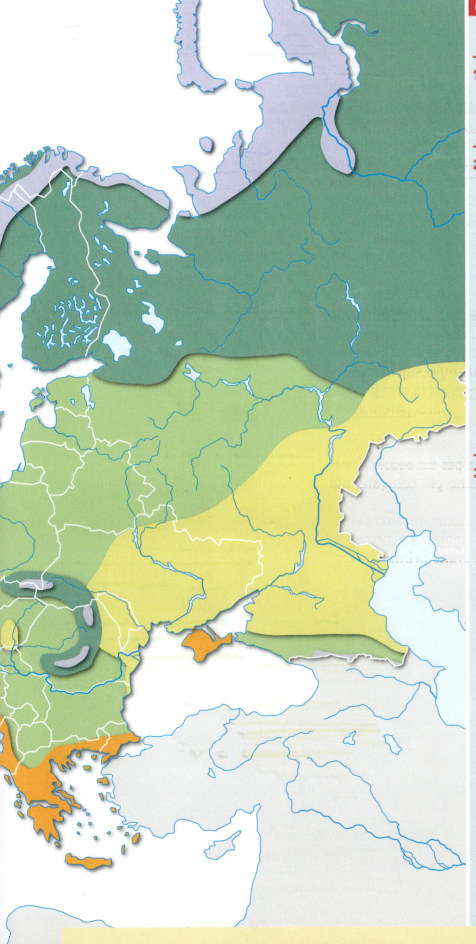

COMPLETO

1 Il bioma è un ambiente .... dove vivono vegetali e .... caratteristici di quel particolare ....

SCHEMATIZZO

2 Posiziona in modo corretto nello schema che rappresenta l'Europa i differenti ambienti (a nord, sud, est e ovest), attingendo i loro nomi dall'elenco che segue:
brughiera, taiga, macchia mediterranea, foresta di latifoglie

tundra

.... steppa

....

....

LAVORO SULLA CARTA

3 Osserva la carta e indica:

a) Quali tipi di ambiente sono diffusi in Italia.
....
....

b) Quali tipi di ambiente prevalgono in Spagna?
....

c) Dove si trova la brughiera in Europa?
....

d) Quale ambiente prevale in Francia?
....

e) Quale ambiente domina in Finlandia?
....

f) Quale ambiente si trova in Grecia?
....

g) Dove si trovano la foresta di conifere e la tundra in Italia?
....

h) Quali tipi di ambiente sono assenti o scarsamente presenti in Italia?
....

I PRINCIPALI BIOMI EUROPEI

La foresta di latifoglie

La fascia centrale dell'Europa era in origine occupata da estese foreste costituite principalmente da **latifoglie**, come il faggio, il frassino, la quercia, l'olmo, il carpino. All'interno di questa vasta regione, la prevalenza di una specie arborea piuttosto che di un'altra è dovuta soprattutto alle diverse temperature e alla diversa umidità: il clima della Francia occidentale è diverso, ad esempio, da quello della Polonia, che è meno umido e più freddo.

In tutta la fascia centrale dell'Europa l'azione dell'uomo ha modificato fortemente l'ambiente originario, già nei secoli passati, quando ampie superfici sono state disboscate per fare spazio all'agricoltura, all'allevamento, alle città e ai villaggi. Negli ultimi decenni, tuttavia, la foresta ha recuperato terreno, anche per merito dell'uomo che, almeno in alcuni casi, ha provveduto a rimboschire (come è accaduto in molte aree della Germania).

Gli animali caratteristici di questo bioma sono il **cinghiale** (3), il **cervo** (2) e il **capriolo** (6), numerosi ancora oggi, così come la **volpe** (4), il **tasso** (5) e lo **scoiattolo** (1).

Nei fiumi che attraversano le foreste sopravvivono qua e là **lontre**, **castori** e **visoni**. Molto meno diffusi sono invece i grandi predatori come l'orso, il lupo e la lince, spesso giunti all'estinzione dopo secoli di persecuzione da parte dell'uomo.

Foresta di faggi nel nord della Spagna.

◢ La brughiera

La **brughiera** è un tipo di ambiente naturale diffuso in alcuni settori dell'Europa occidentale, particolarmente là dove prevale il clima atlantico.

Il paesaggio è caratterizzato da una **vegetazione bassa, cespugliosa**, più o meno fitta, che cresce su **suoli poco fertili**. A formare la brughiera sono soprattutto alcune specie di erica, una pianta sempreverde che si presenta nella forma di un piccolo arbusto.

In Europa, le brughiere più famose sono senz'altro quelle della Gran Bretagna, e della Scozia in particolare: in questo habitat vivono animali come la **pernice bianca nordica** (3), il **chiurlo** (4), caratterizzato da un lungo becco ricurvo, e rapaci come il **falco smeriglio** (1) e l'**albanella reale** (2).

Anche in Italia, soprattutto nelle regioni settentrionali, sono presenti modeste estensioni a brughiera, dominate dal **brugo**, una specie di erica che dà il nome a questa tipologia di habitat.

IMPARARE *insieme*

— A PICCOLI GRUPPI

1 Dividetevi in due squadre. L'insegnante, con l'aiuto di un assistente da lui scelto, farà da arbitro. In ogni squadra nominate un portavoce. A turno, dopo aver consultato i membri della squadra, il portavoce di ogni squadra dirà un animale o una pianta tipica della foresta di latifoglie. L'arbitro conterà le risposte giuste. Il gioco si ripete poi nello stesso modo per la brughiera. Vince la squadra che avrà dato il maggior numero di risposte corrette.

Brughiera a Cap Fréhel, nel nord-ovest della Francia.

La taiga

Se dalle latitudini intermedie ci spostiamo più a nord, la foresta cambia aspetto: alle latifoglie, con foglie caduche (ovvero che cadono in autunno), si aggiungono e poi si sostituiscono le **conifere** (aghifoglie), in particolare l'**abete rosso**, o peccio, l'**abete bianco** e il **pino silvestre**. Alle conifere si associa però non di rado la **betulla**, anch'essa tipica del clima continentale freddo.

La foresta di conifere delle regioni subartiche prende il nome di **taiga**.

L'**alce** (1), un grande mammifero che può pesare fino a una tonnellata, è uno degli animali più caratteristici di questo ambiente naturale. Anche l'**orso bruno** (2) è ancora relativamente numeroso e, sempre tra i carnivori, si evidenzia la presenza del **ghiottone** (3), un parente della faina e dell'ermellino, ma di dimensioni molto più grandi e che vive solo alle alte latitudini.

Un ambiente simile a quello della taiga si trova anche su alcune catene montuose, come le Alpi e i Carpazi, perché il clima in montagna è simile a quello tipico delle alte latitudini.

1 L'alce è il mammifero più caratteristico della taiga.

2 I monti Urali, nella Russia occidentale.

La tundra

Ancora più a nord, dove il clima è particolarmente rigido e il terreno gelato per buona parte dell'anno, si incontra un bioma molto particolare, chiamato **tundra**. Per farci un'idea di come è fatta la tundra possiamo immaginare uno spazio vastissimo, senza alberi e con una **vegetazione molto bassa**, **composta da erbe**, **muschi** e **licheni**. Nella vegetazione erbacea, qua e là spuntano talvolta bassi arbusti, che possono formare anche fitte macchie. Nella bella stagione, quando il ghiaccio si scioglie, si formano vasti acquitrini brulicanti di zanzare.

Un tempo questo era il regno della **renna selvatica** (2), un mammifero oggi diffuso soprattutto come animale da allevamento. Anche il **lemming** (5), un piccolo roditore capace di compiere grandi migrazioni, è un abitante tipico della tundra, così come lo sono l'**ermellino** (3), la **volpe artica** (4) e la **lepre variabile** (1).

Le ultime tre specie, pur se molto diverse tra loro, hanno in comune la particolarità di cambiare il colore della pelliccia in relazione alla stagione: bianco candido in inverno, quando il terreno è innevato, e marroncino nella breve estate. In questo modo la possibilità di mimetizzarsi è garantita.

impara IMPARARE

RISPONDO

1 Quale vegetazione è tipica della taiga?

2 Quali animali si trovano in questo tipo di ambiente?

COMPLETO

3 Il cambiamento del colore della pelliccia in relazione alla stagione, cioè il ...., è caratteristico di animali della ...., come ...., la volpe .... e la .... variabile.

Tundra in primavera nella Norvegia settentrionale.

⚡ La foresta e la macchia mediterranea

Abbandonati i ghiacci artici, scendendo molto più a sud si arriva nella regione mediterranea.

Lo scenario è radicalmente diverso, in quanto il clima è proprio l'opposto di quello artico. Qui in origine dominava una **foresta** costituita soprattutto dal **leccio**, una varietà di quercia, albero tipico di questo bioma. In alcune regioni, ad esempio in ampi settori della Sardegna, questo tipo di foresta sopravvive ancora. Altrove, dove nei secoli e nei decenni passati l'uomo ha disboscato, prevale ora la **macchia mediterranea**, costituita da **arbusti** (come il **corbezzolo**, il **mirto**, il **lentisco** e varie specie di **ginestra**), addensati in formazioni impenetrabili. Solo pochi mammiferi si sono adattati a questo tipo di ambiente: è il caso del **cinghiale** (1), ma anche dell'**istrice** (3) e della **martora** (4). La macchia è inoltre popolata da diverse specie di piccoli uccelli dal nome talvolta curioso, come **occhiocotto** (2) e **magnanina**.

1 Foresta di lecci in Spagna. Il leccio è un albero presente nelle foreste della regione mediterranea.

2 Il corbezzolo è un arbusto tipico della macchia mediterranea.

impara **IMPARARE**

—**RISPONDO**

1 Per ciascuna delle seguenti affermazioni indica se è vera o falsa.

a) La foresta mediterranea è costituita soprattutto di conifere. ....

b) Oggi dove prima si trovava la foresta mediterranea si trova invece la macchia mediterranea. ....

c) La steppa prevale in alcune regioni dell'Est europeo. ....

d) La steppa è caratterizzata dalla presenza di alberi ad alto fusto. ....

3 Una prateria tipica della steppa.

La steppa

Là dove il clima è di tipo continentale arido, come accade in alcune regioni dell'**Est europeo**, prevale un altro ambiente peculiare chiamato **steppa**. Anche in alcune regioni mediterranee, ad esempio della Spagna, si trova questo tipo di ambiente, ma con caratteristiche lievemente diverse.

La steppa è un bioma dalla struttura piuttosto semplice, si tratta infatti di una prateria.

Le scarse precipitazioni non permettono qui lo sviluppo della vegetazione arborea. Un bell'esempio di ambiente steppico si trova in **Ungheria** (dove prende il nome di **puszta**).

Anche se mancano gli alberi e può sembrare monotono, non significa che la vita in questo ambiente scarseggi: la steppa è abitata da diversi **rapaci** come il falco pellegrino (1) e da specie rare come la **gallina prataiola** (3) e l'**otarda** (4), grande e corpulenta quanto un tacchino. Tra i mammiferi è comune il **citello** (2), un piccolo roditore.

GLI AMBIENTI NATURALI IN ITALIA

✕ Una grande varietà di ambienti naturali, spesso modificati dall'uomo

Come abbiamo visto, **l'Italia è un Paese molto ricco dal punto di vista ambientale**. Tuttavia, come nella maggior parte dei Paesi europei, anche qui l'ambiente naturale originario è stato spesso profondamente modificato dall'intervento dell'uomo.

Ciò è vero soprattutto per le **aree pianeggianti**, perché sono proprio queste a essere più facilmente assoggettabili alle esigenze dell'uomo. All'opposto, le aree montane più impervie hanno mantenuto un aspetto molto simile, talvolta addirittura identico, a quello originario.

✕ GLI AMBIENTI MONTANI

Gli ambienti naturali meglio conservati si trovano sui rilievi. Ciò accade per diversi motivi: la difficoltà a piegare il territorio alle esigenze produttive dell'uomo, l'impossibilità di costruire grandi città (salvo che in pochi casi, dove il fondovalle è molto ampio) con la conseguente bassa densità di popolazione e l'ostilità del clima hanno giocato un ruolo determinante nel far sì che gli ambienti montani si conservassero molto meglio rispetto a quelli di pianura. Parliamo di "ambienti", al plurale, perché i tipi di habitat cambiano, soprattutto in relazione alla quota.

1 Molte zone montane presentano un paesaggio immutato nel tempo. Nell'immagine, uno scorcio dei monti del Sud Tirolo.

2 L'intervento dell'uomo modifica talvolta anche gli ambienti montani più aspri. Nell'immagine, una funivia nelle Dolomiti (Monte Rosetta).

3 Il Comune di Lorenzago di Cadore, nelle Dolomiti, villaggio costruito su un altopiano a 883 metri di quota.

4 Foresta di larici in autunno, in Trentino-Alto Adige.

5 Un piccolo di cinghiale, mammifero molto diffuso sugli Appennini e in alcune aree delle Alpi.

Le foreste

A quote basse e medie troviamo soprattutto **foreste di latifoglie**, ad esempio querce, castagni e faggi.

Un po' più in alto, sulle Alpi (molto meno sugli Appennini), si estendono invece le **foreste di conifere**, così chiamate perché i loro frutti, le cosiddette pigne, si definiscono in modo più corretto "coni".

Al di là della quota, il **clima** è molto importante nell'influenzare il tipo di foresta, in quanto le conifere crescono soprattutto in aree dal clima più continentale e quindi più asciutto. La foresta di conifere è composta da **abeti rossi e bianchi**, da **larici** e, in minor misura, da **pini silvestri**.

Il larice ha una particolarità: mentre le altre conifere sono sempreverdi, questa pianta in autunno perde gli aghi. Le splendide "macchie" gialle e arancioni che si osservano in autunno tra il verde scuro degli abeti rossi sono formate proprio da larici i cui aghi, al pari delle foglie di molte piante, si colorano in questo modo prima di cadere.

Gli animali della foresta

Le foreste italiane sono in genere ricche di animali selvatici. Negli ultimi decenni sono aumentati in modo straordinario i **cinghiali**, i **caprioli** e i **cervi**, sia sulle Alpi sia sugli Appennini. Ciò è accaduto soprattutto grazie all'espansione delle foreste e delle aree protette e agli interventi di ripopolamento effettuati dall'uomo.

Per avere un'idea di questa crescita, possiamo pensare che in una sola provincia appenninica, come quella di Parma ad esempio, vivono oggi più caprioli di tutti quelli che erano sopravvissuti in Italia all'epoca della fine della Seconda Guerra Mondiale!

La crescita della popolazione di questi animali ha inoltre contribuito a favorire l'aumento dei lupi, che oggi sono piuttosto diffusi e, qualche volta, si affacciano anche sulla pianura, come accadeva qualche secolo fa.

GRAFICO
Censimento sul territorio italiano

Numero di esemplari in Italia (2015)

800.000
750.000
700.000
650.000
600.000
550.000
500.000
450.000
400.000
350.000
300.000
250.000
200.000
150.000
100.000
50.000
0

CINGHIALE
CAPRIOLO
CERVO
CAMOSCIO
STAMBECCO
LUPO
ORSO BRUNO

Ad eccezione dell'orso bruno, tutte le specie riportate nella tabella hanno avuto un forte incremento negli ultimi 50 anni.

Le praterie d'alta quota, i ghiaioni e i nevai perenni

Al di sopra dei 1.800-2.000 metri il clima è troppo rigido per lo sviluppo degli alberi. A questa altezza, la foresta viene sostituita dalla **prateria**, un ambiente caratterizzato dalla presenza di vasti prati erbosi.

Sulla catena alpina, in mezzo alle praterie regna la **marmotta**, cacciata da un grande rapace tornato comune su molte delle nostre montagne: l'**aquila reale**. Fino a qualche decennio fa, infatti, l'aquila, come tutti i rapaci, era considerata una specie nociva e per questo veniva abbattuta. In seguito, però, sono state introdotte delle leggi a tutela dei rapaci e quindi il numero di aquile, oggi, è aumentato.

Oltre i 2.000 metri troviamo i **ghiaioni**, un ambiente composto da pietre originate dalla disgregazione delle pareti rocciose. Benché questo ambiente sia piuttosto ostile alla vita, ospita varie specie vegetali, anche rare, ed è abitato da diversi animali, come il **camoscio**, lo **stambecco** e la **vipera**.

In alcune zone delle Alpi, alle alte quote, cioè sopra i 2.500-3.000 metri, si trovano infine i **nevai perenni**: l'abbondanza delle precipitazioni nevose e il clima piuttosto freddo anche in estate fanno sì che il suolo rimanga innevato, anche su vaste distese, durante tutto l'anno.

① L'aquila reale è tornata a diffondersi sulle Alpi e in parecchie aree degli Appennini.

② In Val di Fassa, in Trentino, si trovano praterie d'alta quota.

③ La Pianura Padana viene sfruttata per molte attività produttive.

④ Le Valli di Comacchio, in Emilia-Romagna, sono un esempio di zona umida.

GLI AMBIENTI DELLA PIANURA

L'Italia è occupata per oltre due terzi della sua estensione da montagne e colline e, anche per questo motivo, le poche pianure sono densamente popolate e molto sfruttate per le esigenze dell'uomo. In esse si trovano i principali centri abitati, ma anche le industrie e le arterie di comunicazione (strade, autostrade, ferrovie). Inoltre, le pianure sono state intensamente trasformate dall'agricoltura. Il risultato è che oggi solo una piccolissima percentuale delle regioni pianeggianti presenta ancora le originarie caratteristiche naturali, preziose sia per la conservazione della biodiversità sia dal punto di vista paesaggistico, ed è importante salvaguardarle.

①

② ③

GLOSSARIO

Lanca: tratto di fiume abbandonato, con acqua stagnante, per la deviazione del corso d'acqua principale.

Morta: braccio fluviale abbandonato, senza collegamento diretto con la corrente viva del fiume originario.

Fontanile: sorgente di acqua dolce di origine naturale, al confine tra alta e bassa pianura, che caratterizza le piane alluvionali.

Il gambero di fiume è una specie caratteristica dei fontanili.

Le zone umide

Gli ambienti naturali più preziosi delle pianure (a partire dalla Pianura Padana, la più grande) sono le zone umide: è lì, infatti, che si concentra la maggior parte della biodiversità.

Ma che cosa sono esattamente le zone umide? Si tratta soprattutto di **lanche** e **morte** fluviali e di **paludi**, spesso piccole, scampate alle bonifiche.

Si possono trovare sia nei tratti prossimi alla costa, soprattutto in corrispondenza delle foci di alcuni fiumi, sia all'interno.

In queste aree vivono spesso molti uccelli acquatici, ad esempio varie specie di **aironi** e di **anatre selvatiche**.

Molto importanti sono anche i **fontanili**, originati da acqua sorgiva che sgorga dove l'alta e la bassa pianura si incontrano.

impara

IMPARARE

— **COMPLETO**

1 Completa le frasi che riassumono i motivi per i quali gli ambienti montani sono ben conservati.

a) Difficoltà a piegare il .... alle esigenze dell' ....

b) Impossibilità di costruire ....

c) Bassa .... di popolazione.

d) Ostilità del ....

2 Che tipo di vegetazione si trova sopra i 1.800-2.000 metri? ....

Le zone umide sono popolate da numerosi uccelli acquatici. Nelle immagini, un airone rosso (5), un germano reale (6), una coppia di cavalieri d'Italia (7).

I boschi di pianura

Un altro importante ambiente naturale della pianura è costituito dai pochi **boschi** sopravvissuti all'azione dell'uomo. Spesso si estendono a ridosso dei fiumi, che accompagnano in genere per brevi tratti. Un esempio si trova lungo il fiume Ticino, tra il Lago Maggiore e Pavia, le cui sponde sono ancora spesso ricoperte da boschi popolati da molti animali selvatici.

Qua e là, nella **Pianura Padana**, rimangono altre piccole aree boschive isolate, miracolosamente scampate al disboscamento: esse sono la testimonianza di com'era un tempo questa pianura, ovvero una grande selva popolata da cinghiali, cervi e lupi. Un bosco di questo tipo si trova ad esempio vicino a Mantova, in quella che secoli fa era la grande tenuta di caccia della nobile famiglia dei Gonzaga.

Nei pressi del **delta del Po** si estende invece il Bosco della Mesola, in cui vive una varietà di cervo unica in Italia e nel mondo.

Anche nelle altre pianure italiane i boschi sopravvissuti sono davvero pochi. I più importanti sono quello del Parco Migliarino San Rossore, in Toscana, il bosco della tenuta presidenziale di Castelporziano, vicino a Roma, la Selva del Circeo, sempre nel Lazio, e il Bosco Pantano di Policoro, in Basilicata.

Il bosco di pianura è in parte diverso dai boschi montani e collinari, perché cambiano le caratteristiche del suolo e quelle climatiche e, di conseguenza, gli alberi che lo costituiscono sono diversi: nella Pianura Padana prevalgono la **quercia farnia**, il **carpino bianco**, l'**olmo campestre**, il **frassino** e, dove il terreno è più umido, il **pioppo nero**. Lungo le coste e a sud sono frequenti il leccio, il pino domestico e marittimo.

Il frassino è un albero caratteristico dei boschi della Pianura Padana.

GRAFICO
Allegato
scaricabile

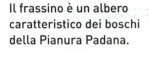

DOMANDA&RISPOSTA

Ci sono più foreste oggi o un secolo fa in Italia? Spesso quando si pensa all'ambiente e alla natura si è portati a credere che tutto vada peggiorando: più inquinamento, tante forme di vita che scompaiono, foreste che si riducono sempre più. La realtà, però, non è sempre questa.

È vero che in alcune regioni del mondo (soprattutto in quelle in via di sviluppo) i problemi ambientali sono più acuti oggi di quanto non lo fossero in passato, ma non è così dappertutto. Pensiamo ad esempio alle foreste italiane: ce ne sono più oggi o cento anni fa? Quasi sicuramente ci sentiremmo rispondere che erano più estese in passato, quando si pensa che l'uomo fosse più rispettoso dell'ambiente e che vivesse in armonia con la natura.

Le foreste italiane sono invece molto più estese oggi e, anzi, continuano a espandersi, con tutti i benefici che questo comporta per gli animali selvatici, che hanno a disposizione un habitat sempre più ampio. Perché accade? La ragione è molto semplice. Se analizziamo il caso degli Appennini, ci accorgiamo che un secolo fa erano abitati in quasi tutto il loro territorio, invece, poi, specialmente dal Dopoguerra, **gli uomini hanno abbandonato montagne e colline per spostarsi nelle città**, in cerca di una vita migliore, meno faticosa e più redditizia. Il risultato? Dove c'erano pascoli, vigneti e coltivi, oggi c'è **il bosco**, che a poco a poco **si è ripreso il suo spazio**, occupando i terreni abbandonati e ripopolandosi di animali, come caprioli, cervi, cinghiali, lupi e aquile reali.

Le foreste in Italia

1870	5.000.000 ettari
1910	4.700.000 ettari
1985	8.700.000 ettari
2015	11.000.000 ettari

Solo dal 2005 a oggi, la superficie delle foreste in Italia è aumentata di oltre 600.000 ettari, una superficie equivalente a 1.000.000 di campi da calcio! Oggi circa il 37% della superficie del nostro Paese è coperto di boschi.

GLI AMBIENTI COSTIERI

Gli ambienti naturali costieri sono tra i più fragili in assoluto, in particolare là dove le coste sono basse e sabbiose.

Purtroppo, il loro stato di salute in Italia non è in genere buono; **le nostre coste sono state infatti intensamente sfruttate dall'uomo, cementificate e spesso utilizzate a scopo turistico**. Il risultato è ben visibile, ad esempio, lungo il litorale adriatico: essendo quasi ovunque pianeggiante, è stato infatti facilmente piegato alle esigenze dell'uomo. Dalla Romagna fino al promontorio del Gargano, in Puglia, l'ambiente naturale costiero rimane ben conservato solo nei pochi chilometri del Monte Conero.

Nel complesso solo qua e là, lungo i **circa 7.500 km** del profilo costiero, l'aspetto rimane simile a quello originario. In questi casi si possono trovare spiagge ancora integre circondate dalla macchia mediterranea, oppure da foreste di leccio e di pino marittimo. Raramente lungo le coste si possono incontrare splendide dune, alte anche decine di metri, come accade nella Sardegna sud-occidentale.

Nei tratti in cui le montagne si spingono fino al mare, la difficoltà di costruire centri abitati e strade ha permesso la conservazione di un paesaggio simile a quello originario. Lo stesso è accaduto, in molti casi, là dove la costa è alta e rocciosa (come in alcuni tratti del litorale sardo), tale quindi da non permettere l'accesso al mare.

impara
IMPARARE

— RISPONDO E COMPLETO

1 Le aree boschive delle pianure si trovano ....

2 Quali piante vi prevalgono? ....

— LAVORO SUL TESTO

3 Rileggi il testo ed elenca i tre motivi per cui l'uomo ha reso le coste fragili.

a) ....

b) ....

c) ....

1 Le dune di Porto Pino, in Sardegna.

2 Stabilimento balneare a Sirolo, Marche, tipico esempio di sfruttamento della costa.

3 Uno zafferano, gabbiano caratteristico delle coste del Nord Europa.

4 La classica chioma allargata di un pino marittimo.

4 LA TUTELA DELLA NATURA IN EUROPA

In Europa i primi passi per proteggere la natura

L'Europa è un continente densamente abitato e di antico popolamento. Proprio qui inoltre, a partire dalla seconda metà del '700, si è sviluppata e diffusa l'industria, mentre l'agricoltura aveva già conquistato gran parte delle superfici coltivabili.

L'insieme di questi fattori ha fatto sì che nel nostro continente, prima che altrove, si avvertisse la gravità delle alterazioni ambientali che l'uomo aveva prodotto: l'acqua e l'aria cominciavano a essere inquinate, gli ambienti naturali andavano sempre più degradandosi e molte specie animali scomparivano sia per la caccia spietata sia per la perdita dell'habitat.

Non è un caso, quindi, se proprio i Paesi europei hanno mosso per primi alcuni importanti passi per la salvaguardia dell'ambiente. La prima conferenza internazionale per la protezione della natura si è svolta proprio nel cuore del continente, a Berna, in Svizzera, nel 1913. Sempre in Europa, nel 1948, nella cittadina francese di Fontainebleau, è stata creata l'**Unione Internazionale per la Conservazione della Natura (IUCN)**, che oggi è la più importante organizzazione mondiale in questo campo.

Che cos'è un parco nazionale

Per tutelare gli ambienti naturali più preziosi e le comunità animali e vegetali che in essi vivono, sono stati istituiti i **parchi nazionali**.

Che cos'è esattamente un parco nazionale? È una porzione di territorio, dai confini ben delimitati (ma senza recinzioni o altre barriere), in cui la natura è protetta grazie a regole stabilite: **sono vietate (o molto limitate) varie attività, come la caccia, la raccolta di piante spontanee** ecc. Lo scopo di un parco è conservare la natura, conciliando l'obiettivo della tutela con quello di una rispettosa fruizione dell'ambiente da parte dell'uomo.

ZOOM

La natura sotto controllo L'Unione Internazionale per la Conservazione della Natura (IUCN) è un'organizzazione non governativa internazionale che ha sede a Gland, in Svizzera. Il suo scopo è stimolare la **tutela degli ambienti naturali e della biodiversità** in tutto il mondo. L'IUCN compila e aggiorna la **Lista rossa** delle specie animali e vegetali in pericolo. Nell'immagine una testuggine palustre, una delle specie italiane nella lista dell'IUCN.

①

I primi parchi del mondo

 Contenuto integrativo

Il primo parco nazionale al mondo, quello di **Yellowstone**, è stato istituito negli Stati Uniti nel lontano 1872, ma già a quell'epoca esistevano in Europa alcune aree protette, come quella di Drachenfels, in Germania, fondata nel 1822, e quella della Foresta di Fontainebleau, in Francia, creata nel 1861. In Europa, fu la Svezia a istituire i primi parchi nazionali, già nel 1909.

I primi parchi italiani, quello d'**Abruzzo** e quello del **Gran Paradiso**, arrivarono invece nel **1922**, allo scopo di tutelare animali rari e in via d'estinzione come l'orso marsicano, il lupo e lo stambecco delle Alpi. Da allora, in Italia sono nati altri 22 parchi!

I parchi europei oggi

Durante il secolo scorso il numero di parchi in Europa è aumentato progressivamente, fino a raggiungere il numero attuale di circa 400! I motivi di questa crescita sono essenzialmente due:

- la consapevolezza che, con la diffusione delle città e delle attività produttive, molti ambienti andavano sempre più deteriorandosi ed era quindi urgente cercare un rimedio;

- la crescente sensibilità verso l'esigenza di proteggere la natura. Quest'ultimo è un aspetto che si ricollega a fattori culturali ed economici: quando la cultura cresce, aumenta anche la consapevolezza della necessità di salvaguardare l'ambiente così come questa consapevolezza aumenta con la diffusione del benessere. Quando il problema quotidiano più urgente è quello di sfamarsi, è più difficile preoccuparsi della protezione della natura.

Paese	Parchi naz.	Area totale in km²	Territorio protetto (%)*
Austria	7	2.521	3,0%
Belgio	1	57	0,2%
Bulgaria	3	1.930	1,8%
Danimarca	3	1.889	4,38%
Estonia	5	1.927	4,3%
Finlandia	37	8.873	2,7%
Francia	10	60.728	9,5%
Germania	15	10.395	2,7%
Grecia	10	6.960	3,6%
Irlanda	6	590	0,8%
Islanda	3	12.407	12,1%
Italia	24	15.000	5,0%
Norvegia	36	24.060	6,3%
Paesi Bassi	20	1.251	3,0%
Polonia	23	3.149	1,0%
Portogallo	1	702	0,8%
Regno Unito	15	19.989	8,2%
Repubblica Ceca	4	1.190	1,5%
Romania	12	3.158	1,3%
Spagna	15	3.787	0,8%
Svezia	29	7.199	1,6%
Svizzera	1	170	0,4%
Ungheria	10	4.819	5,2%

* I dati si riferiscono solo alla superficie dei parchi nazionali.

1. Trekking nel Parco Nazionale di Ordesa e Monte Perdido, Spagna.

2. La volpe è un carnivoro presente nel Parco Nazionale del Gran Paradiso.

3. Un camoscio, animale tipico della media e alta montagna.

impara IMPARARE

COMPLETO

1. Un parco nazionale è ....

....

e ha lo scopo ....

2. Il primo parco al mondo è ....

IMPARARE *insieme*

A PICCOLI GRUPPI

3. Divisi in piccoli gruppi fate una ricerca in Internet sui principali parchi europei.

CONSERVING BIODIVERSITY IN EUROPE'S FARMLAND

Una grande rete europea di aree protette

Non sono solo i parchi nazionali a proteggere la natura del continente, anche l'Europa, intesa come Unione Europea, ha fatto la propria parte.

Nel 1992 ha emanato una direttiva, dal nome "Habitat", allo scopo di proteggere la fauna e la flora, soprattutto le specie più rare, che corrono il pericolo di estinguersi. La stessa direttiva si propone la conservazione di circa 230 tipi di habitat particolarmente preziosi, caratteristici del continente europeo.

Proprio da questo provvedimento ha preso il via il processo di creazione di una vasta rete di aree protette denominata "**Natura 2000**".

I singoli Paesi dell'Unione Europea hanno quindi individuato una serie di **siti Natura 2000** per tutelare le specie e gli habitat rari presenti sul loro territorio.

Oggi questa rete è composta da oltre 26.000 siti che si estendono su una superficie complessiva pari a quasi un quinto dei territori dell'UE. Queste aree comprendono non soltanto le terre emerse, ma anche molte importanti zone marine ricche di biodiversità.

Le aree della rete Natura 2000 si trovano un po' ovunque nei 28 Paesi membri dell'Unione Europea, sia in luoghi remoti e selvaggi sia in altri situati a due passi dalle città. Il Paese che ha il maggior numero di siti Natura 2000 è la **Germania**, che ne ha istituiti addirittura più di 5.000, mentre quello che ne ha di meno è la piccola Malta, dove le aree Natura 2000 sono però pur sempre una quarantina.

La **Slovenia** è invece il Paese che ha la maggior percentuale di territorio incluso nei siti di questa grande rete: oltre il 35%.

1 Il Parco Naturale delle gole del fiume Duratón, in Spagna, è il rifugio di numerosi uccelli rapaci forestali.

2 Il Parco Nazionale dell'arcipelago di La Maddalena, in Sardegna, è un parco geomarino istituito nel 1994.

L'invasione degli "alieni"

Gli alieni sono tra noi e sono tanti! Non si tratta, però, degli omini verdi dalla testa grande dei film di fantascienza.

"**Alieni**" è infatti il nome che i biologi hanno dato alle specie animali e vegetali che sono arrivate in una determinata regione o Paese, dove non erano presenti.

L'uomo, con le sue attività trasferisce, volontariamente o involontariamente, molte forme di vita da un ambiente all'altro: questo fenomeno si chiama **bioglobalizzazione**.

La bioglobalizzazione è esplosa nell'ultimo secolo, quando i viaggi e gli scambi commerciali si sono intensificati considerevolmente: oggi si trasporta e si commercia di tutto, compresi ospiti indesiderati.

Secondo recenti stime, in Europa le specie aliene sono oltre 12.000 e i loro "appartenenti" sono milioni!

Qualche esempio? In Italia potremmo citare il grande **siluro** (un pesce che può superare abbondantemente i 100 kg di peso), diffuso nel fiume Po e nei suoi affluenti, oppure la **nutria**, di aspetto simile al castoro, ma anche la famigerata **zanzara tigre**.

Tra le numerose **piante esotiche** ("esotico" è sinonimo di "alieno") che si sono diffuse, si può ricordare invece il **sicio**, una pianta strisciante e rampicante capace di ricoprire rapidamente tutto il terreno e gli alberi.

Gli alieni ovviamente non distruggono le nostre città, come accade in genere nei film di fantascienza, ma creano ben altri problemi, sia di tipo ecologico sia di tipo economico. Ad esempio, entrano in competizione con le specie **autoctone**, sottraendo loro lo spazio vitale, il cibo ecc. Danneggiano, insomma, la nostra biodiversità.

Alcune specie causano anche gravi danni economici: un esempio tra i tanti è quello della **diabrotica del mais**, un piccolo coleottero americano che aggredisce e annienta il granoturco. Per sconfiggerlo, gli agricoltori utilizzano prodotti chimici potenti, dannosi anche per altri animali e la natura subisce così un doppio danno!

Ma non basta; molte specie esotiche sono infatti invasive. Questo significa che la loro diffusione aumenta in genere in modo rapidissimo, fino a diventare incontrollabile.

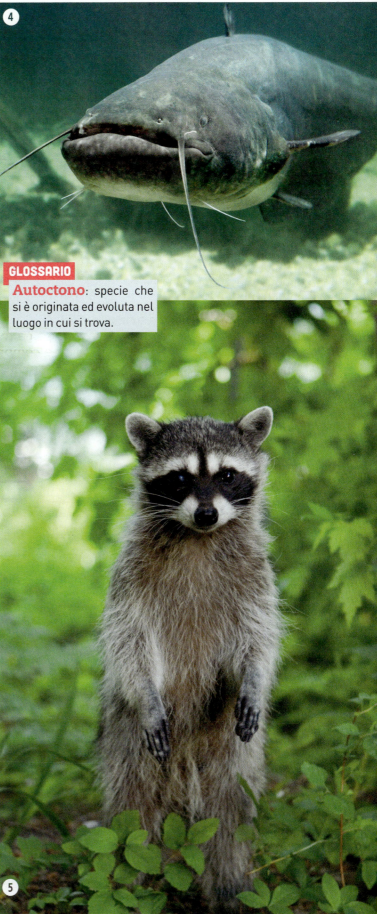

GLOSSARIO

Autoctono: specie che si è originata ed evoluta nel luogo in cui si trova.

③ La diabrotica del mais, detta anche verme delle radici del mais, si è insediata in Europa negli anni '90 del '900.

④ Il pesce siluro, un gigante d'acqua dolce.

⑤ Il procione, un mammifero originario del Nord America, è presente anche in Europa.

Verifica interattiva

CONOSCENZE

Conoscere le caratteristiche degli ambienti europei

1 Scrivi le definizioni delle parole elencate.

Ambiente ....

....

Habitat ....

....

Bioma ....

....

2 Risolvi il cruciverba scegliendo dall'elenco le parole corrispondenti alle definizioni. Nella colonna evidenziata troverai un termine che hai imparato da poco e di cui dovrai dare tu la definizione.

aquila • Alpi • nevai • bios • endemico • temperatura • bosco • ambiente • nord • morfologia • latifoglia • latitudine

1.	...	M	...	...	E	...	T	...	
2.		B	...	...	S				
3.		...	...	...	...				
4.		N	...	E	...	...	C	...	
5.	L	...	T	...	F	...	...	...	...
6.		...	E	...	...	I			
7.		...	...	M	P	...	...	T	...	R	...
8.	M	...	...	F	...	L	...	G	...	...
9.	B	...	...	...	...				
10.	...	Q	...	...	...	...			
11.	L	...	...	...	...	...	...	...	
12.		...	...	P	...				

1. L'insieme delle caratteristiche visibili e invisibili di uno spazio.
2. Significa *vita*.
3. È opposto al sud.
4. Non si trova in nessun'altra parte del mondo.
5. Ha foglie molto grandi.
6. Sono bianchi e perenni.
7. Varia con le stagioni e con la febbre.
8. È il termine scientifico che significa *forma*.
9. È formato da tanti alberi.
10. Vola in alto, spesso è reale, caccia la marmotta.
11. Indica la distanza dall'Equatore.
12. Sono le montagne più alte d'Europa.

La parola è .... , che significa ....

3 Individua gli ambienti europei corrispondenti alle caratteristiche seguenti.

A. ....
- Occupa la fascia centrale dell'Europa.
- Vi si trovano faggi, olmi, querce.
- Negli ultimi anni si è ingrandita in Germania.
- È popolata da cinghiali, tassi, scoiattoli.

B. ....
- È ricca di abeti, pini, betulle.
- Si trova a sud dei Poli.
- È popolata da alci e orsi.
- In Italia è presente sulle Alpi.

C. ....
- È diffusa nell'Est europeo.
- Il clima è arido.
- Non vi sono alberi.
- In Ungheria si chiama puszta.

D. ....
- Occupa un vasto spazio senza alberi.
- È ricca di muschi e licheni.
- In estate vi si formano vasti acquitrini.
- È il regno di renne, volpi, lepri.

E. ....
- Ha un clima mite.
- Si è formata dove l'uomo ha disboscato.
- A volte è resa impenetrabile dagli arbusti.
- È popolata da diverse specie di uccelli.

F. ....
- Il clima è atlantico.
- La vegetazione è bassa e cespugliosa.
- È diffusa in Gran Bretagna e Scozia.
- In Italia è presente al nord.

4 Perché sulle Alpi e sui Carpazi c'è un ambiente simile alla taiga? Scegli la risposta corretta.

- ☐ **A.** Perché in montagna il clima è simile a quello delle alte latitudini.
- ☐ **B.** Perché è presente il ghiottone, parente dell'ermellino.
- ☐ **C.** Perché ci sono foreste di conifere.
- ☐ **D.** Perché ci sono le nevi perenni.

5 Per quali ragioni in Europa abbiamo ben 400 parchi? Scegli la risposta corretta.

- ☐ **A.** Per la diffusione di una crescente sensibilità verso la natura.
- ☐ **B.** Per incrementare il turismo.
- ☐ **C.** Perché è diminuito il problema della fame.
- ☐ **D.** Per contrastare la diffusione delle malattie.

6 Quali segnali hanno fatto avvertire precocemente le alterazioni ambientali in Europa?

....

7 Scegli dall'elenco proposto i completamenti corretti, segnandoli con una crocetta.

L'uomo modifica l'ambiente attraverso:
- ☐ **A.** la distruzione delle foreste.
- ☐ **B.** le coltivazioni.
- ☐ **C.** lo spostamento della prateria verso i Poli.
- ☐ **D.** lo spostamento dei ghiacciai nel Mediterraneo.
- ☐ **E.** l'uso di combustibili.
- ☐ **F.** l'abbandono di animali domestici.
- ☐ **G.** i rifiuti biodegradabili.
- ☐ **H.** i rifiuti non biodegradabili.

8 Completa lo schema scegliendo, tra le informazioni elencate, le tre che determinano la biodiversità.

varietà di ambienti naturali • meridiani e paralleli • forte estensione in latitudine • territorio diversificato • carte geografiche • fasce costiere dal clima subtropicale

COMPETENZE

◢ Utilizzare gli strumenti della geografia per analizzare gli ambienti europei

9 Ognuna delle tre immagini rappresenta un tipo di ambiente. Scrivi sotto ciascuna il nome dell'ambiente corrispondente.

A

B

C

....

10 Completa la legenda attribuendo a ciascuna casellina un colore a tua scelta. Riporta poi il colore attribuito a ciascun ambiente sulla carta dell'Europa. Otterrai così una carta tematica degli ambienti naturali.

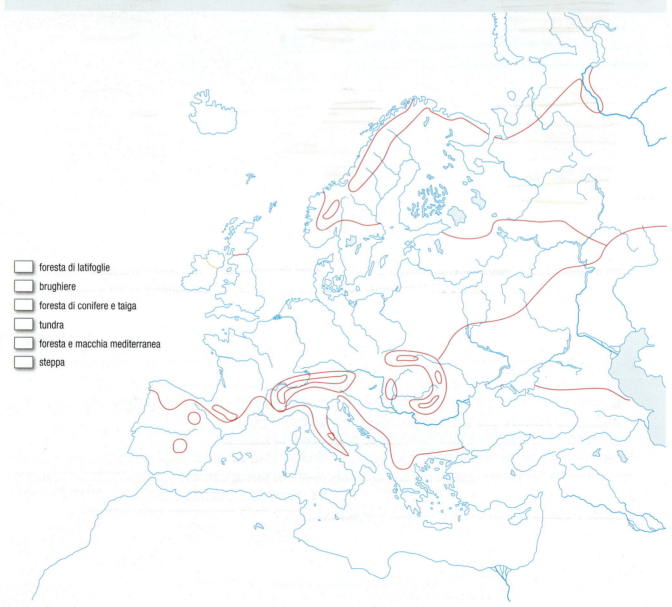

☐ foresta di latifoglie

☐ brughiere

☐ foresta di conifere e taiga

☐ tundra

☐ foresta e macchia mediterranea

☐ steppa

11 Osserva le immagini e abbina gli animali ai loro ambienti.

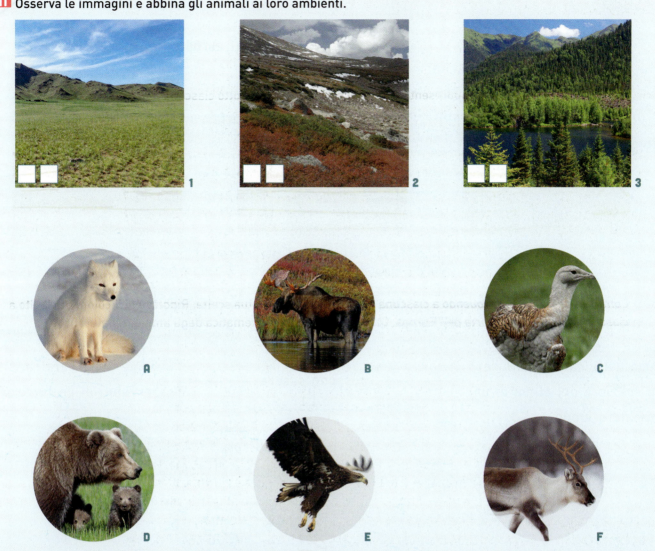

12 Scrivi il riassunto del testo seguente utilizzando solo le parole sottolineate. Questo lavoro si chiama "riassunto sottolineato" e ti aiuta a imparare più facilmente; dopo aver trascritto le frasi sottolineate, prova a esporle oralmente.

I parchi europei oggi

Durante il secolo scorso il numero di parchi in Europa è aumentato progressivamente, fino a raggiungere il numero attuale di circa 400! I motivi di questa crescita sono essenzialmente due:
- la consapevolezza che, con la diffusione delle città e delle attività produttive, molti ambienti andavano sempre più deteriorandosi ed era quindi urgente cercare un rimedio;
- la crescente sensibilità sull'esigenza di proteggere la natura.

Quest'ultimo è un aspetto che si ricollega a fattori culturali ed economici: quando la cultura cresce, aumenta anche la consapevolezza della necessità di salvaguardare l'ambiente così come questa consapevolezza aumenta con la diffusione del benessere. Quando il problema quotidiano più urgente è quello di sfamarsi, è più difficile preoccuparsi della protezione della natura.

Usa le parole e completa gli schemi.

NATURALI – MACCHIA MEDITERRANEA – ALTITUDINE – HABITAT – BRUGHIERA –
TEMPERATURA – POLARE

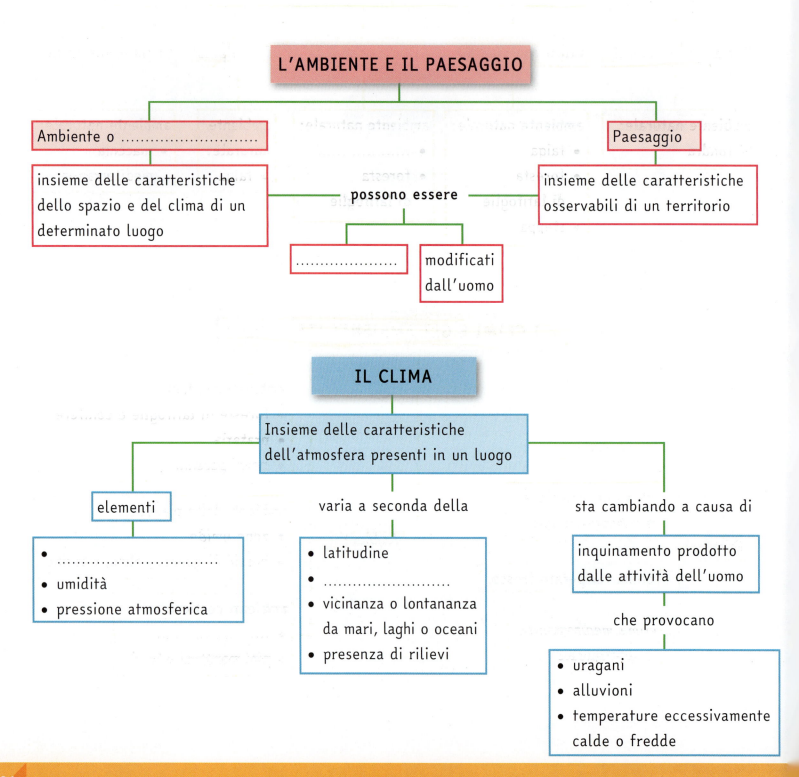

L'AMBIENTE E IL PAESAGGIO

Ambiente o ....

insieme delle caratteristiche dello spazio e del clima di un determinato luogo

possono essere

.... modificati dall'uomo

Paesaggio

insieme delle caratteristiche osservabili di un territorio

IL CLIMA

Insieme delle caratteristiche dell'atmosfera presenti in un luogo

elementi
- ....
- umidità
- pressione atmosferica

varia a seconda della
- latitudine
- ....
- vicinanza o lontananza da mari, laghi o oceani
- presenza di rilievi

sta cambiando a causa di

inquinamento prodotto dalle attività dell'uomo

che provocano
- uragani
- alluvioni
- temperature eccessivamente calde o fredde

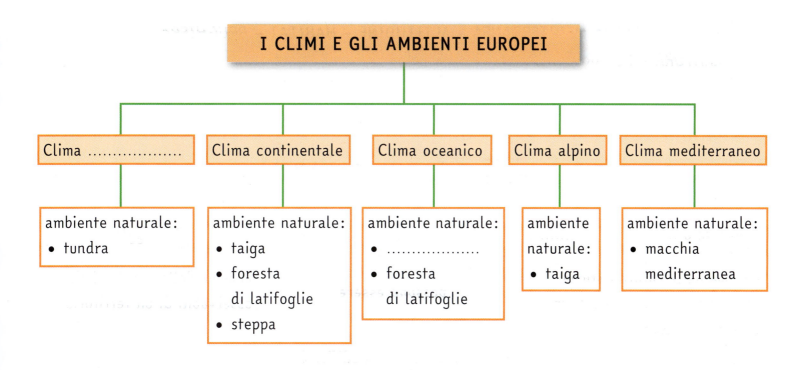

I CLIMI E GLI AMBIENTI EUROPEI

Clima ....
ambiente naturale:
- tundra

Clima continentale
ambiente naturale:
- taiga
- foresta di latifoglie
- steppa

Clima oceanico
ambiente naturale:
- ....
- foresta di latifoglie

Clima alpino
ambiente naturale:
- taiga

Clima mediterraneo
ambiente naturale:
- macchia mediterranea

I CLIMI E GLI AMBIENTI ITALIANI

Climi
- clima alpino
- clima continentale e subcontinentale
- clima temperato fresco
- clima mediterraneo e subtropicale

Ambienti

ambienti montani:
- foreste di latifoglie e conifere
- prateria
- nevai perenni

ambienti della pianura:
- zone umide
- boschi di quercia, olmo, frassino

ambienti costieri:
- ....
- pini marittimi e lecci

1 LA SINTESI

■ L'**ambiente** è l'insieme delle caratteristiche visibili e invisibili di un territorio, mentre il **paesaggio** è l'insieme delle sole caratteristiche visibili. Entrambi possono essere **antropizzati**, cioè modificati dall'uomo. I **cambiamenti** naturali avvengono in periodi molto lunghi, invece gli effetti prodotti dall'uomo sono molto più rapidi e si possono vedere sia nella **pianura** sia in alta **montagna**. Anche le **coste** sono state modificate dall'uomo e solo pochi tratti hanno conservato l'aspetto originario.

■ Le **trasformazioni** dell'ambiente naturale da parte dell'uomo si verificano da quando gli uomini hanno cominciato a coltivare la terra, allevare animali, costruire città. È però dal '700/'800 che i cambiamenti sono diventati molto rapidi e quindi dannosi: le **scoperte scientifiche** hanno migliorato la qualità della vita, ma, con le industrie e l'inquinamento, hanno alterato l'ambiente. Occorre cambiare il modo di produrre prima che i danni all'ambiente diventino ancora più gravi ricorrendo allo **sviluppo sostenibile**, cioè evitando le produzioni dannose per l'ambiente e tenendo conto non solo dei bisogni di oggi, ma anche di quelli delle generazioni future.

■ Il **clima** è l'insieme delle **caratteristiche atmosferiche "medie"** di un determinato luogo o di una certa regione. Gli elementi che definiscono le caratteristiche climatiche di un luogo sono la **temperatura**, l'**umidità** e la **pressione atmosferica**. I fattori che influenzano il clima sono la **latitudine**, l'**altitudine**, la distanza dalle **grandi masse d'acqua** e i **rilievi**. Il clima ha sempre condizionato l'uomo: le aree più **densamente abitate** si collocano nelle **fasce climatiche temperate**. L'**Europa** presenta una grande **varietà climatica**. Da alcuni decenni la Terra ha cominciato a **surriscaldarsi**: i **gas serra** immessi nell'atmosfera ostacolano l'uscita del calore dall'atmosfera terrestre.

■ L'**Europa** è ricca di **biodiversità**: nella fascia centrale troviamo la **foresta di latifoglie** e la **brughiera**, a nord la **taiga**, ancora più a nord la **tundra**. Molto più a sud, nella **regione mediterranea** è diffusa la **macchia mediterranea**. Nell'est europeo c'è la **steppa**, una **prateria** senza alberi.

■ L'**Italia** presenta una grande varietà di **ambienti naturali**: **foreste**, **praterie d'alta quota**, **ghiaioni** e, oltre i 2.500 metri, **nevai** perenni. Un terzo del territorio italiano è occupato dalle **pianure**, dove sono molto importanti le **zone umide**. Sulle montagne le foreste si sono ampliate; in pianura, invece, rimangono pochissimi boschi. Le nostre **coste** sono state molto sfruttate dall'uomo.

■ L'**Europa è densamente abitata** anche perché qui l'industria si è diffusa prima che altrove: per lo stesso motivo il problema dell'inquinamento è stato maggiormente avvertito.

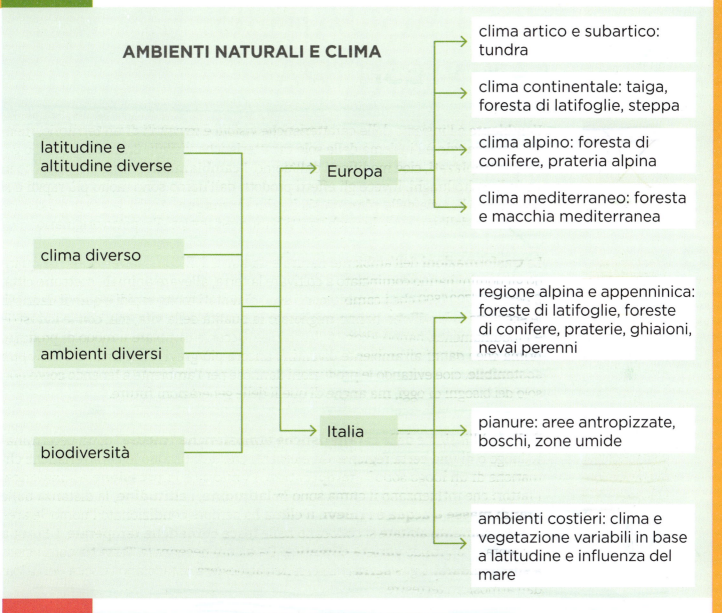

AMBIENTI NATURALI E CLIMA

- latitudine e altitudine diverse
- clima diverso
- ambienti diversi
- biodiversità

→ **Europa**
- clima artico e subartico: tundra
- clima continentale: taiga, foresta di latifoglie, steppa
- clima alpino: foresta di conifere, prateria alpina
- clima mediterraneo: foresta e macchia mediterranea

→ **Italia**
- regione alpina e appenninica: foreste di latifoglie, foreste di conifere, praterie, ghiaioni, nevai perenni
- pianure: aree antropizzate, boschi, zone umide
- ambienti costieri: clima e vegetazione variabili in base a latitudine e influenza del mare

3

L'INTERROGAZIONE

Leggi le domande e verifica se conosci le risposte. Se non sei sicuro/a, torna a leggere il testo alle pagine indicate. Poi rispondi oralmente a ciascuna domanda.

1 Qual è la differenza fra ambiente e paesaggio? → pag. 38

2 Quando possiamo parlare di ambiente antropizzato? Fai qualche esempio. → pag. 39

3 Quando sono dannosi i cambiamenti prodotti dall'uomo sull'ambiente? → pag. 42

4 Che cosa può fare l'uomo per non danneggiare più l'ambiente? → pag. 43

5 Quali sono i climi europei? → pag. 50

6 Perché oggi il clima cambia molto rapidamente? → pag. 56

7 Che cos'è la biodiversità? → pag. 62

CAPITOLO 6

UNO SGUARDO ALL'EUROPA

1 CHE COS'È L'EUROPA

Video

Osservo e IMPARO pag. 2 Erickson

◢ L'Europa è un continente?

Che cos'è l'Europa? Cominciamo col dire che l'Europa è un **continente**. Quando usiamo questo termine ci riferiamo a una massa di terre emerse, più o meno grande, circondata dall'oceano, ovvero da una grande estensione di acqua. Se hai davanti a te un planisfero, avrai capito però che **qualcosa non torna**: l'Europa **non è circondata dall'oceano**!

A ben guardare, infatti, essa appare come un'estensione del continente asiatico, rispetto al quale risulta tra l'altro molto piccola.

E dunque? In effetti, dal punto di vista fisico, il continente in cui viviamo... non è un continente. Ci sono però valide ragioni storiche e culturali a far sì che esso venga considerato tale. L'Europa è infatti abitata da tempi molto antichi e ha visto svilupparsi civiltà, lingue, culture proprie che le hanno conferito un'identità molto precisa.

1

Quali sono i suoi confini?

I confini dell'Europa non sono ben definiti ma fissati per convenzione:

- a est in corrispondenza dei **Monti Urali**, in Russia, del fiume Ural, del Mar Caspio e della catena del Caucaso;

- a ovest, l'Europa si spinge sino all'Oceano Atlantico perché qui si trovano le **Isole Azzorre**, che appartengono al Portogallo, e l'**Islanda**. La **Groenlandia**, un'enorme isola quasi interamente ricoperta dal ghiaccio, appartiene all'Europa sul piano politico, in quanto fa parte della Danimarca, ma sul piano fisico appartiene all'America settentrionale;

- a nord il **Mar Glaciale Artico**;

- a sud, il **Mar Mediterraneo**.

DOMANDA&RISPOSTA

Europei o asiatici? Proprio perché a oriente i confini del continente non sono ben definiti, alcuni Paesi sono stati considerati ora asiatici, ora europei. È il caso, in particolare, della **Turchia** e delle **Repubbliche caucasiche** (Azerbaigian, Armenia, Georgia). Se pensiamo ad esempio all'Unione Europea e alla sua possibilità di espandersi per comprendere nuovi Paesi, capiamo che in fondo non è proprio irrilevante definire dove termina il continente in cui viviamo.

impara **IMPARARE**

— RISPONDO E COMPLETO

1 Dal punto di vista fisico l'Europa è un continente? Perché?

....

....

2 Quali mari delimitano l'Europa a nord e a sud?

....

....

3 Gli Stati di confine che vengono considerati ora asiatici, ora europei sono ....

....

....

— LAVORA SULL'ATLANTE

4 Apri l'Atlante allegato a pag. 2, cerca ed evidenzia: i Monti Urali, l'Islanda.

1 L'Europa vista dallo spazio.

2 I Monti Urali delimitano convenzionalmente il confine orientale dell'Europa.

3 Primavera in un villaggio della Groenlandia, un'isola europea solo sul piano politico.

Dove si trova l'Europa?

L'Europa è situata **nell'emisfero nord, o boreale** (contrapposto a quello **australe**), in quanto si trova a settentrione rispetto al circolo dell'Equatore ed è situata più o meno a metà strada tra quest'ultimo e il Polo Nord.

Ovviamente, le propaggini meridionali sono più vicine all'Equatore, mentre le terre più a nord sono più prossime al Polo.

Le caratteristiche fisiche dell'Europa

L'Europa è un continente **decisamente piccolo**: "appena" 10 milioni di km², ovvero **un quindicesimo di tutte le terre emerse**. Dei sei continenti, solo l'Australia ha dimensioni inferiori.

Si allunga da est a ovest per **circa 5.000 km**, mentre da nord a sud per **4.000 km**. In questa modesta estensione l'Europa ci mostra tuttavia un **aspetto estremamente vario**, con un profilo articolatissimo, tanti mari e numerose isole, talvolta di grandi dimensioni.

Anche la **morfologia è molto diversificata**: le catene montuose sono molte e in alcuni casi imponenti, ma ci sono anche vaste porzioni di territorio pianeggiante, attraversate da numerosi fiumi.

La morfologia dell'Europa è caratterizzata da una grande varietà. Nelle immagini, un paesaggio delle Dolomiti (1); i picchi appenninici su cui sorge Brisighella, in Emilia-Romagna (2); le colline toscane tra i casali e vigneti (3); i verdi pascoli d'Irlanda (4); la costa del Galles (5).

— COMPLETO

1 L'Europa è situata nell'emisfero
........................, o ....
(contrapposto a quello australe),
in quanto si trova a nord rispetto al
circolo dell'........................

2 L'Europa è il continente più piccolo
dopo ....: misura 10 milioni
di km².
Se consideriamo solo la parte
continentale e le isole maggiori,
si estende da est a ovest per circa
........................, e da nord a sud per
....

3 La morfologia del territorio europeo è
molto ....

CARTA
La posizione dell'Europa

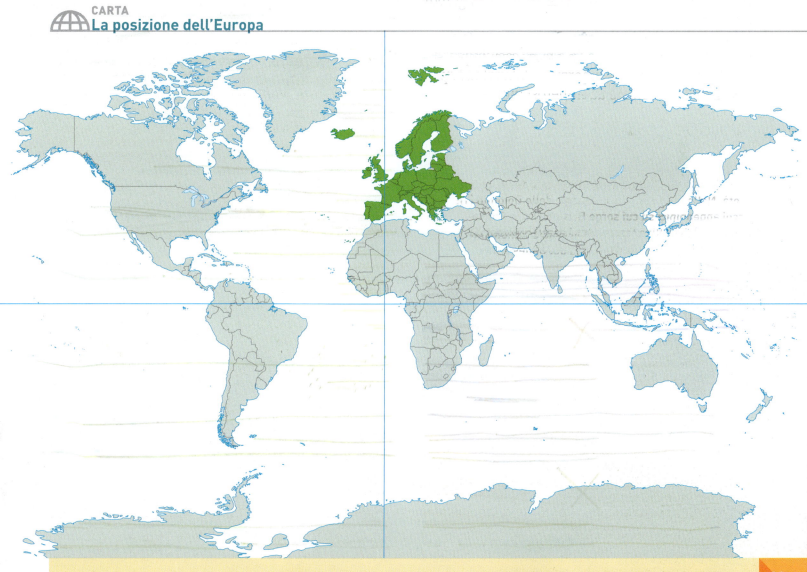

CAPITOLO 7

MONTAGNE, COLLINE E PIANURE

1 L'ORIGINE DEI RILIEVI

Contenuti multipli

Osservo e IMPARO pag. 2 Erickson

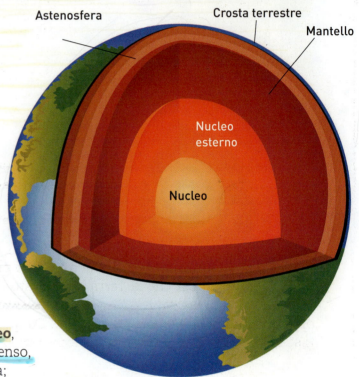

Astenosfera   Crosta terrestre   Mantello

Nucleo esterno

Nucleo

La struttura della Terra

Ogni giorno possiamo osservare ciò che si estende sulla superficie terrestre ma non abbiamo la percezione di ciò che sta in profondità sotto i nostri piedi. Dobbiamo immaginare la **Terra** come un'**enorme sfera**, con uno spessore di circa 12.700 km (oltre 10 volte la lunghezza dell'Italia), formata da **diversi strati**:

- nella parte più interna c'è il **nucleo**, composto da materiale molto denso, che ha una temperatura altissima;
- ad avvolgere il "cuore" della Terra c'è il **nucleo esterno**, composto da materiale fluido e più spesso di quello interno;
- lo strato successivo è invece denominato **mantello** ed è piuttosto solido. Tuttavia, esso comprende anche una parte abbastanza fluida, chiamata **astenosfera**;
- la **crosta terrestre**, che galleggia sull'astenosfera: la crosta è lo strato **più esterno** e **più sottile**, con uno spessore variabile tra 5 e 35 km.
- la **litosfera** è costituita dalla crosta terrestre e dalla parte più superficiale del mantello.

La crosta terrestre si muove

Quando pensiamo alla Terra, e in particolare alla sua superficie, la immaginiamo in genere come un unico "blocco" immobile.
In realtà la **geologia**, cioè la scienza che si occupa di studiare la struttura del nostro pianeta, ci ha insegnato che la crosta è composta da **diversi blocchi**, **detti zolle o placche**, separati tra loro da **lunghissime spaccature**.
Oltre a essere divisa in placche, la crosta è in continuo movimento sopra il mantello.

La deriva dei continenti

Questo scorrimento della crosta terrestre, chiamato **deriva dei continenti**, a noi risulta impercettibile, in quanto è davvero lentissimo. Si tratta però di un fattore

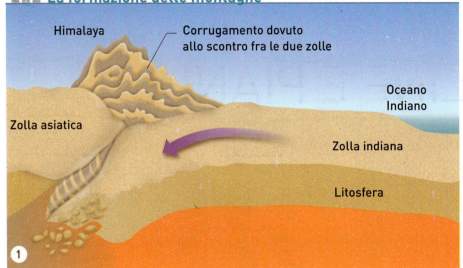

Himalaya

Corrugamento dovuto
allo scontro fra le due zolle

Oceano
Indiano

Zolla asiatica

Zolla indiana

Litosfera

①

②

① La formazione dell'Himalaya, una catena montuosa situata in Asia, è un esempio delle conseguenze dello scontro tra placche in cui una si infila sotto l'altra, che a sua volta si solleva.

② Le Alpi svizzere sono montagne recenti, nate durante l'orogenesi alpina.

estremamente importante, perché è proprio grazie a questo movimento della crosta che la Terra ha assunto l'aspetto che ha oggi. Infatti, muovendosi, le zolle possono **allontanarsi**, **scontrarsi** oppure scivolare l'una accanto all'altra. Da questi lenti movimenti sono nati i continenti, tra cui l'Europa, con la loro forma attuale.

Come sono nate le montagne europee

Questo lentissimo scontro tra le placche è responsabile anche del **corrugamento della superficie terrestre** e quindi della **nascita dei rilievi**.
Il processo che porta alla formazione delle montagne, l'**orogenesi**, è avvenuto in **diverse fasi**:

- quella più lontana nel tempo, chiamata **orogenesi precambriana**, è responsabile della formazione delle regioni più antiche del continente, situate nel nord e nel nord-est (tra la Penisola Scandinava e la Russia);
- in seguito, durante l'**orogenesi caledoniana** e l'**orogenesi ercinica**, si sono formate le terre corrispondenti all'Europa occidentale e centrale;
- alla fase più recente, l'**orogenesi alpina**, si deve la formazione dell'Europa meridionale, compresa l'Italia.

Quest'ultima fase è dovuta in particolare allo **scontro tra due zolle** in corrispondenza del Mediterraneo meridionale, in cui la placca più in basso (la zolla africana), muovendosi verso nord-est, ha esercitato una forte pressione su quella sovrastante (la zolla eurasiatica). È proprio da questo "scontro tra titani" che sono nate le **grandi catene montuose che caratterizzano l'Europa meridionale**: le Alpi e gli Appennini, ma anche i Pirenei, i Carpazi e i Balcani.

impara   **IMPARARE**

— RISPONDO

1 Se dovessimo attraversare la Terra, passando per il centro, quanti chilometri percorreremmo?

— COMPLETO

2 La crosta terrestre è composta da diverse .... che sono in ....: questo fenomeno si chiama ....

Le zolle si .... o si .... dando così origine alle montagne.

— LAVORO SUL TESTO

3 Da che cosa è formata la Terra? Sottolinea sul testo la risposta.

IMPARARE *insieme*

— CON UN COMPAGNO

4 Rivolgi al tuo compagno la domanda a); poi rispondigli a proposito del quesito b). Verificate sul testo se le vostre risposte sono esaurienti, quindi scrivetele sui quaderni.

a) Che cosa si intende per "deriva dei continenti"?

b) Da che cosa sono state generate le grandi catene montuose dell'Europa meridionale?

Che cosa sono i vulcani e dove si trovano

Lungo le linee di frattura della crosta terrestre si formano i **vulcani**.

Un vulcano è una struttura geologica formata dalla **fuoriuscita di magma**, cioè di **materiale incandescente** che emerge dalle profondità della Terra in seguito a un fenomeno che si chiama **eruzione**.

Una parte di questa struttura si trova all'interno della crosta terrestre e pertanto non è visibile, all'esterno invece il vulcano assume l'aspetto di una **montagna dalla forma conica**, formata dal magma che, a contatto con l'aria, si raffredda e si consolida.

Il vulcano è una struttura associata alle **regioni ancora giovani e vitali del nostro pianeta** e ci dà una testimonianza visibile del fermento che permane nelle viscere della Terra. Non ci sono infatti vulcani attivi nelle aree geologicamente più antiche del pianeta, molto lontane dai punti di frattura della crosta.

Numerosi vulcani si trovano **sulle terre emerse**, ma sono molti anche quelli **sottomarini** che, quando sono alti a sufficienza per emergere dai mari o dagli oceani, danno vita a delle **isole**.

I vulcani europei

In Europa sono presenti molti vulcani, situati in larga prevalenza **in due aree: l'Oceano Atlantico** e la **regione mediterranea meridionale**. Perché proprio lì?

Perché è in queste aree che si trovano i bordi delle placche che costituiscono la crosta terrestre.

Nell'Oceano Atlantico l'allontanamento della placca eurasiatica e di quella nordamericana ha creato una **lunghissima spaccatura** in senso nord-sud (chiamata **dorsale medio-atlantica**) da cui si sono formati i vulcani dell'arcipelago delle **Azzorre**.

Non molto distante dalle coste africane, si trova invece l'arcipelago delle **Canarie**, appartenente alla Spagna, in cui si trovano vari vulcani. Molto più a nord incontriamo un'altra isola caratterizzata dalla presenza di numerosi vulcani attivi: l'**Islanda**.

Nel Mediterraneo meridionale, i vulcani si concentrano in **Italia** e in **Grecia**.

Osservo e **IMPARO**
pag. 14
pag. 16
Erickson

GRAFICO
La struttura del vulcano

Contenuto integrativo

Gas, cenere e lapilli

Colata lavica

Cratere

Magma

Condotto secondario

Condotto principale

①

◢ I vulcani italiani

 Contenuto integrativo

L'Italia è il Paese europeo con il **maggior numero di vulcani**, situati sia sulla terraferma sia sul fondale del Mar Tirreno meridionale e del Canale di Sicilia.

I vulcanologi li hanno classificati in:

- **estinti**, perché l'ultima eruzione risale a oltre 10.000 anni fa;
- **quiescenti**, cioè vulcani che hanno eruttato negli ultimi 10.000 anni, ma che al momento sono "in riposo". Il principale di questa categoria è il **Vesuvio**, la cui ultima eruzione risale al 1944;
- **attivi**, cioè quelli che hanno manifestato **eruzioni anche negli ultimi anni**: a questa categoria appartengono l'**Etna** e lo **Stromboli**, la cui attività è ancora particolarmente vivace.

1 La riserva naturale ricca di vulcani di Fjallabak, in Islanda.

2 Lo Stromboli è uno dei pochi vulcani in attività quasi continua.

3 Dal 2013 il monte Etna è diventato Patrimonio dell'Umanità.

CURIOSITÀ

I rospi che "fiutano" il terremoto La scienza ha dimostrato che diverse specie animali sono in grado di avvertire in anticipo l'arrivo di un terremoto, anche se non è ancora riuscita a dare una risposta certa al modo in cui ciò avvenga.

Durante il forte sisma che ha colpito l'Abruzzo nel 2009 si è scoperto che anche i **rospi comuni** sembrano avere questa capacità. Gli scienziati hanno notato infatti che, già tre giorni prima del sisma, molti rospi maschi avevano abbandonato l'area in cui si è scatenata la violenta scossa e questo nonostante si trovassero nel pieno della stagione riproduttiva!

impara | IMPARARE

COMPLETO

1 Quando il materiale incandescente, detto ...., esce in superficie dalle profondità della Terra, si formano i .... Questo avviene lungo le .... della crosta terrestre.

2 I vulcani europei si concentrano ....

3 Un vulcano quiescente è ....

4 In Italia ci sono due vulcani attivi: ....

Osservo e IMPARO pag. 14 pag. 16 *Erickson*

Che cosa sono i terremoti?

Oltre a essere causa della formazione dei vulcani, il movimento delle placche è responsabile di un fenomeno che interessa molto da vicino l'uomo e le sue attività, il **terremoto** o sisma: una vibrazione improvvisa della Terra dovuta ai movimenti interni alla crosta terrestre.

Questa vibrazione può avere **un'intensità** (chiamata **magnitudo** dai sismologi, gli studiosi dei terremoti) **molto variabile** e, come conseguenza, anche gli effetti prodotti sulla superficie sono estremamente diversi.

I terremoti più lievi non vengono nemmeno percepiti dall'uomo, mentre quelli più forti possono produrre effetti devastanti, distruggere interi centri abitati e mietere migliaia di vittime.

L'Italia è un Paese a rischio

L'**Italia**, a causa della vicinanza alla linea di frattura tra la zolla africana e quella eurasiatica, e alla forte pressione esercitata da quest'ultima, è un **Paese a elevato rischio sismico**.

Allo scopo di cercare di limitare i danni prodotti dai terremoti, lo Stato ha creato una **mappa del rischio sismico**, suddividendo il territorio italiano in diverse categorie, in relazione alla probabilità che si verifichino terremoti e alla loro intensità, tenuto conto dei dati raccolti in precedenza.

ZOOM

Il terremoto di Messina del 1908 Uno dei terremoti più disastrosi della storia si è verificato proprio in Italia, nel **1908**, in corrispondenza dello Stretto di Messina.

Tre giorni dopo Natale, un sisma violentissimo scosse le città di Messina e Reggio Calabria, causando immani distruzioni e un numero altissimo di vittime: circa 123.000.

In Europa, in tempi storici, nessun altro evento naturale ha causato un simile numero di morti! Nella triste classifica mondiale dei terremoti che hanno provocato più vittime, quello del 1908 si colloca addirittura all'undicesimo posto. Tuttavia, come **magnitudo** questo sisma non figura nemmeno nei primi 50. Come si spiega?

Occorre considerare che gli effetti sull'uomo non dipendono solo dalla violenza della scossa, ma anche dal luogo in cui il sisma si verifica, che può essere più o meno densamente abitato, e dal tipo di edifici, che possono avere una diversa resistenza alle scosse.

Questa mappa è importante in quanto **ogni Comune, conoscendo il proprio livello di rischio, deve seguire determinati criteri nella costruzione e nella ristrutturazione degli edifici** che, nelle aree a rischio più elevato, devono essere più resistenti alle scosse. Il primo tentativo di regolamentare le costruzioni in base al rischio sismico risale al 1909, all'indomani del terribile terremoto che aveva colpito Messina.

Nel 2003 il territorio è stato riclassificato e suddiviso in 4 categorie di rischio.

Nella Zona 1, cioè quella con il rischio più elevato, rientrano 724 Comuni (su un totale di circa 8.000), concentrati **soprattutto in Calabria e in Campania** (che insieme ne hanno quasi 400). La maggior parte dei Comuni italiani appartiene però alla Zona 4, dove i terremoti sono rari e meno violenti: questa categoria include molti Comuni del Nord Italia e tutti quelli della Sardegna.

✳ I terremoti in Europa

L'Italia non è certo l'unico Stato europeo in cui si verificano i terremoti. In generale, un rischio elevato di sismi anche di forte intensità interessa **i Paesi del Mediterraneo orientale** – Grecia e Turchia in particolare – e quelli della **regione balcanica**, come l'Albania, la Bulgaria, la Macedonia, il Montenegro. Una regione ad alto rischio si trova anche nella **Romania orientale**.

Al di fuori di queste aree soltanto l'**Islanda** è soggetta a un rischio analogo. Nelle altre porzioni del continente le aree che presentano una pericolosità sismica almeno di media intensità hanno un'estensione estremamente modesta. Tra queste c'è **la regione di Lisbona, in Portogallo**. Proprio qui, **nel 1755, si è verificato il terremoto più forte della storia d'Europa**: il sisma, che causò la distruzione della città e mise in ginocchio l'intero Portogallo, fu così violento da essere avvertito in gran parte dell'Europa, nel Nord Africa e persino nel Mar dei Caraibi, dalla parte opposta dell'Oceano Atlantico!

Vivi in un comune a RISCHIO SISMICO?
Sai riconoscere l'arrivo di un MAREMOTO?
Cosa fai se c'è un'allerta ALLUVIONE?

Il 17 e 18 ottobre i volontari di protezione civile ti aspettano in più di 400 piazze con la campagna informativa IO NON RISCHIO. Scopri la piazza più vicina sul sito www.iononrischio.it

La campagna IO NON RISCHIO è portata avanti dalle

IO NON RISCHIO
BUONE PRATICHE DI PROTEZIONE CIVILE

INGV   ANPAS   reluis

---

impara **IMPARARE**

— RISPONDO

1 I terremoti sono dovuti a:

☐ improvvise variazioni di temperatura

☒ movimenti interni della crosta terrestre

☐ fenomeni di erosione

2 La mappa del rischio sismico classifica i territori italiani in quattro categorie. Le zone di categoria 1 sono:

☒ quelle a rischio sismico più elevato

☐ quelle a rischio sismico meno elevato

---

1 Danni provocati dal terremoto del 3 giugno 2012 nel centro di San Felice sul Panaro, in Emilia-Romagna.

2 Il sisma del 2010 in Turchia ha raso al suolo interi villaggi e causato molte vittime.

3 Campagna informativa a livello nazionale per aiutare i cittadini in caso di calamità naturali.

LE CARATTERISTICHE DEL PAESAGGIO MONTANO

Che cosa sono le montagne e le colline?

Ora sai che il movimento delle placche è responsabile del corrugamento della crosta terrestre, cioè della formazione dei rilievi, ovvero delle montagne e delle colline. Ma che cos'è una montagna? E una collina?

Una **montagna** è una porzione ben definita della superficie terrestre, composta da roccia e terra, che si eleva sulle aree circostanti **fino a un'altezza di almeno 600 metri** (calcolata rispetto al livello del mare). Ovviamente, come avrai intuito, questa quota è stabilita in modo puramente convenzionale.

In genere si parla di **collina** quando la quota del rilievo è compresa **tra 200 e 600 metri sul livello del mare (s.l.m)**, una distinzione comunque abbastanza flessibile.

Un paesaggio molto vario

Il paesaggio montano è **estremamente vario** e possiamo affermare con certezza che anche se le montagne sono migliaia e migliaia, **non ne esiste una che sia uguale a un'altra**! Che cosa fa la differenza?

Esistono **tanti aspetti che le differenziano**:

- l'**altitudine**;
- la **forma dei versanti** (cioè dei fianchi delle montagne) che possono essere più o meno ripidi, avere un aspetto dolce oppure essere aspri e incisi da canaloni;
- il **tipo di roccia**;
- la **vetta**, cioè la parte più alta della montagna, che può assumere forme molto differenti.

Contenuto integrativo

IL PAESAGGIO

1. Ghiacciaio
2. Versante
3. Vetta
4. Nevai perenni
5. Catena montuosa
6. Bosco di conifere
7. Sorgente

LA FAUNA

8. Caprioli
9. Aquila reale
10. Gracchi alpini
11. Orso bruno
12. Cervo
13. Ermellino
14. Marmotte
15. Gallo cedrone
16. Vipera comune

Massicci e catene

Le montagne possono inoltre essere raggruppate in:

- **massicci**, cioè formazioni montuose separate dalle altre;
- **catene**, ovvero formazioni più o meno allungate e che possano comprendere anche numerosi massicci.

Movimentano il paesaggio montano, inoltre, l'aspetto del **fondovalle**, anch'esso variabile, e la distribuzione dei **passi**, o valichi, ovvero dei punti in cui la catena montuosa si "apre", mettendo in comunicazione le valli collocate su versanti opposti.

L'azione dell'uomo sull'ambiente montano

In Italia, come in buona parte dell'Europa, l'aspetto del paesaggio montano ha risentito notevolmente dell'intervento dell'uomo e, a seconda dei casi, può prevalere il paesaggio naturale oppure quello antropizzato.

In generale alle **alte quote** la presenza umana e i suoi effetti sull'ambiente sono piuttosto modesti, mentre nel **fondovalle** i cambiamenti sono stati molto più forti poiché è lì che si concentrano i **principali centri abitati**, le **fabbriche** e le **più importanti vie di comunicazione**.

La trasformazione del paesaggio montano risale ai secoli scorsi e prosegue tuttora, anche se in modo molto diverso. In passato, infatti, erano soprattutto le attività connesse **all'agricoltura e all'allevamento** a modificare il paesaggio: molti boschi venivano tagliati per fare spazio ai **pascoli** utili all'allevamento del bestiame bovino e ovino. Dal secolo scorso, invece, soprattutto in alcune regioni montuose, sono diventate preponderanti le attività connesse al **turismo**, che hanno comportato la costruzione di alberghi, rifugi, funivie e seggiovie, e degli impianti di risalita per gli sciatori.

1 Le Tre Cime di Lavaredo, Dolomiti.
2 La montagna è meta turistica in ogni stagione.
3 Impianto di risalita sulle Alpi italiane.
4 Il percorso sciistico Sellaronda nelle Dolomiti.

Quante montagne sotto il mare!

Non potendo osservare la forma dei fondali marini, in linea di massima siamo portati a pensare che siano piatti. Nulla di più falso! Il "nostro" Mar Tirreno, ad esempio, è ricchissimo di montagne anche se solo pochissime arrivano a emergere in superficie. Quando accade, si formano le isole, come le **Eolie**, oppure **Ustica**. Nel Mar Tirreno ci sono montagne imponenti completamente sommerse. Le più alte sono il **Vavilov** e il **Marsili**. Si tratta di massicci lunghi addirittura decine di chilometri e con un'altezza che, nel Vavilov, arriva a ben 2.700 metri. Gli scienziati conoscono molto bene queste montagne, in quanto si tratta di vulcani ritenuti pericolosi e, per tale motivo, tenuti sotto controllo.

impara IMPARARE

COMPLETO

1 I rilievi che superano i 600 metri sul livello del mare sono detti ....; quelli al di sotto dei 600 metri sono detti ....

Le montagne differiscono le une dalle altre per l' ...., la forma dei versanti, il tipo di roccia, la forma della ....

SCHEMATIZZO

2 Completa la tabella con le parole relative alle definizioni.

Montagne raggruppate.	*massicci catene*
Formazione allungata che può comprendere numerosi massicci.	*catene*
Punti in cui la catena "si spezza" mettendo in comunicazione le valli.	*massicci*

5 I RILIEVI IN EUROPA

Uno sguardo dall'alto

Immaginiamo di **sorvolare l'Europa** in lungo e in largo a bordo di un aereo e di dover alla fine compilare una semplice scheda che indichi in modo sintetico **dove sono situati i principali sistemi montuosi** e alcune caratteristiche riguardanti il loro **aspetto**, per quanto è possibile osservare da 4.000 o 5.000 metri di quota.

L'Europa meridionale

Alla fine della nostra esplorazione abbiamo notato che buona parte dei principali rilievi si trova nell'Europa meridionale: come abbiamo visto, infatti, questa è l'area sottoposta alla forte pressione della placca africana (v. pag. 95).

A sud-ovest

Nell'estremo sud-ovest del continente la **Penisola Iberica** ci è apparsa in gran parte ondulata e solcata qua e là da **diverse catene**, anche se non particolarmente estese in lunghezza. Con l'aiuto di una carta geografica, potremmo annotare i nomi principali:

- **Monti Cantabrici** a nord;
- **Sistema Centrale**, **Sierra Nevada** a sud;
- più a est, i **Pirenei**, la catena che separa la Penisola Iberica dalla Francia.

Proseguendo verso est...

Dirigendoci con il nostro aereo verso est abbiamo poi osservato:

- **le Alpi**, una lunga catena montuosa con forma vagamente simile a un **grande arco**, dall'aspetto nel complesso aspro e con massicci imponenti, qua e là punteggiati dalle grandi "macchie" bianche dei ghiacciai: è una delle più importanti catene montuose d'Europa;
- **a sud delle Alpi**, lungo la penisola italiana, è riconoscibile un'altra catena, dall'aspetto questa volta meno severo, ma molto lunga: si tratta degli **Appennini**;
- **a est dell'Italia** abbiamo visto estendersi la lunga catena dei **Carpazi**, anch'essa di forma arcuata;
- **nel sud-est**, in corrispondenza della **Penisola Balcanica**, abbiamo incontrato un **territorio quasi interamente montuoso**. Se volessimo annotare i nomi delle principali catene scriveremmo **Balcani**, **Alpi Dinariche**, **Pindo**, **Rodopi**.

1 Un esemplare di fringuello alpino.
2 Il villaggio di Gaucín in Andalusia, sulle alture della Sierra Nevada.
3 Le vette innevate dei Carpazi.
4 La catena montuosa dei Balcani.

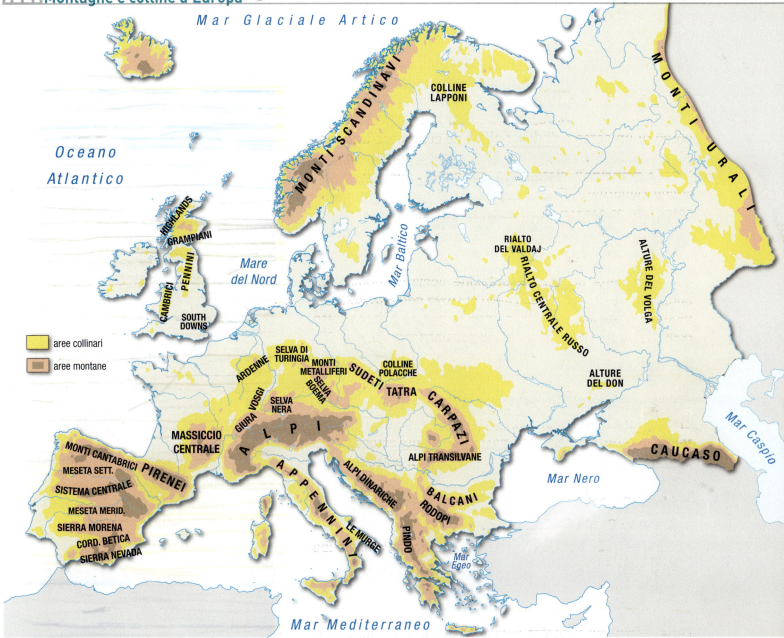

Mar Glaciale Artico

Oceano
Atlantico

Mare
del Nord

Mar Baltico

MONTI URALI

COLLINE
LAPPONI

MONTI SCANDINAVI

HIGHLANDS
GRAMPIANI
PENNINI
CAMBRICI
SOUTH
DOWNS

RIALTO
DEL VALDAJ

RIALTO CENTRALE RUSSO

ALTURE DEL VOLGA

aree collinari
aree montane

ARDENNE
VOSGI
GIURA
SELVA
NERA

SELVA DI
TURINGIA
MONTI
METALLIFERI
SELVA
BOEMA

SUDETI

COLLINE
POLACCHE
TATRA

CARPAZI

ALTURE
DEL DON

MASSICCIO
CENTRALE

A L P I

ALPI TRANSILVANE

Mar Caspio

MONTI CANTABRICI
PIRENEI
MESETA SETT.
SISTEMA CENTRALE
MESETA MERID.
SIERRA MORENA
CORD. BETICA
SIERRA NEVADA

A P P E N N I N I

ALPI DINARICHE

LE MURGE

PINDO

BALCANI
RODOPI

Mar Nero

C A U C A S O

Mar
Egeo

Mar Mediterraneo

⚠ E ora verso nord...

Spostandoci a nord delle Alpi, **l'Europa centrale** ci è apparsa assai **più povera di montagne**, raggruppate talvolta in **piccole catene montuose**:

■ i **Vosgi**, in Francia;

■ la **Selva Nera** e la **Selva Boema**, in Germania;

■ i **Sudeti**, tra Repubblica Ceca e Polonia;

■ i **Tatra** tra Polonia e Slovacchia.

Niente a che vedere con gli scenari aspri e selvaggi delle Alpi ma, piuttosto, montagne poco elevate dall'aspetto dolce, tondeggiante. Questo perché si tratta di **rilievi di antica origine** che hanno subito un lungo processo di erosione. Queste montagne, formatesi durante l'**orogenesi ercinica**, sono delle "vecchiette" rispetto alle Alpi: se queste ultime non hanno infatti più di 90 milioni di anni, le montagne centroeuropee superano anche i 300 milioni.

IMPARARE insieme

—A PICCOLI GRUPPI

1 A gruppi di tre collocate sulla carta muta dell'Europa che trovate nell'Atlante allegato al corso le lettere corrispondenti ai rilievi elencati. Per ogni catena montuosa collocata correttamente guadagnate un punto. Vince il gruppo che avrà ottenuto il punteggio più alto!

a) Balcani b) Selva Nera c) Appennini
d) Sierra Nevada e) Rodopi f) Alpi
g) Carpazi h) Alpi Dinariche i) Pirenei
j) Vosgi k) Sudeti l) Tatra m) Selva
Boema n) Monti Cantabrici o) Pindo

◢ … ancora più a nord!

Quando il nostro volo ha proseguito verso nord-ovest, abbiamo incontrato le **Isole Britanniche**, caratterizzate da una presenza diffusa di rilievi assai modesti, perlopiù di aspetto collinare: ancora una volta, nulla di simile a quanto visto nel sud del continente.

L'Atlante ci ha permesso di annotare alcuni nomi:

- **Monti Pennini** e **Monti Grampiani**, le piccole catene dell'isola della Gran Bretagna; si tratta di montagne **molto antiche**, risalenti all'orogenesi caledoniana;

- **Monti Scandinavi**, sempre nel nord del continente, sulla lunga Penisola Scandinava: qui le vette sono numerose e hanno un aspetto simile a quelle viste nell'Europa meridionale; sono montagne aspre e piuttosto elevate.

Si nota subito che si tratta di montagne giovani: un fatto curioso, perché siamo in un'area molto antica del continente. Come si spiega? Possiamo rispondere dicendo che queste montagne sono state **ringiovanite**! La loro origine si ricollega, infatti, all'orogenesi ercinica, ma hanno subito una nuova "spinta" durante l'orogenesi alpina, che, diciamo così, ha tolto loro molti milioni di anni di età.

1 L'habitat delle stelle alpine è costituito soprattutto dai terreni sassosi montani.

2 La Gran Bretagna non ha rilievi importanti. Nell'immagine una valle tra i Monti Pennini solcata dal fiume Tees.

3 Escursione sui ghiacciai nel Parco Nazionale di Jotunheimen, in Norvegia.

4 Un antico monastero tra i rilievi del Caucaso, catena montuosa al confine tra Europa e Asia.

◢ E infine a est!

Nell'ultima parte del volo, il nostro aereo si è diretto decisamente a est, verso i confini del continente, dove abbiamo incontrato:

- dalla Polonia e per oltre 2.000 km, le **ondulazioni collinari del grande Bassopiano Sarmatico**;
- gli **Urali** a segnare la fine (convenzionale) del continente: sorvolando da nord a sud la lunga catena, si notano queste **montagne poco elevate** dall'aspetto in genere non particolarmente aspro;
- più a sud il **Caucaso**, l'altra catena che marca il confine tra Europa e Asia: ancora **montagne imponenti** simili alle Alpi, **ricche di ghiacciai** tra cui emergono **le vette più alte del continente**.

DOMANDA&RISPOSTA

La pianura può essere più alta della collina?

Nel rispondere a questa domanda è facile farsi trarre in inganno: secondo la definizione proposta nel testo verrebbe infatti da rispondere che non è possibile. In realtà accade, seppure di rado, che rilievi ben circoscritti si elevino sulla pianura circostante pur restando a quote molto basse, inferiori a 200 metri. Dal punto di vista morfologico si tratta però chiaramente di colline. Uno splendido esempio è dato dalle **colline di San Colombano**, tra le province di Pavia, Lodi e Milano, nella bassa pianura lombarda: questi rilievi arrivano a un'altezza massima di 147 metri s.l.m, ma in alcuni punti scendono sotto i 100 metri. L'alta pianura, invece, può superare, nella fascia pedemontana, i 150 metri. Dunque, la risposta è affermativa!

IMPARARE *insieme*

—A PICCOLI GRUPPI

1 A gruppi di tre collocate sulla carta muta dell'Europa che trovate nell'Atlante allegato al corso le lettere corrispondenti ai rilievi elencati. Controllate poi il vostro lavoro confrontandolo con la carta fisica dell'Europa. Per ogni catena montuosa collocata correttamente guadagnate un punto. Vince il gruppo che avrà ottenuto il punteggio più alto!

a) Monti Pennini   b) Monti Grampiani
c) Alpi Scandinave
d) Urali   e) Caucaso

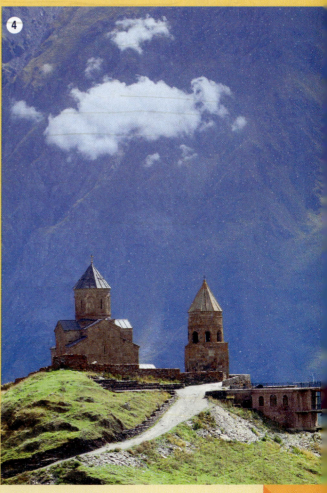

4

LE MONTAGNE IN ITALIA

I rilievi italiani

Se diamo uno sguardo alla carta fisica dell'Italia, ci accorgiamo subito che il nostro Paese è in **gran parte costituito da rilievi**, cioè da **montagne** e **colline**, che insieme occupano circa il **77% del territorio**. Alle pianure, insomma, rimane ben poco spazio.

Guardando ancora la carta possiamo notare che i rilievi si raggruppano in **due catene principali**: una si allunga nella parte più settentrionale, nel senso della longitudine (cioè da ovest a est); l'altra, invece, scende lungo la penisola, percorrendola in tutta la sua lunghezza. Nel primo caso si tratta delle **Alpi**, nel secondo degli **Appennini**.

Le Alpi, uno sguardo d'insieme

Le Alpi costituiscono **la più importante catena montuosa d'Europa**. Anche se ci sono catene più lunghe (ad esempio gli Appennini e i Carpazi), è proprio nelle Alpi (oltre che nel Caucaso) che si concentrano **tutte le montagne più alte**, i massicci più imponenti, così come i **ghiacciai** più grandi.

Dunque, in Europa le Alpi rappresentano le montagne per eccellenza.

La loro importanza deriva del resto anche da altre ragioni, che non riguardano l'aspetto fisico:

- in primo luogo la **posizione**, quasi centrale nell'Europa;

- il fatto di rientrare nel territorio di **ben sette Stati**;

- il **grande richiamo turistico**, che fa delle Alpi una regione importante anche sul piano economico, ben più di quanto accade per le altre montagne europee.

Ma **dove iniziano e dove finiscono le Alpi**? A ovest, dove la catena alpina incontra quella appenninica, il confine è stato fissato per convenzione al **Colle di Cadibona**, in Liguria. A est, invece, si spingono fino al **confine con la Slovenia** (ma, se uscissimo dalla frontiera italiana, dovremmo spingerci verso est ancora per circa 300 km, fin quasi a Vienna).

Le Alpi sono divise in tre settori:

- le **Alpi Occidentali**, a loro volta suddivise in Alpi Marittime, Alpi Cozie, Alpi Graie;
- le **Alpi Centrali**, ripartite in Alpi Pennine, Lepontine e Retiche;
- le **Alpi Orientali**, comprendenti le Alpi Noriche, Carniche e Giulie.

Le Alpi, montagne giovani e alte

Rispetto a molte altre montagne europee, le Alpi sono rilievi giovani ed è proprio alla loro giovane età che si deve **l'elevata altitudine media**, come pure **l'aspetto spesso aspro e severo**, con **vette aguzze** e **versanti scoscesi**.

Ma quali sono e dove si trovano **le montagne più alte** delle Alpi? Le vette più elevate si trovano nelle **Alpi Occidentali**. È qui, infatti, al confine tra Italia e Francia, che si erge l'imponente massiccio del **Monte Bianco**, con la sua lunga cresta sempre al di sopra dei 4.000 metri e la vetta più alta che si spinge fin verso i 5.000 (4.810 per l'esattezza). È il regno dei **ghiacciai eterni**, di certo uno degli **ambienti più estremi** che si possano trovare nell'intero continente!

A breve distanza dal "re" delle montagne europee, altri monti s'innalzano ben al di sopra dei 4.000 metri: è il caso del **Monte Rosa** (4.635 m), del **Gran Paradiso** (4.061 m), all'interno di un famoso parco nazionale, e del **Cervino** (4.478 m). Quest'ultimo ha un aspetto davvero peculiare: un enorme blocco di roccia e ghiaccio dalla forma piramidale, tale da renderlo una delle montagne più riconoscibili e più famose d'Europa!

L'altezza delle Alpi diminuisce spostandosi verso est

Spostandosi verso est, nelle **Alpi Centrali**, non si trova più una simile concentrazione di "colossi" e un solo gruppo, quello del **Bernina**, oltrepassa i 4.000 metri. Anche altri massicci si spingono a sfiorare questa quota: è il caso dell'**Ortles**, situato nel Parco Nazionale dello Stelvio, e dell'**Adamello**, nello splendido Parco Naturale Adamello-Brenta. Le **Alpi Orientali** sono assai meno elevate e non raggiungono mai i 4.000 metri. Tuttavia è proprio qui che troviamo le **Dolomiti**, da molti considerate le montagne più belle del mondo.

ZOOM

La "Guerra Bianca" Il massiccio dell'Adamello è noto, oltre che per i suoi estesi ghiacciai, come teatro della **"Guerra Bianca"**: tra le aspre vette di questo massiccio, in condizioni climatiche estreme (anche 35°C sotto zero), si sono fronteggiati l'esercito austriaco e quello italiano durante la **Prima Guerra Mondiale**. Oltre alle difficoltà legate al clima, i due eserciti dovettero fare i conti con le difficoltà di approvvigionamento e di trasporto dell'artiglieria, una delle imprese più difficoltose di quegli anni di guerra alpina.

1 Il treno del Bernina viaggia tra le Alpi Centrali e arriva fino a quota 2.253 metri.

2 Vette del Parco Adamello-Brenta.

---

impara **A** IMPARARE

COMPLETO

1 I rilievi occupano il ___77___ % del territorio italiano.

2 Le Alpi vengono divise in tre settori:
- Alpi Occidentali
- Alpi centrali
- Alpi Orientali

3 Le Alpi sono così alte, aspre e dalle vette ___aguzze___ perché sono

4 Le Dolomiti si trovano nel settore delle ___Alpi Orientali___

✗ Le Prealpi sono più giovani

Appena a sud delle Alpi, a far da "cerniera" tra queste e la Pianura Padana, si ergono le **Prealpi**. Si tratta di montagne **assai più basse** delle Alpi e **dall'aspetto notevolmente meno aspro**. Inoltre, hanno un'origine geologica **più recente**.
Le Prealpi iniziano dunque **a est del Lago Maggiore e si spingono fino al Friuli**.
Attenzione però: non bisogna immaginare un confine netto tra Alpi e Prealpi. Si tratta di una distinzione che interessa soprattutto la geologia, il turista che le attraversa non si accorge di passare dalle une alle altre.
Nella fascia prealpina sono compresi tutti **i grandi laghi** del Nord Italia.

✗ Gli Appennini, spina dorsale dell'Italia

Con **oltre 1.100 km di lunghezza**, gli Appennini sono la catena montuosa **più lunga d'Italia**. Si estendono dal **Colle di Cadibona**, in Liguria, fino all'**Aspromonte**, cioè sulla punta dello "stivale", e corrono quindi lungo tutta la penisola. Inoltre, hanno una propaggine che continua **oltre lo Stretto di Messina**, nel nord della Sicilia, per più di 100 km.
La loro larghezza è molto variabile e tende ad ampliarsi nel settore centrale, dove si estendono fin verso le due coste: adriatica a est, tirrenica a ovest.
Come le Alpi, anche gli Appennini sono ripartiti in **tre settori**:

- Appennino Settentrionale;
- Appennino Centrale;
- Appennino Meridionale.

Per questo si parla di "Appennini" al plurale quando si comprendono tutti e tre.

1 Negli ultimi venti anni il lupo è tornato a essere diffuso sugli Appennini e sulle Alpi Occidentali. Nel complesso si stimano 1.500-2.000 esemplari.

2 Il Lago di Como rientra nella fascia prealpina. Nell'immagine, la riva occidentale, su cui si trova Menaggio.

3 Il gatto selvatico è diffuso anche su alcune montagne della Sicilia.

4 Petralia Soprana, in Sicilia, è il comune più alto delle Madonie.

Gli Appennini sono più bassi e meno aspri delle Alpi

È solamente la lunghezza a rendere gli Appennini diversi dalle Alpi? Certamente no!
Anche l'**altezza media**, infatti, è differente e decisamente inferiore. In generale, mentre sulle Alpi 2.000 metri non rappresentano un'altitudine elevata, negli Appennini questa soglia viene raggiunta nel complesso solo da poche vette. Inoltre nessuna montagna raggiunge 3.000 metri.
Le montagne più elevate si trovano nell'**Appennino Centrale**:

- nel massiccio del **Gran Sasso**, in Abruzzo, che con il Corno Grande si spinge fino a 2.912 metri;
- in quello della **Maiella**, anch'esso in Abruzzo;
- nei **Monti Sibillini**, tra Marche e Umbria.

Inoltre, raggiungono i 2.000 metri alcune montagne nell'Appennino Tosco-Emiliano, tra cui il **Monte Cimone** (2.165 m), e nel massiccio del **Pollino**, al confine tra Calabria e Basilicata.
Anche **l'aspetto generale** rende la catena appenninica diversa da quella alpina: i rilievi hanno spesso, infatti, un **profilo più dolce**, **meno aspro**, ma gli Appennini sono nel complesso **più selvaggi** delle Alpi.
Il motivo? È semplice: molte aree appenniniche si **sono spopolate** assai più delle Alpi e **la natura è tornata a prendere il sopravvento**.

I rilievi delle isole

Nella **Sicilia** nord-orientale si estende l'**Appennino Siculo**, che comprende i gruppi dei Monti **Peloritani**, **Nebrodi** e delle **Madonie**, dove si arrivano a sfiorare i 2.000 metri.
La vetta più alta si trova però leggermente più a sud ed è quella dell'**Etna** che, con i suoi 3.330 metri, è il vulcano più alto d'Europa. Anche in altri settori dell'isola si superano comunque i 1.000 metri, ad esempio nelle catene dei **Monti Erei** e dei **Monti Iblei**.
In **Sardegna** oltre l'80% del territorio è occupato dai rilievi. In questa regione non ci sono catene montuose, ma un importante massiccio, quello del **Gennargentu**, impervio e selvaggio, con la cima più alta che supera i 1.800 metri.
Queste terre poco abitate ospitano una ricca fauna, che comprende volpi, gatti selvatici e cinghiali.

③

④

impara **IMPARARE**

— **COMPLETO**

1 Le Prealpi iniziano dal Lago
Maggiore e arrivano fino
al Brebbi; fanno da
cerniera tra Alpi e Pianura
Padana. Rispetto alle Alpi
appaiono più basse e meno
aspro; hanno un'origine più
recente e mancano nel settore
....

IMPARARE *insieme*

— **CON UN COMPAGNO**

2 Assieme al tuo compagno, dopo aver riletto il testo, completate le frasi relative agli Appennini per prepararvi all'esposizione orale.

Gli Appennini si estendono dal
.... in Liguria fino
all'........................... in Calabria e
proseguono oltre lo Stretto di
.... Anch'essi, come le
Alpi, si dividono in tre settori:

....

La loro altezza non supera i
.... metri.

Le vette più elevate dell'Appennino
Centrale sono ....
....

LE COLLINE ITALIANE

L'Italia è un Paese di colline

Poco meno della metà del territorio italiano, **circa il 42%, è costituito da colline**. Le regioni in cui prevale il paesaggio collinare sono quelle dell'**Italia centrale e meridionale**, ma anche la **Sicilia** e la **Sardegna**.
Oltre ad avere un'altezza inferiore alle montagne, le colline hanno spesso un **aspetto più tondeggiante, più dolce**. Proprio per queste caratteristiche, **in passato le colline sono state ovunque sfruttate dall'uomo**, che le ha utilizzate per coltivare, per allevare animali allo stato brado e per ottenere legna dai boschi. Negli ultimi decenni, però, molte colline si sono spopolate, perché le nuove generazioni hanno preferito trasferirsi a vivere nelle città. La presenza umana nel territorio collinare oggi rimane soprattutto nei luoghi in cui è possibile svolgere **attività economiche remunerative**, come la coltivazione della vite per produrre vini pregiati.

Dove sono le colline

Nell'Italia settentrionale i principali sistemi collinari sono quelli del Piemonte, dove troviamo le **Langhe**, il **Monferrato** e le **Colline del Po**.
Spesso le colline non sono separate dalle montagne, ma costituiscono anzi una "cerniera" tra queste ultime e la pianura. Tuttavia, in alcuni casi i rilievi collinari emergono curiosamente isolati nella pianura. Ciò avviene soprattutto in **Veneto**, con i **Colli Berici** e i **Colli Euganei**, questi ultimi distanti solo 30 km dalla laguna di Venezia.
Il territorio della **Toscana** è occupato in gran parte da colline: particolarmente famose sono quelle della **provincia di Siena**, che mostrano un paesaggio fatto di dolci ondulazioni coperte da campi di grano e vigneti, punteggiate qua e là da cipressi e casali. È, questo, il paesaggio collinare italiano più famoso nel mondo. Anche il Lazio è ricco di colline (come i **Colli Albani**, ad esempio), mentre la Puglia, in gran parte pianeggiante, presenta un paesaggio mosso dal sistema collinare delle **Murge**.
I rilievi, soprattutto in forma collinare, sono presenti in buona parte del territorio della Sicilia e della Sardegna.

CURIOSITÀ

Balene e delfini delle colline piacentine Una balenottera che si aggira tra le colline della provincia di Piacenza... è possibile? Oggi assolutamente no ma in passato... sì, accadeva eccome! Per la verità la balenottera, lunga circa 12 metri, nuotava in un grande golfo che circa 3 milioni di anni fa si estendeva dove oggi c'è la Pianura Padana. A trovarne lo scheletro, imprigionato nella roccia, è stato un ragazzo di 16 anni, appassionato cercatore di fossili, nel 1983. Il recupero del reperto è stato molto avventuroso, in quanto giaceva in una valle stretta e selvaggia, in gran parte ricoperta di foreste. E non c'era solo la balenottera a nuotare nel grande golfo: nelle colline piacentine, ricche di fossili, sono state scoperte ad esempio anche le colonne vertebrali di due delfini.

collina

Brianza
Colli del Garda
Colli Berici
Colli Euganei
Monferrato
Oltrepò
Po
Langhe
Mar Ligure
Arno
Chianti
Colline Metallifere
Tevere
Mare Adriatico
Colli Albani
Gallura
Murge
Collina dei Camaldoli
Mar Tirreno
Mar Ionio
Belice
Mar Mediterraneo
Monti Iblei

impara — IMPARARE

— COMPLETO

1 Le colline occupano il ....42.... % del territorio italiano.

2 In Italia il paesaggio collinare prevale *nell' Italia centrale e meridionale.*

— RISPONDO

3 Perché negli ultimi decenni le colline si sono spopolate? *Perché alcune persone hanno preferito vivere in città*

4 Dove si trovano le colline italiane più famose nel mondo? *In veneto*

❶ Il dolce profilo delle colline toscane, conosciute in tutto il mondo.

❷ Le Langhe, in Piemonte, sono costituite da un esteso sistema collinare.

❸ Civita di Bagnoregio, in posizione isolata tra le colline della provincia di Viterbo.

❹ L'ondulata campagna siciliana nei pressi di Palermo.

❸

❹

LA PIANURA: ORIGINE E CARATTERISTICHE

 Città

 Allevamento di polli

 Industria

 Strada

 Ferrovia

Quali sono le caratteristiche della pianura?

Che cosa intendiamo quando usiamo il termine **pianura**?

Anche se esistono **diversi tipi di pianura**, possiamo dare una **definizione generale**: una pianura è una porzione di terre emerse con aspetto pianeggiante, ovvero orizzontale o solo lievemente inclinato, e con un'altezza sul livello del mare compresa tra 0 e 300 metri.

Affinché si possa parlare di pianura occorre fare riferimento a **due criteri**: il primo relativo alla **morfologia** (cioè alla forma) del terreno, il secondo **altimetrico** (cioè relativo all'altitudine).

Ma non è sempre così, poiché possono esserci colline che hanno un'altezza ben inferiore ai 300 metri (in questo caso non è quindi rispettato il primo criterio) e vaste aree con aspetto pianeggiante situate a quote molto superiori ai 300 metri (e quindi non è rispettato il secondo criterio). In questo caso, si è in presenza di **altopiani**.

Ad esempio l'**Altopiano di Asiago**, in Veneto, è un'area dall'aspetto per lo più pianeggiante posta a circa 1.000 metri di quota. Quando la pianura ha un'altezza compresa tra 200 e 300 metri viene spesso definita "**bassopiano**".

Per quanto riguarda l'**estensione**, una pianura può essere vastissima, oppure molto piccola, come accade ad esempio nelle aree pianeggianti che occupano strette fasce costiere.

6 Fiume

7 Canale irriguo

8 Campi coltivati

9 Lago di cava

10 Bovini

11 Fattoria

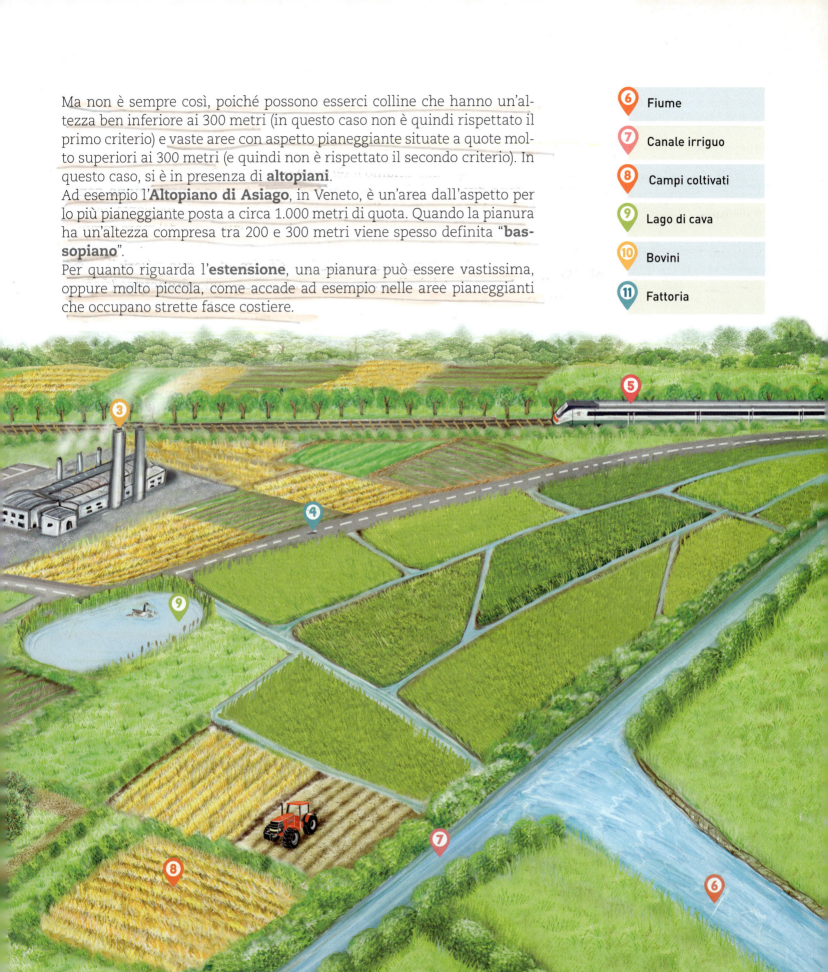

I vari tipi di pianura

Così come le montagne, anche le pianure non sono tutte uguali. E, soprattutto, può essere diversa la loro origine. Possiamo distinguere vari tipi di pianura:

- la **pianura alluvionale**, originata dai **fiumi** e in particolare dai **detriti** (grossolani come i sassi oppure fini come l'argilla e la sabbia) che essi trasportano e che vengono progressivamente depositati. Si tratta di un processo lentissimo ma incessante: la pianura alluvionale si forma **giorno per giorno**, anche se il cambiamento è evidente solo dopo molto tempo. In generale, possiamo dire che la pianura alluvionale è **piuttosto giovane** se paragonata ad altri tipi di pianura e ad altre strutture geologiche, come le montagne. Un esempio di pianura alluvionale ci è offerto dalla Pianura Padana;

- la **pianura di sollevamento**, originata dal **sollevamento dei fondali marini** causato dai movimenti della crosta terrestre. Si tratta di una pianura **più antica** rispetto a quella di origine alluvionale;

- la **pianura di erosione**, originata dalla totale **demolizione dei rilievi** operata dai ghiacciai, dalla pioggia e dal vento. È una pianura **antichissima**, la cui formazione richiede milioni di anni;

- la **pianura vulcanica**, originata dalle eruzioni dei **vulcani**: la lava e le ceneri si depositano all'interno di avvallamenti che, una volta colmati, danno vita a un'area pianeggiante. Essendo legato alla presenza di un vulcano, questo tipo di pianura non è molto frequente e ha un'**estensione modesta**;

- la **pianura tettonica**, originata dallo sprofondamento del terreno dovuto ai movimenti della Terra; ne è un esempio il Campidano, in Sardegna;

- la **pianura costiera** si sviluppa **lungo i litorali marini**, principalmente in seguito all'accumulo dei sedimenti trasportati dai fiumi. Si tratta quindi ancora di un tipo di pianura alluvionale.

L'importanza della pianura per l'uomo

Fin dall'antichità le pianure hanno avuto un **ruolo determinante nello sviluppo delle civiltà** e continuano a rivestire grande importanza.

I motivi sono diversi ma facili da comprendere. Innanzitutto è la stessa forma pianeggiante a consentire all'uomo di **piegare facilmente il territorio alle proprie esigenze**. È per questo motivo, ad esempio, che le foreste italiane ed europee sono scomparse molto prima nelle pianure che nelle aree montuose o collinari. Una volta disboscate, le terre pianeggianti sono ben più facili da coltivare rispetto a quelle in pendenza.

L'uomo ha inoltre scelto le pianure per **costruirvi i centri abitati** che si sono via via allargati fino a diventare **città**. Non è certo un caso che quasi tutte le grandi città europee si trovino in pianura. Un'eccezione è data da Madrid, capitale della Spagna, che è situata in un'area pianeggiante ma collocata su un altopiano.

Ed è ancora una volta nelle pianure che risulta più semplice costruire le **industrie**, come pure le **vie di comunicazione principali**. Le aree pianeggianti più ampie sono poi spesso attraversate da **fiumi navigabili**, utilizzati nel corso dei secoli per il trasporto delle merci.

1 Il Tavoliere delle Puglie è un esempio di pianura di sollevamento.

2 Veduta aerea nei pressi di Reggio Emilia della Pianura Padana, di origine alluvionale.

3 Un tratto del Canal du Midi, canale artificiale francese lungo 241 km che collega l'Oceano Atlantico al Mar Mediterraneo scorrendo in una pianura nel sud della Francia.

impara — IMPARARE

— LAVORO SUL TESTO

1 Che cos'è la pianura? Sottolinea sul testo la definizione generale.

2 Sottolinea con due colori diversi i significati di altopiano e bassopiano.

— SCHEMATIZZO

3 Completa lo schema.

Origine	Tipo di pianura
Dai detriti dei fiumi	alluvionale
Dal sollevamento dei fondali marini	sollevamento
Dalla demolizione dei rilievi	erosione
Dalle eruzioni	vulcanica
Dall'accumulo dei detriti nei litorali	costiera
Dallo sprofondamento della crosta terrestre	tettonica

LE PIANURE IN EUROPA

Le grandi pianure dell'Est e del Centro Europa

L'Europa è un continente prevalentemente pianeggiante, ma le pianure sono distribuite in modo tutt'altro che omogeneo.

La pianura più grande si trova nella parte orientale del continente, precisamente in **Russia** e in alcuni Paesi confinanti ed è chiamata **Bassopiano Sarmatico** o **Pianura Russa**: è una pianura immensa che si estende su una superficie di circa 4 milioni di km², territorio pari a circa 13 volte l'Italia e al 40% dell'intero continente europeo.

Le altre grandi pianure europee sono situate soprattutto nell'**Europa centro-occidentale**, in continuità con il Bassopiano Sarmatico. Spostandosi da est verso ovest, incontriamo il **Bassopiano Germanico-Polacco** poi, senza interruzioni, il **Bassopiano Francese**.

Anche nel nord dell'Europa sono presenti vaste aree pianeggianti, in particolare nel **sud della Finlandia e della Svezia**. Sempre nel nord, ma più a ovest, si estendono l'ampia pianura dell'Inghilterra, chiamata **Bacino di Londra**, e quella **dell'Irlanda**.

Le pianure dell'Europa meridionale

Spostandosi verso sud il territorio tende a farsi in prevalenza montuoso e le pianure diventano molto più piccole. Una parziale eccezione è data dalla **Pianura Ungherese** (o **Pannonica**), incastonata tra le catene montuose delle Alpi, dei Carpazi e dei Balcani. Tra queste ultime due catene e il Mar Nero si allunga invece la **Pianura della Valacchia**, in Romania.

Le altre pianure dell'Europa meridionale sono ancora più piccole: tra queste la nostra **Pianura Padana** e quella che si estende nella **regione centro-meridionale del Portogallo**.

L'origine delle pianure europee

Le grandi pianure orientali e settentrionali si differenziano da quelle meridionali non solo per l'estensione, bensì anche per la **diversa origine**.

Il Bassopiano Sarmatico, così come la vasta pianura finlandese, sono pianure molto antiche, originate da un lunghissimo processo di **erosione**, operato soprattutto dai **ghiacciai**. Fino a più di 12.000 anni fa queste regioni erano occupate da un'immensa calotta di ghiaccio che, muovendosi, ha spianato i rilievi, lasciando posto a più **modeste ondulazioni**.

1 Nella pianura svedese le aree coltivate si alternano spesso ai boschi.
2 La Pianura della Valacchia, in Romania.
3 Il Bassopiano Sarmatico è originato dall'erosione operata dai ghiacciai.

Altre pianure, come il Bacino di Londra, sono invece originate dal **sollevamento del fondale marino** avvenuto molti milioni di anni fa. Le principali pianure dell'Europa meridionale hanno **origine alluvionale**: la **Pianura Padana**, ad esempio, è stata originata dal Po, la **Pianura Ungherese** dai fiumi Danubio e Tibisco.

L'uomo nelle pianure d'Europa

Nel corso dei secoli l'uomo ha profondamente trasformato il paesaggio delle pianure europee. In origine gran parte di esse era occupata da **foreste** e, in alcuni casi (soprattutto nel nord e nell'est), da vaste **zone acquitrinose**.
L'intervento dell'uomo ha generato un cambiamento più o meno radicale in relazione alla **maggiore o minore presenza sua e delle sue attività**. Si passa ad esempio dalla bassa densità di popolazione della Pianura Russa (dominata ancora dalle foreste) alle alte concentrazioni di uomini e industrie delle pianure di Germania, Paesi Bassi e Inghilterra.

impara **IMPARARE**

__COMPLETO

1 Le tre pianure più estese d'Europa sono: ....
....

2 La pianura più grande d'Italia è la
....

3 Le pianure prima dell'intervento dell'uomo erano occupate da ....
....

4 La Pianura Pannonica si trova
....
....

LE PIANURE IN ITALIA

Piccole pianure di diversa origine

In Italia le pianure occupano meno di un quarto del territorio e sono davvero piccole in confronto alle grandi distese pianeggianti europee.

Oltre che per la diversa estensione, le nostre pianure si distinguono per la differente origine.

La maggior parte delle pianure italiane è di origine alluvionale, cioè è stata formata dai fiumi. A questa categoria appartiene anche la **Pianura Padana**, la più vasta area pianeggiante italiana. Altre pianure alluvionali, situate in gran parte lungo le coste, sono ad esempio l'**Agro Romano** e l'**Agro Pontino**, nel Lazio, il **Valdarno** in Toscana e la **Piana di Metaponto** in Basilicata. Sono invece pianure di sollevamento il **Tavoliere** e la **Pianura Salentina**, entrambe situate in Puglia.

CARTA
Le pianure italiane

Contenuto integrativo

pianure

Pianura Padana
Po

Valdarno
Arno
Mar Ligure

Maremma

Tevere

Agro Romano

Agro Pontino

Pianura Campana

Piana del Sele

Piana di Sibari

Campidano

Mar Tirreno

Piana di Catania

Piana di Gela

Mar Mediterraneo

Mare Adriatico

Tavoliere delle Puglie

Altopiano delle Murge

Pianura Salentina

Piana di Metaponto

Piana di Crotone

Mar Ionio

Alle pianure vulcaniche appartengono la **Pianura Campana**, a breve distanza dal Vesuvio, e la **Piana di Catania**, formata dall'Etna.

Alle pianure di origine tettonica appartiene il **Campidano**, la più grande pianura della Sardegna. Alla sua formazione hanno contribuito in seguito anche i corsi d'acqua, per cui si può considerare anche di origine alluvionale.

La Pianura Padana e la Pianura Veneto-Friulana

Occorre prima di tutto specificare che cosa si intende con Pianura Padana. Comunemente ci si riferisce a tutta la grande pianura che si estende nel Nord Italia tra Piemonte e Friuli-Venezia Giulia.

In realtà, **la Pianura Padana è solo quella originata dal Po** (*Padus*, in latino, da cui deriva l'aggettivo "Padana") e dai suoi affluenti ed è pertanto la pianura che si estende tra il Piemonte, la Lombardia e l'Emilia-Romagna.

La Pianura Veneta, così come quella Friulana, è stata originata **da altri fiumi**.

Per questo è più corretto riferirsi a queste pianure con i nomi di **Pianura Padana** e **Pianura Veneto-Friulana**. Il fatto che di solito siano raggruppate sotto un unico nome deriva dal loro essere contigue, senza interruzioni quindi tra una e l'altra.

Nel complesso, quest'area pianeggiante si estende su circa 46.000 km², ossia su un'area pari a poco meno di un sesto dell'Italia. Ha la forma di un grande triangolo che si allarga verso est, verso il mare quindi; nel punto più stretto è larga solo 80 km, in quello più largo arriva a circa 200 km.

(5)

IMPARARE *insieme*

— A PICCOLI GRUPPI

1 A gruppi di tre o quattro, osservate la carta fisico-politica dell'Italia e rispondete alle seguenti domande. Poi, a turno, esponete le vostre conoscenze per l'eventuale interrogazione.

a) In quali regioni si estende la Pianura Padana?

b) Perché si parla di Pianura Padana e Pianura Veneto-Friulana?

1 La Pianura Salentina, in Puglia, è una pianura di sollevamento. Nell'immagine Torre San Emiliano.

2 La Pianura Veneta è unita alla Pianura Padana.

3 L'Agro Pontino, nel Lazio, è una pianura di origine alluvionale.

4 Balle di fieno nella pianura parmense, in riva destra del Po.

5 Un'allodola, uccello che nidifica nelle pianure italiane.

(4)

Alta e bassa pianura

Come abbiamo già visto, la pianura non si trova tutta allo stesso livello.
In generale, per la Pianura Padano-Veneto-Friulana possiamo dire che l'altitudine sul livello del mare **cambia in due modi**:

- diminuisce spostandosi da ovest (il settore più interno) verso est (più vicino al mare);
- diminuisce a mano a mano che ci si allontana dai rilievi.

Il secondo fattore spiega anche perché la pianura si differenzia in "**alta**" e "**bassa**", distinzione a cui corrispondono **diversi tipi di suolo**: più grossolano e permeabile nell'alta pianura, perché qui i fiumi hanno depositato i sedimenti più pesanti, come le ghiaie; più fine e impermeabile nella bassa pianura.
Questa **distinzione è importante** anche perché dà origine al particolare fenomeno delle **risorgive**, o **fontanili**.
Nell'alta pianura l'acqua penetra facilmente nel terreno, fino a quando incontra uno strato più impermeabile; poi, al confine con la bassa pianura, si scontra con una "barriera" creata dai sedimenti più fini ed è quindi forzata a risalire, dando origine alla risorgiva. Nel corso dei secoli le risorgive hanno avuto **grande importanza in agricoltura**, soprattutto perché l'acqua che sgorga dal sottosuolo ha una temperatura costante, cioè non è mai gelida neppure negli inverni più rigidi e consente quindi di avere prati rigogliosi tutto l'anno, da cui si ricava il foraggio per i bovini.

GRAFICO
La formazione delle risorgive

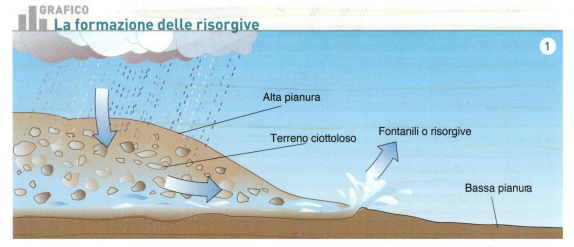

1 Tra alta e bassa pianura si formano le risorgive, punti in cui l'acqua scesa in profondità nell'alta pianura riemerge in superficie.

2 Il delta del Danubio, tra Romania e Ucraina.

DOMANDA&RISPOSTA

Le pianure hanno sempre la stessa altitudine? Spesso si è portati a pensare che la pianura abbia sempre la stessa altitudine. In realtà, non è così! Come abbiamo visto, perché si possa parlare di pianura occorre restare sotto i 300 metri ma... da 0 a 300 metri c'è una bella differenza! In generale, possiamo dire che più ci si avvicina alle coste e più il livello della pianura si abbassa, fino a raggiungere gli 0 metri in prossimità del mare, mentre nei settori più interni, lontani dal litorale, il livello si alza notevolmente.
Se ci capita di percorrere un territorio pianeggiante in auto o in bicicletta, stando ben attenti possiamo accorgerci che la pianura non è sempre piatta! Infatti non si deve dimenticare che i fiumi hanno contribuito nel tempo a modellare il territorio, rendendolo meno uniforme di quanto ci può apparire a un'occhiata superficiale.

I mammiferi giunti nella Pianura Padana

Durante gli ultimi vent'anni, nella Pianura Padana si è verificato un fenomeno che non era mai accaduto prima: in poco tempo, infatti, alcune aree della pianura sono state raggiunte da numerose specie di mammiferi selvatici, provenienti da tutte le direzioni. Alcuni di questi animali erano diffusi in precedenza, ma si erano estinti da tempo in pianura a causa della caccia e della perdita di habitat (è il caso, ad esempio, dello scoiattolo rosso, del capriolo, del cinghiale e della lontra). Altri, invece, sono comparsi per la prima volta e si tratta sia di specie autoctone (come l'istrice e lo sciacallo) sia di specie esotiche (come il procione e lo scoiattolo grigio).

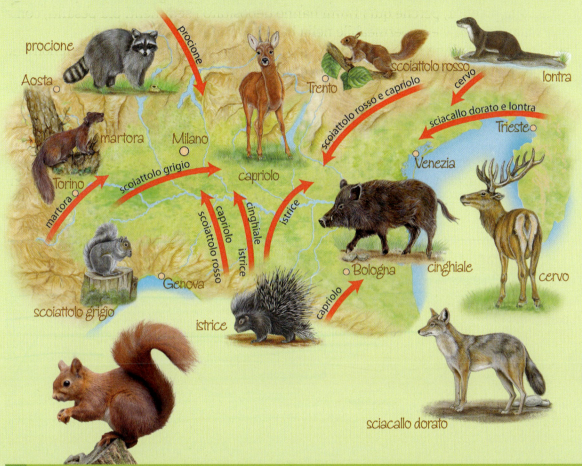

Il formaggio amico dei falchi

Che cosa c'entrano i falchi con il formaggio? C'entrano eccome! Quanto meno, c'entrano se il formaggio si chiama Parmigiano-Reggiano. Ci troviamo nel cuore della Pianura Padana, in provincia di Parma, a pochi chilometri dal Po: è qui che si è creata una curiosa alleanza tra il re dei formaggi e i falchi. Rispetto alla pianura a nord del Po, ricca di corsi d'acqua alimentati anche in estate dallo scioglimento dei nevai alpini, nell'area a sud del fiume l'acqua è più scarsa. Per questo motivo sono molto diffusi i prati e i campi di erba medica (medicai), risorse per alimentare le mucche dal cui latte si ricava il Parmigiano-Reggiano. Ma, affinché il foraggio possa servire a questo scopo, è stabilito che i campi debbano essere poco trattati con prodotti chimici. Il risultato è che questi prati e medicai sono ricchi di quella piccola fauna, tra cui cavallette e arvicole, di cui alcuni falchi sono davvero ghiotti. È così che, proprio in quest'area, si sono diffuse due specie di falco rarissime nel Nord Italia: il **falco cuculo**, chiamato anche falco dai piedi rossi, e il **grillaio**. Quel che non fanno gli insetticidi chimici, dunque, lo fanno i falchi e il formaggio è genuino. Un ottimo esempio di come agricoltura e ambiente possano andare a braccetto!

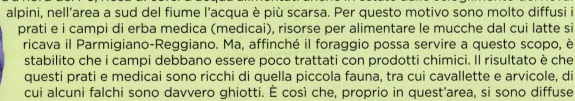

CONOSCENZE

▲ Conoscere le caratteristiche fisiche dell'Europa

1 Quale rapporto di grandezza esiste tra l'estensione dell'Europa e tutte le terre emerse? Scegli la risposta corretta.

- ☐ **A.** Un terzo.
- ☐ **B.** Un quindicesimo.
- ☐ **C.** Un mezzo.

2 Elenca sul quaderno le ragioni storiche e culturali che fanno dell'Europa un continente.

3 Quali sono i confini dell'Europa? Elencali sul quaderno.

4 Leggi il testo seguente e cancella l'alternativa errata.

Le zolle, o placche, sono parti *della crosta* / *del mantello* terrestre separate fra loro da lunghissime spaccature. La crosta terrestre è in continuo movimento e scorre *sopra* / *sotto* il mantello: questo fenomeno si chiama *corrugamento* / *deriva* dei continenti e noi *ne percepiamo ogni giorno* / *non ne percepiamo* gli effetti. Le terre emerse si sono formate grazie al fatto che le zolle possono allontanarsi o scontrarsi, dando origine *ai laghi* / *alle montagne*.

5 Completa la tabella relativa alla formazione delle montagne.

QUALE	DOVE
Orogenesi	Europa occidentale
Orogenesi	Europa centrale
Orogenesi alpina	....

6 Da che cosa sono provocati i terremoti? Perché l'Italia è un Paese ad alto rischio? Scrivi sul quaderno le risposte utilizzando le parole del testo.

7 Indica se le frasi seguenti sono vere (V) o false (F).

- **A.** I vulcani si formano lungo le linee di frattura della crosta terrestre. Ⓥ Ⓕ
- **B.** I vulcani si trovano nelle regioni più antiche del pianeta. Ⓥ Ⓕ
- **C.** Sulla dorsale atlantica si sono formati i vulcani delle isole Azzorre. Ⓥ Ⓕ
- **D.** Alcune isole hanno avuto origine da vulcani sottomarini. Ⓥ Ⓕ
- **E.** Il Paese europeo con il maggior numero di vulcani è la Grecia. Ⓥ Ⓕ
- **F.** I terremoti sono provocati da movimenti atmosferici. Ⓥ Ⓕ
- **G.** I terremoti interessano in particolare la Scandinavia. Ⓥ Ⓕ
- **H.** In Italia i vulcani si trovano soprattutto al sud. Ⓥ Ⓕ
- **I.** L'Italia non ha un elevato rischio sismico. Ⓥ Ⓕ

Conoscere le caratteristiche fisiche dei rilievi dell'Europa e dell'Italia

8 Collega ciascuna catena montuosa alla zona dell'Europa in cui si trova.

A. Alpi Scandinave	**1.** Sud
B. Urali	**2.** Sud-ovest
C. Alpi	**3.** Est
D. Pirenei	**4.** Sud
E. Sierra Nevada	**5.** Nord

9 Vero o falso? Indica se le seguenti caratteristiche del Monte Bianco sono vere (V) o false (F).

A. Si trova sugli Appennini. (V) (F) **D.** I suoi versanti sono dolci. (V) (F)

B. La sua cresta non scende sotto i 4.000 metri. (V) (F) **E.** Le vette sono aguzze. (V) (F)

C. Il ghiaccio è presente tutto l'anno. (V) (F) **F.** È considerato un ambiente difficile, estremo. (V) (F)

10 Dove si trovano? Collega le regioni italiane alle rispettive colline.

A. Piemonte	**1.** Colline della provincia di Siena
B. Veneto	**2.** Colli Albani
C. Toscana	**3.** Langhe, Monferrato, Colline del Po
D. Lazio	**4.** Colli Berici ed Euganei
E. Puglia	**5.** Murge

Conoscere le caratteristiche fisiche delle pianure

11 Completa il testo.

Una vasta area pianeggiante situata a una quota superiore ai 300 metri si chiama .... , mentre una pianura compresa fra 200 e 300 metri si chiama ....

12 Associa ai due diversi tipi di pianura le caratteristiche elencate.

ha prati rigogliosi • è vicina al mare • è formata da ghiaia • i sedimenti sono fini • è permeabile • è vicina ai rilievi • ha un suolo grossolano • vi si trovano le risorgive

Alta pianura ....

Bassa pianura ....

13 Collega ciascun tipo di pianura alla propria origine.

A. Pianura alluvionale	**1.** Lava e cenere
B. Pianura di sollevamento	**2.** Demolizione dei rilievi
C. Pianura di erosione	**3.** Sprofondamento del terreno
D. Pianura vulcanica	**4.** Detriti portati dai fiumi
E. Pianura tettonica	**5.** Sollevamento dei fondali marini

COMPETENZE

Utilizzare gli strumenti della geografia

14 Svolgi le attività proposte.

A. Quali sono i confini dell'Europa? Colorali sulla carta.

B. In quali zone d'Europa si trovano i principali rilievi? E le montagne poco elevate? Evidenziale sulla carta con due colori diversi.

C. Colloca sulla carta le principali pianure europee di cui ti forniamo l'elenco. Colora le zone in cui si trovano utilizzando il verde: Pianura Pannonica, Bassopiano Sarmatico, Bassopiano Francese, Bassopiano Germanico, Pianura Andalusa, Tavoliere, Bassopiano Polacco.

15 Svolgi le attività proposte.

A. I principali vulcani italiani si trovano al sud della penisola: cerchiali nella carta.

B. Localizza sulla carta le vette elencate e scrivi i loro nomi e i nomi dei settori in cui si trovano. Colora quindi la catena delle Alpi utilizzando almeno due tonalità diverse di marrone, in base all'altitudine delle montagne.

Cervino • Monte Bianco • Dolomiti • Monte Rosa • Adamello • Gran Paradiso • Bernina • Ortles

C. Individua le vette degli Appennini elencate sotto, trascrivi i loro nomi e colora la catena montuosa con lo stesso sistema usato per le Alpi.

Colle di Cadibona • Gran Sasso • Monte Cimone • Aspromonte • Maiella • Monti Sibillini

D. Localizza le principali pianure italiane e coloralo di verde sulla carta.

16 Sapendo che i rilievi in Italia occupano circa il 77% del territorio (di cui le montagne il 35% e le colline il 42%) e la pianura il 23%, completa l'areogramma e coloralo utilizzando colori diversi per indicare le diverse altitudini.

1 COME È FATTO UN FIUME

IL PAESAGGIO

1 Massicciata

2 Sorgente

3 Argine

4 Alveo

Che cos'è un fiume?

Se provassimo a chiedere "che cos'è un fiume?", probabilmente non tutti saprebbero rispondere. Un **fiume** è anzitutto un corso d'acqua dolce perenne, cioè che mantiene l'acqua durante tutto l'anno. Un fiume, insomma, non va mai completamente in secca. Questa caratteristica lo differenzia dal **torrente**, che invece ha acqua in alcuni mesi, ma può asciugarsi completamente (o in alcuni tratti) nei periodi di maggiore siccità, che cadono generalmente in estate.

Un fiume nasce da una **sorgente**, che di solito è situata in montagna e deriva dall'**affioramento** in superficie di depositi d'acqua sotterranei alimentati dalle precipitazioni (pioggia o neve), oppure dallo **scioglimento di nevai o ghiacciai**.

Il tracciato che il fiume segue nel suo procedere da monte a valle si chiama **corso**, e può avere lunghezza e larghezza differenti.

LA FAUNA

5 Gallinella d'acqua

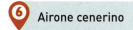
6 Airone cenerino

7 Rana verde

8 Airone rosso

9 Tarabuso

10 Lontra

11 Trota

12 Pesce gatto

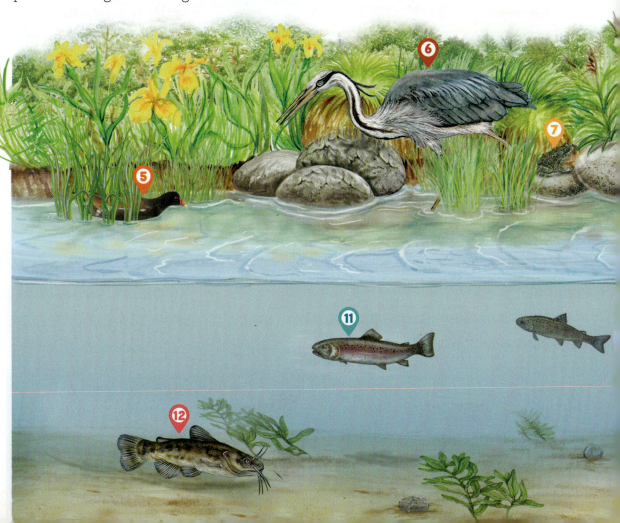

E come scorre?

Nel corso del tempo il fiume si scava un **alveo**, o **letto**, più o meno ampio e profondo, nel quale scorrere. L'alveo è delimitato dalle **rive**, o **sponde**, che possono essere **naturali**, oppure **artificiali**, quando sono rinforzate dall'uomo con cemento o massicciate.
Ai lati dei fiumi l'uomo ha spesso innalzato degli **argini**, cioè dei rialzi di terra lungo il corso fluviale per proteggere i centri abitati dalle piene causate da piogge particolarmente intense. Gli argini sono quindi opere difensive e la loro importanza è particolarmente evidente quando cedono a causa della violenza dell'acqua: in questi casi, interi centri abitati possono essere sommersi, con danni anche molto gravi alle persone, alle abitazioni e alle attività produttive.
L'argine principale, che deve proteggere anche dalle piene più forti, si chiama **argine maestro**. Il territorio compreso tra il fiume e l'argine maestro è chiamato invece **golena**.

La forma del fiume

Dalla sorgente alla foce il corso del fiume varia notevolmente.

Nel **tratto montano** segue il percorso più o meno tortuoso del fondovalle: la pendenza piuttosto forte del terreno può far sì che si formino delle **rapide**, cioè delle piccole cascate.

Nell'**alta pianura**, ai piedi dei rilievi, il letto fluviale ha di solito un andamento moderatamente ondulato e, là dove si depositano sassi e ghiaie in abbondanza, il fiume assume un tipico **aspetto a rami intrecciati** (uno splendido esempio, in Italia, è dato dal fiume Tagliamento).

Nella **bassa pianura**, la debole pendenza fa sì che il corso fluviale tenda a divagare, formando ampi gomiti, chiamati **meandri**, che insieme danno al fiume un aspetto serpentiforme.

Lunghezza, ampiezza di bacino, portata

Possiamo classificare i fiumi in base a molteplici criteri.

- La **lunghezza**, che può variare da poche centinaia di metri a parecchie migliaia di chilometri.

- L'**ampiezza del bacino idrografico**. Quest'ultimo è costituito dall'**area di raccolta delle acque** che scorrono sulla superficie del suolo e che confluiscono verso il fiume stesso. Il bacino è delimitato da una **linea spartiacque** che corrisponde in genere alle creste delle montagne. Anche l'ampiezza del bacino è estremamente diversificata: il Rio delle Amazzoni, in Sud America, ha un bacino grande circa 20 volte l'Italia.

- La **portata**, cioè la quantità d'acqua che passa in un secondo. Nella maggior parte dei casi, la portata varia durante l'anno in rapporto all'intensità delle piogge e allo scioglimento delle nevi: si parla di **portata di piena** quando raggiunge i valori massimi; **di magra** nei periodi secchi; **di morbida** nelle situazioni intermedie. La portata varia anche in rapporto al tratto in cui viene misurata: generalmente, aumenta avvicinandosi alla foce perché il fiume ha accolto l'acqua di un numero crescente di affluenti. L'andamento della portata durante il corso dell'anno prende il nome di **regime fluviale**.

1 La cascata delle Marmore, in Umbria, è tra le più alte d'Europa.

2 Una secca del fiume Dnestr, in Ucraina.

Dove finisce il fiume

Ma dove termina il fiume e in che modo? Ci sono tre casi distinti. Un fiume può infatti:

- confluire in un altro fiume più grande, di cui costituisce un **affluente**;
- sboccare in un lago, di cui è **immissario**;
- avere una **foce** direttamente in mare ed esserne **tributario**.

La foce si distingue a sua volta in due tipologie.

- **Foce a delta**, quando il fiume trasporta una notevole quantità di detriti che le **maree**, non molto forti, non sono in grado di asportare e vanno pertanto a depositarsi. Il moto ondoso poi tende a disporli con una forma a ventaglio lungo la costa. Il nome deriva dal fatto che in alcuni casi questo tipo di foce assume la forma di un triangolo (come un delta, Δ, la quarta lettera dell'alfabeto greco), composto da vari bracci fluviali. Il delta non è però sempre ramificato: al contrario, soprattutto quando si tratta di piccoli fiumi, non c'è una suddivisione in vari rami.

- **Foce a estuario**, quando la differenza tra alta e bassa marea è piuttosto forte: l'acqua marina, entrando e uscendo dalla bocca del fiume, la ripulisce continuamente, portando via i detriti. Per questo motivo, in prossimità della foce non c'è l'accumulo di sedimenti che caratterizza il delta.

impara **IMPARARE**

— COMPLETO

1 Un fiume si differenzia da un torrente perché ....

2 Nasce da .... o dallo scioglimento di ....

3 Le sponde possono essere .... o naturali. Gli argini sono rinforzi .... per difendere .... La golena è il territorio compreso fra ....

4 La forma del fiume varia con la ....

5 Un bacino idrografico è ....

3 La foce del fiume Tina Mayor, in Spagna, è un esempio di foce a estuario.

4 La foce del fiume Selenga, in Russia, è un esempio di foce a delta.

I FIUMI EUROPEI

Un continente ricco di fiumi

L'Europa è un **continente molto ricco di fiumi**. Quali sono i motivi?

- In primo luogo l'Europa ha numerosi **rilievi** ed è proprio nei territori montani e collinari che gran parte dei fiumi ha la sorgente.

- L'Europa è anche un continente con una **buona piovosità media** (pur se molto variabile da zona a zona) e le piogge alimentano i corsi d'acqua.

- Nelle regioni più fredde (a est e a nord) le piogge non sono abbondanti ma, in compenso, in inverno si forma uno **strato nevoso** che, quando in primavera si scioglie, alimenta i fiumi.

- Buona parte del continente si trova a una **modesta distanza dai mari** e sui mari si formano le masse d'aria umida che poi si scaricano, sotto forma di precipitazioni, sulla terraferma.

I fiumi sono molto importanti per l'uomo e non è dunque un caso se lungo le loro rive sono sorte e si sono sviluppate molte delle più importanti città europee.

Fiumi più lunghi nell'Europa orientale e centrale

Se osservi la tabella che riporta i fiumi europei più lunghi e i Paesi in cui scorrono, ti accorgerai subito di un particolare: si trovano tutti nell'Europa orientale e centrale. In generale, la lunghezza dei fiumi europei aumenta a mano a mano che ci si sposta verso oriente. La ragione principale sta nel fatto che sono proprio queste le regioni più ampie del continente, cioè quelle in cui la distanza tra i rilievi e le coste è maggiore. Non è un caso, quindi, se ben **8 dei 10 fiumi europei più lunghi scorrono in Russia**. Al contrario, fiumi dal corso più breve si trovano nelle isole, come la Gran Bretagna, e nelle penisole, come quella italiana e quella scandinava, dove nessun luogo è mai molto distante dal mare. Il **versante** è la linea che separa i fiumi tributari di un mare da quelli tributari di un altro mare.

Il Volga (3.692 km) è il fiume più lungo d'Europa.

Mar Glaciale Artico

Mar di Barents

Versante dei Mari Settentrionali

Mar di Norvegia

Mar Bianco

Versante del Mar Baltico

L. Onega
L. Ladoga
Neva

Volga
Kama

Versante del Mar Caspio

O C E A N O   A T L A N T I C O

Mare del Nord

Versante dell'Oceano Atlantico

Mar Baltico

L. dei Ciudi

Dvina Occ.

Oder
Vistola

Don

Ural

Volga

M a r   C a s p i o

Tamigi
Senna
Loira
Mosa
Reno
Elba

Danubio
L. Balaton

Dnepr
Dnestr

Versante del Mar Nero

Bug

Garonna
Rodano
Po
Sava

Duero
Tago

Ebro

Tevere

Danubio

Mar Nero

Guadalquivir

Versante del Mediterraneo

Mar Egeo

M a r   M e d i t e r r a n e o

CURIOSITÀ

Diamo i numeri... In Europa 61 fiumi superano i 500 km di lunghezza (solo uno in Italia), 21 scorrono per più di 1.000 km (nessuno in Italia), appena 4 superano i 2.000 km e uno soltanto i 3.000 km. Il fiume più lungo, il Volga, a livello mondiale si piazza però solo al 16° posto. Nella tabella riportiamo l'elenco dei fiumi più lunghi d'Europa.

Fiume	Lunghezza in km	Paese
Volga	3.692	Russia
Danubio	2.860	Dalla Germania all'Ucraina
Ural	2.428	Russia, Kazakistan
Dnepr	2.290	Russia, Bielorussia, Ucraina
Don	1.950	Russia
Pečora	1.809	Russia
Kama	1.805	Russia
Dvina Settentrionale-Vychegda	1.774	Russia

impara **IMPARARE**

— CAUSA-EFFETTO

1 Completa la mappa.

ci sono ....

piove .... → molti fiumi in Europa ← il mare è vicino

c'è un abbondante strato ....

— LAVORO SULLA CARTA

2 Sulla carta d'Europa segna con una linea circolare il territorio che ospita i fiumi più lunghi.

I fiumi tributari dell'Atlantico e dei mari settentrionali

I principali fiumi che sfociano nell'**Oceano Atlantico**, nel **Mare del Nord** e nel **Mar Baltico** sono quelli dei Paesi dell'Europa centrale e della Penisola Iberica. I più lunghi scorrono soprattutto tra la Germania e la Polonia:

- il **Reno**, che nasce sulle Alpi e sfocia nel Mare del Nord;
- l'**Elba**, che ha la sorgente nella modesta catena dei Sudeti e sbocca a sua volta nel Mare del Nord;
- la **Vistola**, che nasce sui Carpazi, attraversa la Polonia da sud a nord e sfocia nel Mar Baltico.

Un altro fiume di lunghezza superiore ai 1.000 km è la **Loira**, il primo fiume francese, che nasce nel Massiccio Centrale e va a sfociare nell'Atlantico; il secondo corso d'acqua della Francia, la **Senna** (famosa perché è il fiume di Parigi), ha la sorgente nello stesso massiccio e si getta a nord, nel Canale della Manica.

Oltre a essere lunghi, sono fiumi con una portata abbastanza regolare e rivestono **un'importanza anche economica** in quanto sono navigabili per buona parte del loro corso.

Inoltre, in Germania e in Francia i principali fiumi sono collegati da una **fitta rete di canali artificiali navigabili**.

Anche la Penisola Iberica ha corsi d'acqua importanti: il **Tago** supera di poco i 1.000 km, un po' più brevi sono il **Duero** e il **Guadalquivir**, alla cui foce si trova il Coto Doñana, uno dei parchi nazionali più famosi d'Europa.

Grazie all'abbondanza di montagne, anche la Penisola Scandinava è ricca di fiumi, che sfociano nel Golfo di Botnia e nel Mar Baltico.

Al contrario, il principale corso d'acqua della Gran Bretagna, il **Tamigi**, ha una lunghezza modesta (non rientra nemmeno tra i primi 80 fiumi d'Europa!). La sua fama è però legata ad aspetti storici e al fatto che lungo le sue rive si distende la più importante metropoli d'Europa: Londra.

I fiumi tributari del Mediterraneo

La regione mediterranea è caratterizzata dalla diffusa presenza di rilievi vicini alle coste e pertanto i fiumi presentano una lunghezza quasi sempre modesta. Inoltre, rispetto ai principali fiumi europei anche la portata è inferiore e rivestono molta meno importanza per la navigazione.

Solo tre fanno parzialmente eccezione: l'**Ebro**, in Spagna, che dalla Cordigliera Cantabrica si allunga per oltre 900 km; il **Rodano**, poco più breve, che nasce nelle montagne svizzere a brevissima distanza dalle sorgenti del Reno ma, a differenza di quest'ultimo che si dirige verso nord, piega decisamente verso ovest e poi, dopo un angolo molto pronunciato, scende verso sud; il **Po**, principale fiume italiano.

I fiumi tributari del Mar Nero e del Mar Caspio

Nell'Europa orientale scorrono tutti i fiumi più lunghi del continente, quasi tutti tributari di due mari interni: il **Mar Nero** e il **Mar Caspio**. Uno di essi, a dire il vero, nasce nell'Europa centrale: si tratta del **Danubio**, che ha la sorgente nella Selva Nera, in Germania, e si dirige verso sud-est per 2.860 km fino a sfociare con un grande delta nel Mar Nero.

La sua importanza non deriva solo dal fatto di essere il secondo fiume europeo per lunghezza: la posizione centrale nel continente, il fatto di toccare il territorio di ben 10 Paesi europei e di attraversare quattro capitali, la navigabilità per un lunghissimo tratto ne fanno certamente il fiume di maggior rilievo del continente sul piano storico-culturale e uno dei più importanti sul piano economico-sociale. Inoltre, il suo delta ospita una fauna straordinaria e rappresenta una delle aree naturali più importanti d'Europa.

Il fiume più lungo è il **Volga**: nasce nelle colline del Valdaj, scorre per oltre 3.500 km e sfocia nel Mar Caspio con un **immenso delta** (di gran lunga il più esteso d'Europa), largo circa 200 km.

Lungo il suo corso sono stati creati grandi sbarramenti con centrali idroelettriche, da cui hanno avuto origine enormi bacini artificiali, tra cui quello di **Rybinsk**, uno dei più grandi del mondo.

Sempre in Russia, scorrono gli altri fiumi più lunghi del continente: l'**Ural**, che sfocia nel Mar Caspio e poi il **Dnepr** e il **Don** che si gettano nel Mar Nero.

Nell'estremo nord, il **Pečora** sfocia nel gelido Mar Glaciale Artico.

1. Londra è attraversata dal Tamigi, primo fiume del Regno Unito per importanza storica ed economica.
2. L'Ebro è uno dei pochi fiumi tributari del Mediterraneo di notevole lunghezza (928 km).
3. Il letto ghiacciato in inverno del fiume Ural, in Kazakistan.

DOMANDA&RISPOSTA

I fiumi più lunghi hanno anche una maggiore portata? La risposta più corretta è "spesso, ma non sempre".
Il fiume più lungo in assoluto, il Nilo, ha ad esempio una portata molto modesta.
In genere, però, i fiumi più lunghi hanno anche un bacino più ampio e ricevono quindi l'acqua di molti affluenti.

impara IMPARARE

— LAVORO SULLA CARTA

1. Individua sulla carta dell'Europa i fiumi elencati sotto e indica i Paesi in cui scorrono e il mare in cui sfociano.

Fiume	Scorre in...	Sfocia
Reno		
Tago		
Elba		
Vistola		
Duero		
Loira		
Tamigi		
Guadalquivir		
Senna		

2. Quali sono i tre fiumi più lunghi tributari del Mediterraneo?
.... Evidenzia, con un pennarello, il loro percorso sulla carta fisica dell'Europa.

I FIUMI ITALIANI

CARTA
I fiumi italiani

▤ Molti fiumi ma di modesta lunghezza

In Italia i fiumi sono **numerosi** ma hanno una **lunghezza modesta**, soprattutto se paragonati a quelli che scorrono in altri Paesi europei.

L'origine di queste caratteristiche della nostra **rete idrografica** sta nella forma dell'Italia e nella morfologia del territorio. Il fatto che i fiumi siano numerosi dipende dall'**abbondanza di rilievi**, sui quali si trova la fonte di quasi tutti i nostri corsi d'acqua; inoltre, in media, in Italia **piove di più** rispetto a parecchi altri Stati d'Europa.

La brevità deriva invece dalla **forma stretta e allungata** del Paese.

I fiumi italiani, sono spesso **modesti anche per larghezza e profondità**.

CURIOSITÀ

(!) Aril, il fiume più corto d'Italia Tutti sanno che il Po è il fiume più lungo d'Italia ma... ti sei mai chiesto qual è quello più corto? Si chiama Aril e si trova in Veneto: nasce da una risorgiva situata nel paese di Cassone, nel comune di Malcesine, lungo il Lago di Garda, attraversa il borgo e si getta subito nel lago. Quanto è lungo? Solo 175 metri!

1 A Torino il Po, nonostante abbia percorso solo un centinaio di chilometri dalle sorgenti, è già un corso d'acqua notevole, ampio 200 m.
2 Ponte sul fiume Adda, il più lungo affluente del Po, a Paderno.
3 Il fiume Brenta attraversa la Pianura Veneta.
4 Il Tanaro scorre per un tratto in una valle stretta e boscosa e segna per alcuni chilometri il confine tra Piemonte e Liguria.

A causa di questi fattori i nostri fiumi hanno nel complesso scarsa importanza in termini di **navigabilità**.

◢ I fiumi della Pianura Padana

La Pianura Padana è attraversata da un gran numero di fiumi, che si possono dividere in **due categorie**: quelli che nascono nelle **Alpi** e quelli che hanno la sorgente nell'**Appennino settentrionale**.

I fiumi principali per lunghezza, dimensione e portata sono quelli delle Alpi, che possono beneficiare dell'abbondanza di **nevai e ghiacciai** e hanno quindi **acqua durante tutto l'anno**, una caratteristica molto importante per le attività economiche, l'**agricoltura** soprattutto, in quanto la presenza di risorse idriche anche nei mesi estivi consente di coltivare piante, come il mais, che necessitano di molta irrigazione.

Il principale fiume alpino è il **Po**, che nasce sul Monviso, nelle Alpi Occidentali, attraversa tutta la Pianura Padana e, dopo un percorso di 652 km, sfocia nel Mare Adriatico con un delta largo circa 40 km, situato nel territorio di Rovigo, in Veneto. Dopo le grandi bonifiche attuate tra '800 e '900, oggi anche l'area del delta è in gran parte coltivata; tuttavia, essa conserva ancora la più importante zona umida d'Italia, ricchissima di avifauna. Questa è **l'unica parte del territorio italiano che si espande**: a causa del continuo apporto di sedimenti trasportati dalla corrente, l'area deltizia avanza infatti verso est, cambiando nel contempo anche la forma.

Nel suo corso il Po è alimentato da ben 141 affluenti: i più importanti sono quelli che scendono dalle Alpi, come l'**Adda**, l'**Oglio**, il **Tanaro**, il **Ticino** (secondo in Italia dopo il Po per portata). Gli affluenti appenninici, come il **Secchia**, il **Panaro** e il **Trebbia**, hanno un **regime torrentizio**, con portata quindi molto irregolare nelle diverse stagioni, legata alla piovosità.

Il secondo fiume italiano per lunghezza si trova nella Pianura Veneta ed è l'**Adige**: lungo 410 km, sfocia nell'Adriatico poco a nord del Po.

Gli altri principali fiumi della Pianura Veneto-Friulana sono il **Piave**, il **Brenta**, il **Tagliamento** e l'**Isonzo**.

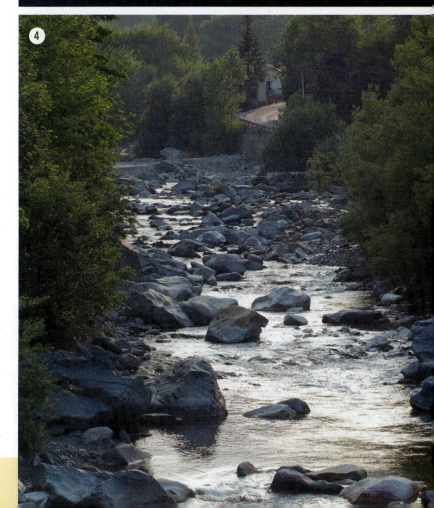

I fiumi dell'Appennino

I fiumi appenninici si possono distinguere in **tre gruppi**: quelli che sfociano nel **Mare Adriatico**, quelli che si gettano nel **Mar Tirreno** e quelli che sfociano nel **Mar Ionio**.

I più lunghi sono quelli del versante tirrenico centro-settentrionale: in corrispondenza della Toscana e del Lazio, la linea spartiacque è infatti lontana dalla costa (e quindi molto più vicina al litorale adriatico). Qui scorre il **Tevere** che, oltre ad avere una grande importanza storica (sulle sue rive è sorta Roma), è il terzo fiume italiano per lunghezza.

Importante è anche l'**Arno**, le cui acque bagnano Firenze. I fiumi del versante adriatico sono molto brevi e quasi paralleli: tra i principali, vi sono l'**Ofanto**, il **Pescara** e il **Metauro**.

Nel Mar Ionio sfociano i fiumi della Basilicata, il più lungo dei quali è il **Basento**, e alcuni fiumi della Calabria.

CURIOSITÀ

Indiana Jones lungo le rive del Po

Un teschio di un rinoceronte preistorico perfettamente conservato e pesante decine di chili, un femore di mammuth lungo più di un metro, denti di un primordiale ippopotamo, corna e ossa di bisonti delle steppe, mandibole di orso bruno, pezzi di corna di un enorme cervo magalocero: non è che una piccola parte di quello che alcuni appassionati cercatori di **reperti fossili** hanno trovato sui grandi spiaggioni del Po, tra le province di Cremona, Piacenza e Parma, senza nemmeno dover scavare.

Ma com'è possibile, nel cuore della Pianura Padana? In primo luogo bisogna pensare che molte migliaia di anni fa (alcuni reperti hanno più di 100.000 anni!) il **clima in Italia** era estremamente diverso da quello attuale e, di conseguenza, anche l'**ambiente naturale** e **gli animali** che vivevano nella grande pianura **erano differenti**. Ma perché emergono proprio dal Po? Durante le forti piene, l'acqua che scorre impetuosa smuove i fondali ed erode le sponde naturali del fiume, rimescolando un po' tutto il terreno e facendo così affiorare quel che giaceva sepolto dai detriti. A San Daniele Po, un paesino della provincia di Cremona, esiste un museo dedicato proprio a tutti questi reperti, catalogati e studiati dai paleontologi.

1 Sulle rive del Tevere sorge la città di Roma.

2 L'Arno attraversa Firenze.

3 Il fiume Metauro, nelle Marche, ha scavato un profondo canyon.

I fiumi della Sicilia e della Sardegna

I fiumi della Sicilia hanno **carattere torrentizio**, con una portata che risente notevolmente della generale **scarsità delle precipitazioni**. Il più lungo è il **Salso**, chiamato anche Imera meridionale, che ha però una portata media modestissima, pari a quella di un fiumiciattolo del Nord Italia.

Il **Simeto** è invece il principale fiume siciliano per ampiezza di bacino e portata.

Modesti sono anche i fiumi della Sardegna: tra questi il **Tirso**, che, oltre a essere il più lungo, dà vita a un importante bacino artificiale (Lago Omodeo), e il **Flumendosa**.

Il corso dei fiumi si muove

Quando pensiamo a un fiume, immaginiamo di solito che sia solo il livello dell'acqua a cambiare, alzandosi o abbassandosi in rapporto alla quantità di pioggia che cade. In realtà, il fiume è qualcosa di "vivo", che cambia lentamente ma continuamente. Non per nulla si parla di **"migrazione" del corso fluviale**. Di che cosa si tratta? Il fiume trasporta sedimenti, che si accumulano dove la corrente è più debole; nel contempo, dove la corrente è più forte il fiume scava ed erode le sponde.

Questo doppio processo di erosione e sedimentazione fa sì che il letto del fiume si muova lateralmente, nel corso dei decenni e, soprattutto, dei secoli.

Il fiume Alcantara, in Sicilia, attraversa le omonime Gole.

ZOOM

L'inquinamento dei nostri fiumi Sono vari i fattori che influiscono sulla cattiva "salute" dei fiumi italiani. Il più grave è l'**inquinamento**, causato dagli **scarichi civili**, cioè dalle fogne dei centri abitati, ma anche dalle **industrie** e dai **prodotti chimici utilizzati in agricoltura**.

Si tratta di un problema molto diffuso, al punto che a causa dell'acqua inquinata in molti fiumi italiani è **vietata la balneazione**. Tuttavia, negli ultimi vent'anni per alcuni dei nostri corsi d'acqua la situazione è migliorata, grazie alla costruzione dei **depuratori**, che ricevono le acque della rete fognaria, abbattono il carico di inquinanti e immettono nei fiumi acqua pulita.

Esiste però un altro tipo di inquinamento di cui spesso non si parla: è quello costituito dai **rifiuti**, che i fiumi italiani trasportano in gran quantità. È un problema grave, poiché i rifiuti (di **plastica** soprattutto), se non rimangono intrappolati nella vegetazione deturpando il paesaggio, finiscono poi in mare e, in alcuni casi, entrano addirittura nella catena alimentare.

impara / IMPARARE

— COMPLETO

1 I fiumi italiani sono ...., ma di breve .... a causa della forma .... dell'Italia.

2 I fiumi appenninici si possono dividere in tre gruppi. Quelli che sfociano nel .... , che sono brevi e scorrono paralleli gli uni agli altri, quelli che sfociano nel ...., che sono generalmente più lunghi, e quelli che sfociano nel ....

3 I fiumi della Sicilia e della Sardegna hanno carattere ....

IMPARARE insieme

— CON UN COMPAGNO

4 Insieme al tuo compagno consultate la carta fisica dell'Italia e rispondete a turno alle domande.

a) Dove nascono i fiumi della Pianura Padana?

b) Quali sono i principali?

c) Perché i fiumi alpini sono ricchi di acqua tutto l'anno?

I LAGHI: CHE COSA SONO E COME SI FORMANO

Che cos'è un lago?

Un lago è una **massa d'acqua ferma** raccolta in una conca più o meno ampia e profonda, circondata da terre emerse.

Il requisito essenziale affinché si possa parlare di "lago" è proprio questo: il **bacino lacustre** deve essere completamente circondato da terraferma. Ed è questa la caratteristica che **differenzia il lago dal mare**.

In generale, l'acqua del lago è **dolce**, ma esistono anche laghi con acqua salata.

Da dove arriva l'acqua che forma i laghi?

Normalmente il lago ha almeno un corso d'acqua (fiume o torrente) che funge da **immissario**, cioè che sfocia nel lago stesso, oppure può esserci una **sorgente sotterranea**; inoltre, il lago si alimenta anche con le **precipitazioni atmosferiche**.

A compensare l'acqua in entrata c'è in genere un **emissario**, cioè un fiume o un torrente che esce dal lago e porta le sue acque verso un altro fiume oppure direttamente in un mare. Ci sono però anche laghi senza emissari: in questo caso la compensazione con l'acqua in entrata è data dall'**evaporazione**.

L'importanza dei laghi per l'uomo

I laghi rivestono quasi sempre una certa importanza per l'uomo.
In passato erano soprattutto un "serbatoio" per la pesca, un'attività che è andata quasi scomparendo, per lo meno nell'Europa occidentale.

IL PAESAGGIO

1. Immissario
2. Emissario
3. Pescatori
4. Pontile

LA FAUNA

5. Germano reale
6. Oche selvatiche
7. Gallinelle d'acqua

Oggi diversi laghi rappresentano invece un'importante attrattiva per i **turisti**: è il caso ad esempio del Lago di Garda, del Lago Maggiore e del Lago di Como, in Italia, oppure del Lago Balaton in Ungheria. I laghi possono costituire anche un importante **serbatoio d'acqua** da utilizzare in estate per l'agricoltura. Se il lago è ampio e profondo, come nel caso del Lago di Garda, è in grado di **mitigare il clima** delle terre circostanti, permettendo la coltivazione di piante, come l'ulivo e gli agrumi, che normalmente si trovano a latitudini più basse.
Sulle rive di diversi laghi, infine, sono sorte importanti città.

Come si formano i laghi

In base al modo in cui si crea la conca che accoglie la massa d'acqua, possiamo distinguere i laghi in **diverse tipologie**:

- **laghi di origine glaciale**, originati dal processo di erosione attuato dai ghiacciai durante la loro espansione. In alcuni casi presentano una notevole profondità;

- **laghi di origine vulcanica**, occupano il cratere di antichi vulcani ormai spenti e per questo motivo hanno una forma circolare;

- **laghi di origine tettonica**, la cavità in questo caso si è formata in seguito allo sprofondamento di una porzione della crosta terrestre. A questa tipologia appartengono i laghi più profondi della Terra;

- **laghi costieri**, situati lungo il litorale e formati dalle correnti marine che, con la loro azione, creano cordoni di sabbia e terra paralleli alla costa, separando un bacino dal mare. Questi laghi, che hanno collegamenti (anche sotterranei) con il mare, contengono **acqua salmastra**, cioè non dolce ma meno salata di quella marina;

- **laghi di sbarramento naturale**, quando un corso d'acqua viene sbarrato da un grosso accumulo di detriti, dovuto ad esempio a frane;

- **laghi artificiali**, diversi da tutti i precedenti perché in questo caso sono originati dall'uomo, attraverso la costruzione di dighe realizzate per produrre energia idroelettrica o per disporre di acqua per l'agricoltura; si tratta quindi di laghi di sbarramento artificiale.

I LAGHI EUROPEI

Dove sono i laghi europei

L'Europa ha un numero altissimo di laghi, distribuiti in modo molto disomogeneo. La stragrande maggioranza, infatti, si trova nella parte settentrionale del continente, soprattutto nella **Penisola Scandinava**, in **Finlandia** e nella **Carelia** (la regione russa confinante con la Finlandia).

Un'altra **regione** che vanta un alto numero di laghi è quella **alpina**.

In entrambi i casi, la presenza dei laghi va ricollegata ai **ghiacciai** che hanno modellato quelle terre fino all'ultima era glaciale: quando poi le temperature si sono alzate, i ghiacciai hanno cominciato a ritirarsi, lasciando al loro posto grandi masse d'acqua nelle conche che avevano scavato.

Come puoi osservare sulla carta, l'Europa centro-occidentale è invece pressoché priva di bacini lacustri di estensione rilevante.

Anche nella regione mediterranea i laghi sono pochi e di modeste dimensioni. Inoltre, se si esclude il **Mar Caspio**, nessun lago europeo rientra tra i primi dieci del mondo per superficie.

I laghi dell'Europa nord-orientale

Un'altissima percentuale dei laghi europei si trova **tra la Penisola Scandinava e la Carelia**. In questi Paesi i laghi sono così numerosi che non se ne conosce nemmeno il numero preciso.

❶

❶ La ballerina gialla si trova spesso in prossimità di fiumi e laghi.

❷ Il Lago Saimaa in Finlandia è formato da ampie distese di acque aperte collegate da stretti e costellate di isolette.

❸ Il lago svedese di Vänern costituisce parte di un percorso navigabile che attraversa il Paese.

❷

❸

Oltre a essere una delle aree del mondo più ricche di laghi (solo il Canada ne ha di più), il Nord Europa vanta anche **i più grandi bacini lacustri europei**.

Il più vasto in assoluto è il **Lago Ladoga**, in Russia: si estende su una superficie di quasi 18.000 km² (più o meno come il Lazio) ed è talmente grande che, camminando sulle sue rive, si ha l'impressione di avere dinanzi un mare piuttosto che un lago.

Il secondo lago europeo, l'**Onega**, si trova a breve distanza dal Ladoga, sempre in Carelia.

Un lago enorme si trova poi nella Svezia meridionale: è il **Vänern**, 15 volte più grande del nostro Lago di Garda.

Il più vasto lago finlandese (e quarto lago naturale in Europa) è invece il **Saimaa**: si tratta di un lago **unico al mondo**, con la sua forma incredibilmente frastagliata e le centinaia di isole e di penisole che si insinuano nelle sue acque, un vero e proprio "**labirinto d'acqua**".

I **laghi più profondi** si trovano invece in Norvegia: uno supera addirittura i 500 metri di profondità!

TABELLA
Principali laghi europei

Lago	Superficie (km²)	Profondità massima (m)	Paese
Ladoga	17.700	230	Russia
Onega	9.610	127	Russia
Vänern	5.490	106	Svezia
Saimaa	4.377	82	Finlandia
Lago dei Ciudi	3.550	15	Estonia, Russia
Vättern	1.898	128	Svezia
Il'men'	1.410	10	Russia
Vygozero	1.250	20	Russia
Lago Bianco	1.125	34	Russia
Mälaren	1.084	64	Svezia

I laghi della regione alpina

Rispetto al Nord Europa, nella regione alpina i laghi sono **molto meno numerosi** e di **dimensioni assai più piccole**.

I bacini principali si trovano in **Svizzera** e nelle **Prealpi italiane**. I più importanti sono il **Lago di Ginevra**, al confine con la Francia, e il **Lago di Costanza**, al confine tra Svizzera, Germania e Austria.

Numerosi sono i laghi di piccole dimensioni, che talvolta si trovano a quote elevate (sopra i 2.000 metri), oltre il limite della vegetazione arborea.

Gli altri laghi europei

Le altre regioni europee sono **povere di laghi naturali**. Tra i più importanti va comunque ricordato il **Lago Balaton**, nella Pianura Ungherese: si tratta di un **bacino di origine tettonica**, lungo quasi 80 km ma con una **profondità bassissima**, mediamente di poco superiore ai 3 metri.

A causa della massa d'acqua molto modesta, a dispetto delle dimensioni, questo lago **non è in grado di mitigare il clima** delle terre circostanti e in inverno si trova spesso ghiacciato.

Il **Lago di Scutari**, al confine tra Albania e Montenegro e grande esattamente quanto il Lago di Garda, è invece il principale lago della Penisola Balcanica.

1 Il Lago di Ginevra ha un effetto mitigatore sul clima delle aree circostanti.

2 Un'isoletta nel Lago di Costanza, al confine tra Austria, Germania e Svizzera.

3 Il Lago di Scutari, al confine tra Albania e Montenegro.

4 Il Lago Balaton ospita molte specie rare e protette di piante e animali.

5 Il lago artificiale di Ijsselmer nei Paesi Bassi.

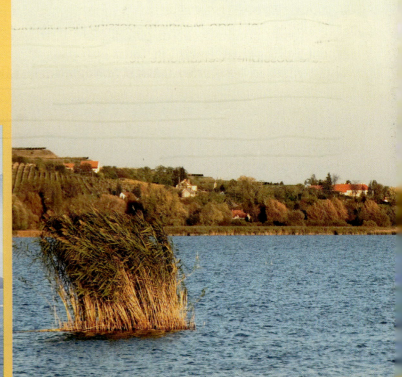

I grandi laghi artificiali

 Contenuto integrativo

Tra i più grandi laghi europei, sono molti quelli creati dall'uomo attraverso la costruzione di enormi **dighe** lungo i fiumi. Questi bacini sono costruiti per due scopi: **produrre energia elettrica** attraverso la caduta dell'acqua e, soprattutto nelle regioni più aride, creare delle riserve da utilizzare per l'agricoltura.

I più grandi laghi artificiali europei si trovano in Russia e sono immensi. Il **Bacino di Samara** è addirittura il terzo lago europeo per estensione e il primo per lunghezza: circa 300 km!

Grandi laghi artificiali si trovano anche nei **Paesi Bassi** e in **Spagna**. Bacini artificiali molto più piccoli ma spettacolari per la cornice di imponenti montagne si trovano infine nelle Alpi, soprattutto in quelle svizzere.

CURIOSITÀ

Un "mostro" per ogni lago? Sciocchezze!

I laghi possiedono certamente la capacità di suscitare nell'uomo sensazioni tra loro opposte: da un lato serenità e pace, dall'altro, spesso, una sottile inquietudine, che per alcuni si trasforma in paura.

Forse la causa va ricercata nelle loro **acque spesso scure e imperscrutabili**. E forse è proprio per questo che, nel tempo, si sono moltiplicati gli "avvistamenti" di **misteriosi animali**, che di volta in volta hanno assunto le sembianze di enormi serpenti, di grandi rettili non identificati, addirittura di dinosauri che sarebbero miracolosamente sopravvissuti per 65 milioni di anni dopo l'estinzione dei loro simili.

Se il caso più famoso è senza dubbio quello di **Loch Ness**, in Scozia, anche diversi laghi italiani sarebbero, secondo alcuni, dimora di strane creature primordiali: presunti animali dalle fattezze preistoriche sarebbero stati osservati nel Lago di Garda, nel Lago di Como, nel Lago Maggiore, persino nel piccolo Lago di Vico. Quindi, a ogni lago il suo "mostro".

Ma è possibile? Certamente no! In nessun caso esiste una sola prova scientifica dell'esistenza di queste misteriose creature!

impara — IMPARARE

— LAVORO SULLA CARTA

1 Cerchia sulla carta di pag.143:
   a) la zona d'Europa più ricca di laghi;
   b) la zona in cui si trovano i più grandi laghi artificiali d'Europa.

— COMPLETO

2 I laghi della Penisola Scandinava e della Finlandia risalgono ....
....

3 I laghi artificiali vengono utilizzati per ....
....

5

I LAGHI ITALIANI

Dove sono i laghi italiani

Grazie alla presenza delle Alpi, in Italia i **laghi sono numerosi**. Gran parte dei laghi italiani si trova, infatti, nella **regione alpina**, in conche scavate dai **ghiacciai**, ma si tratta il più delle volte di **bacini di dimensioni piccolissime**, di poche centinaia di metri di lunghezza.

Tra le eccezioni ci sono il **Lago di Caldonazzo** e quello **di Molveno**, entrambi in Trentino, originati dallo **sbarramento** provocato da antiche frane.

Laghi di ben altra dimensione (i più grandi d'Italia!) sono situati invece nelle **Prealpi**: oltre a essere i più grandi, i bacini presenti in questa regione sono anche i più profondi.

L'altra importante regione lacustre si trova nella **parte centrale della penisola**: in questo caso si tratta soprattutto di laghi **di origine vulcanica**.

Nel resto del Paese i laghi sono scarsi e di solito di piccole dimensioni: si possono ricordare i **laghi costieri di Lesina e di Varano**, in Puglia, e quello di **Massaciuccoli** in Toscana (quest'ultimo, per la sua bassissima profondità, si può considerare anche un grande stagno) e alcuni **laghi artificiali** come quello di **San Giuliano** in Basilicata, il **Lago Arvo** in Calabria e il **Lago Omodeo** in Sardegna.

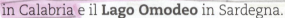

1. Il Lago d'Iseo, in Lombardia.

2. Il Lago di Molveno, in Trentino.

3. Lo smergo maggiore si osserva in alcuni laghi e fiumi del Nord Italia.

4. Le rive del Lago Maggiore sono condivise tra Svizzera e Italia. Nell'immagine l'Eremo di Santa Caterina.

5. Lungo le sponde del Lago di Garda sono sorti borghi pittoreschi, oggi frequentate mete turistiche. Nell'immagine il castello di Malcesine.

I laghi della fascia prealpina

I laghi più importanti d'Italia si trovano nelle **Prealpi**. Tre di essi, in particolare, oltre a essere **i più estesi**, rivestono anche una **notevole rilevanza sul piano turistico**: sono i laghi di Garda (diviso tra Lombardia, Veneto e Trentino), di **Como** (in Lombardia) e **Maggiore** (tra Piemonte e Lombardia). La loro origine è **glaciale**, occupano cioè fosse scavate molte migliaia di anni fa dal movimento dei ghiacciai.

CARTA
I laghi italiani

CURIOSITÀ

Carpione del Garda, un pesce a rischio!

Nel Lago di Garda vive un pesce davvero speciale: si tratta del carpione del Garda, che gli scienziati chiamano *Salmo carpio*. È un pesce di media taglia, lungo una trentina di centimetri, appartenente alla stessa famiglia delle trote e dei salmoni. Ma che cos'ha di particolare il carpione? In primo luogo si tratta di una **specie endemica del Lago di Garda**, che si trova quindi esclusivamente in questo lago. Fin dall'antichità, inoltre, era conosciuto per la squisitezza delle sue carni e, per questo, è stato sottoposto a **una pesca molto intensa che ha rischiato di portarlo all'estinzione**. Ancora pochi decenni fa era la preda più ambita dai pescatori locali. Negli ultimi anni, per favorirne la ripresa, sono stati effettuati alcuni **ripopolamenti**.

Caldera: conca o depressione di forma circolare, spesso occupata da un lago, prodotta dallo sprofondamento della cima di un cono vulcanico.

I laghi italiani sono tra i più profondi d'Europa

Oltre alle notevoli dimensioni, i laghi della fascia prealpina hanno in comune un'altra caratteristica: la **profondità**. In Europa, solo alcuni laghi norvegesi li superano! Con i suoi 368 km², il Lago di Garda stacca nettamente tutti gli altri per dimensione ed è secondo solo al Lago di Como per profondità. La sua grande massa d'acqua è in grado di **mitigare il clima** delle terre circostanti, dove si trovano, infatti, piante tipiche della regione mediterranea. Lungo le sue rive, inoltre, si sono sviluppate, soprattutto nell'ultimo secolo, **importanti località turistiche**.

Il Lago Maggiore, esteso oltre 200 km², è il secondo per estensione, mentre il terzo, il Lago di Como, raggiunge la straordinaria **profondità di 410 metri**.

Tra gli altri laghi prealpini ricordiamo il **Lago d'Iseo** (in cui si trova una delle più grandi isole lacustri d'Europa, **Montisola**), il **Lago di Lugano**, il **Lago d'Orta** e il **Lago di Varese**.

I laghi dell'Italia centrale

Gli altri laghi più importanti d'Italia sono situati nella parte centrale. Osservando le foto aeree o una carta, si intuisce dalla forma tondeggiante che si tratta perlopiù di laghi di origine vulcanica: il bacino lacustre si trova cioè all'interno della **caldera** di un antichissimo vulcano sprofondato.

Il principale è il **Lago di Bolsena**, che è inoltre il più grande lago vulcanico d'Europa. Di notevoli dimensioni è anche il **Lago di Bracciano**, anch'esso nel Lazio ma poco più a sud: entrambi si caratterizzano poi per una notevole profondità, quasi identica, attorno ai 150 metri.

Ben diverse sono invece le caratteristiche del più grande lago dell'Italia centrale: si tratta del **Trasimeno**, in Umbria. In questo caso, il lago si è formato con il riempimento di un'antica depressione **di origine tettonica** ed è molto meno profondo: la profondità media è infatti di appena 4 metri!

1 Il Lago di Bolsena, nel Lazio, è il più grande lago vulcanico d'Europa.

2 Il Lago d'Orta, in Piemonte, è di origine glaciale. Nell'immagine l'isola di San Giulio.

Il lago che diventava rosso

Il colore dell'acqua di un lago può variare: blu scuro, azzurro intenso, talvolta anche verde scuro per la presenza di microscopiche alghe.

Ma un lago può avere l'acqua di colore rosso vivo? La risposta è sì! Fino agli anni '60 del secolo scorso accadeva anche a un lago italiano, che per questo motivo era divenuto celebre: si tratta del **Lago di Tovel**, in Trentino, a circa 1.200 metri di altitudine.

Durante l'estate, parte delle sue acque si coloravano, con un effetto davvero spettacolare. A provocare questo fenomeno era l'abnorme **proliferazione di un'alga** che gli scienziati chiamano *Glenodinium sanguineum*. Da oltre 50 anni, però, l'arrossamento non si verifica più e a testimonianza restano solo le foto d'epoca. Perché il lago non si colora più? Per scoprirlo, gli scienziati hanno svolto approfonditi studi e hanno formulato diverse ipotesi: pare che la causa vada ricercata nella mancanza delle sostanze organiche (che favorivano la proliferazione dell'alga) a quei tempi scaricate nel lago dai vicini alpeggi in cui si allevavano mucche allo stato brado. Dunque, lo straordinario fenomeno, così come la sua scomparsa, sarebbero stati causati dall'uomo.

2

impara IMPARARE

_LAVORO SUL TESTO

1 Completa il riassunto, dopo aver riletto il testo.

Molti laghi italiani si trovano nella regione ...., sono di origine .... e piccolissimi; in Trentino ci sono laghi originati da .... dovuti ad antiche .... Nelle Prealpi, invece, si trovano i laghi .... e .... Al centro dell'Italia ci sono laghi di origine ...., mentre in Puglia e in Toscana ci sono laghi ....; i più importanti laghi artificiali sono in Basilicata, ... e .... I laghi di Bolsena e Bracciano nel .... sono di origine ....

Verifica interattiva

CONOSCENZE

◢ Conoscere le caratteristiche di fiumi e laghi europei

1 **Completa il testo scegliendo l'opzione corretta.**

Il fiume è un corso d'acqua ☐ *permanente* / ☐ *stagionale*; nasce ☐ *da una sorgente* / ☐ *da un lago*. Il tracciato che segue viene chiamato ☐ *corso* / ☐ *argine*. Le rive del fiume possono essere naturali o artificiali. Per proteggere i territori che il fiume attraversa l'uomo costruisce degli ☐ *argini* / ☐ *alvei* per contenere l'acqua.

2 **Completa il testo con le parole elencate.**

sedimenti • delta • maree • estuario • detriti

Le maree forti danno origine a una foce _____, dove mancano i _____. Le _____ deboli determinano la foce a _____, con accumulo di _____.

3 **Perché i fiumi più lunghi d'Europa scorrono in Russia?**

....

....

4 **Rispondi alla domanda scegliendo l'opzione corretta.**

In che modo la vicinanza dei mari influisce sui fiumi?
☐ **A.** Perché il clima temperato favorisce lo scorrimento delle acque.
☐ **B.** Perché l'aria umida si solleva dal mare e genera nubi e piogge che alimentano i fiumi.
☐ **C.** Perché la forma delle nuvole influenza l'abbondanza e il colore delle acque fluviali.
☐ **D.** Perché il sale marino rende l'acqua dei fiumi più temperata.

5 **Completa la mappa sull'inquinamento dei fiumi.**

```
┌─────────────────┐
│ ............... │
└────────┬────────┘
         │
┌─────────────────┐
│ Scarichi        │
│ industriali     ├──┐
└─────────────────┘  │
                     ○──→ ┌──────────────┐
┌─────────────────┐  │    │ Divieto di ..│──→ RIMEDI
│ Prodotti .......├──┤    └──────────────┘       │
│ utilizzati in   │  │                            ↓
│ agricoltura     │  │                   ┌──────────────┐
└─────────────────┘  │                   │ ............ │
                     │                   └──────────────┘
┌─────────────────┐  │
│ Rifiuti non     ├──┘
│ differenziati   │
└─────────────────┘
```

6 Dove nasce un fiume? Completa il cruciverba inserendo il termine corrispondente a ciascuna definizione. Nella colonna evidenziata troverai la risposta.

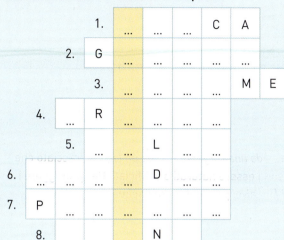

1. Mancanza d'acqua in un fiume.
2. Si trova fra il fiume e l'argine maestro.
3. Quantità d'acqua presente in un fiume in un anno.
4. Protegge l'abitato dalle piene.
5. Foce triangolare.
6. Curva del fiume.
7. Quantità d'acqua che passa in un fiume in un secondo.
8. Valore massimo raggiunto dalla portata di un fiume.

7 Completa la mappa sulle caratteristiche del lago.

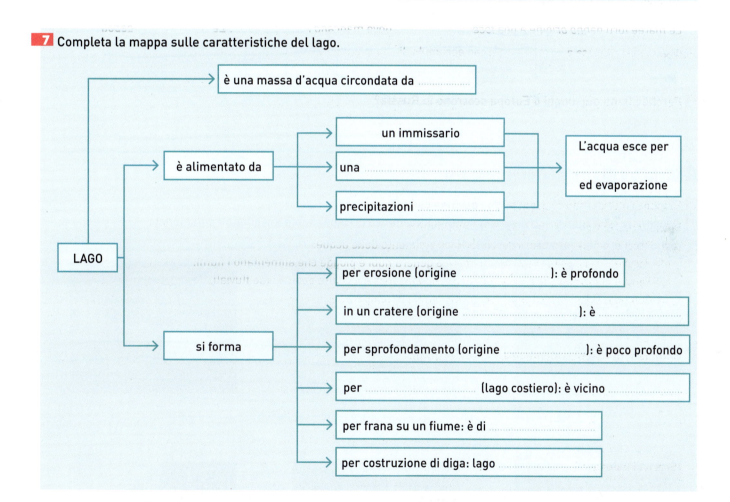

8 Perché i laghi sono importanti per l'uomo? Scegli le risposte corrette.

☐ **A.** Perché vengono usati per la pesca.
☐ **B.** Perché vengono usati come discariche.
☐ **C.** Perché sono in grado di mitigare il clima.
☐ **D.** Perché vengono sfruttati per il turismo.
☐ **E.** Perché vengono sfruttati per la costruzione di città.
☐ **F.** Perché sono vivai di grandi rettili.
☐ **G.** Perché vengono usati per le mostre fotografiche.
☐ **H.** Perché vengono usati per l'irrigazione.

COMPETENZE

◢ Individuare i nessi di causa ed effetto

9 Rileggi attentamente il paragrafo 3 e completa la mappa sulle caratteristiche dei fiumi italiani.

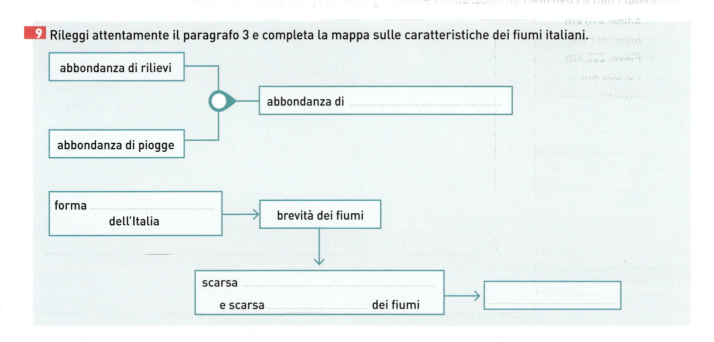

abbondanza di rilievi
abbondanza di piogge

○ → abbondanza di ....

| forma .... dell'Italia | → | brevità dei fiumi |

| scarsa .... e scarsa .... dei fiumi | → | .... |

◢ Utilizzare gli strumenti della geografia

10 Osserva le immagini e scrivi sotto a ognuna il termine corrispondente scegliendo dall'elenco.

sorgente • argine • meandro • secca • rapide • piena

A

B

C

....

D

E

F

....

11 Leggi i dati e costruisci un istogramma sulla lunghezza dei principali fiumi italiani.

- Adige: 410 km
- Arno: 241 km
- Piave: 220 km
- Po: 652 km
- Tevere: 405 km
- Ticino: 248 km

12 Posiziona sulla carta i fiumi dell'esercizio precedente e rispondi alle domande.

A. Qual è il lago più grande della fascia prealpina? E quello più profondo?

....

....

B. Dove si trovano il Lago di Garda e il Lago Maggiore? Disegnali sulla carta.

....

....

MARI, COSTE E ISOLE

CAPITOLO 9

1 UNA TERRA... FATTA DI ACQUA!

IL PAESAGGIO

1 Falesia

2 Piattaforma continentale

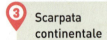
3 Scarpata continentale

4 Montagna sottomarina

LA FAUNA

5 Delfino

6 Sardine

7 Cefalo

8 Aguglia

9 Seppia

10 Marangone dal ciuffo

11 Bavosa

12 Sogliola

13 Medusa

14 Pesce San Pietro

Oceani e mari formano gran parte del pianeta

Può sembrare un gioco di parole, ma... la Terra è fatta di acqua!
Quasi i tre quarti della superficie terrestre sono ricoperti da **mari** e **oceani**. Qual è la differenza tra gli uni e gli altri? Le masse d'acqua più grandi, che separano i continenti, sono chiamate **oceani** e hanno un'estensione enorme: l'**Oceano Pacifico**, il più vasto, è grande quanto 550 volte l'Italia e supera da solo la superficie di tutti i continenti messi insieme! I **mari** sono invece masse d'acqua più piccole, collegate agli oceani, e **si insinuano tra le terre emerse**. A volte i mari sono chiamati **golfi**. Quando il mare è collegato all'oceano attraverso uno **stretto** si parla di **mare chiuso**, altrimenti si dice che è un **mare aperto**. In base agli studi svolti dagli scienziati, diversi miliardi di anni fa negli oceani ha avuto origine la vita e l'**ossigeno atmosferico**, cioè quello che respiriamo e che ci è indispensabile per vivere.

✗ I mari sono tutti uguali?

Pensando al mare immaginiamo di solito una distesa d'acqua uniforme, senza fare distinzioni di forma e dimensioni. In realtà **i mari sono tutti diversi tra loro**, così come accade per le terre emerse.

I **fondali marini**, infatti, non sono altro che la prosecuzione della crosta terrestre e, come la terraferma, cambiano di continuo. Anche i fondali possono essere pianeggianti, con catene montuose o profondi canyon, con variazioni notevoli nel dislivello anche a distanza di pochissimi chilometri. Ciò accade soprattutto laddove si estende la **scarpata continentale**, che possiamo immaginare come un ripido pendio che porta agli abissi.

A fare da "cerniera" tra la scarpata e le terre emerse si sviluppa invece la **piattaforma continentale**, un'area lievemente inclinata tramite cui la terra emersa prosegue sott'acqua.

L'ampiezza della piattaforma varia moltissimo: in alcuni casi è larga centinaia di chilometri, in altri è invece strettissima e gli abissi sono molto vicini alla linea di costa.

I mari si differenziano poi anche per l'acqua stessa, che può avere sia una diversa **temperatura** sia un differente contenuto di sali disciolti, vale a dire una diversa **salinità**. In Europa la salinità più elevata si ha nel Mar Mediterraneo orientale, dove è sei volte superiore rispetto a quella del Mar Baltico settentrionale.

I MARI EUROPEI

Un piccolo continente con molti mari

L'Europa è un continente piccolo e dalla **forma molto irregolare**: per questo motivo, pur nella sua modesta estensione, ha **molti mari**. Nella maggior parte dei casi si tratta di **mari chiusi**, cioè collegati agli oceani solo attraverso uno o più **stretti**.

I mari della regione atlantica

Prima di vedere quali sono i mari che bagnano le terre della regione atlantica, va detto che hanno una caratteristica in comune, la **bassa profondità**. In questa regione marina, infatti, la **piattaforma continentale** è molto estesa e capita così che a 200 km dalla costa il fondale si trovi a soli 20 o 30 metri sotto la superficie. Se riuscissimo a penetrare con lo sguardo la massa d'acqua, avremmo ad esempio l'impressione che le grandi isole della Gran Bretagna e dell'Irlanda "galleggino" sulla piattaforma continentale.

Ci accorgeremmo anche di quanto repentinamente possano cambiare i fondali marini. Un esempio? Se ci trovassimo a fare una "passeggiata" sottomarina nel grande **Golfo di Biscaglia**, tra la Francia e la Penisola Iberica, noteremmo a un certo punto una scarpata lunga centinaia di chilometri, simile a un enorme scivolo con profondi canyon in cui la profondità può scendere, in pochi chilometri, da un centinaio di metri fino a un abisso di 4.000 metri!

1. Il Golfo di Biscaglia, tra la Francia e la Penisola Iberica.
2. Intorno all'isolotto di Mont-Saint-Michel, presso la costa francese, il fenomeno dell'alta e bassa marea assume proporzioni spettacolari.
3. La foca comune vive nelle acque costiere dell'Atlantico.

ZOOM

Le maree Le maree sono periodici **innalzamenti e abbassamenti del livello dei mari e degli oceani**: nel primo caso si parla di **alta marea**, nel secondo di **bassa marea**. La causa di questo movimento "a fisarmonica", cioè di **flusso e di riflusso** delle acque, risiede soprattutto nell'**attrazione gravitazionale esercitata dalla Luna sulla Terra**.

Anche il Sole esercita una forza simile, ma molto più ridotta, a causa dell'enorme distanza che lo separa dal nostro pianeta. **Le maree si verificano ogni sei ore, quattro volte al giorno.** La differenza di livello tra alta e bassa marea si chiama **ampiezza di marea**: essa è più grande quando la Luna e il Sole sono allineati rispetto alla Terra, perché le due forze gravitazionali si sommano, mentre è minore quando i due astri si trovano ad angolo retto rispetto al nostro pianeta e le due forze si oppongono. **L'ampiezza di marea può variare moltissimo da una località all'altra**, in relazione alla profondità e alla morfologia dei fondali e alla forma della costa. In Europa raggiunge i valori massimi (anche 13 metri!) nel **nord-ovest della Francia** e nel **sud dell'Inghilterra**. Nel Mar Mediterraneo, al contrario, arriva in media a poche decine di centimetri.

Il Mare Celtico e il Mare del Nord

Il braccio di Oceano Atlantico compreso tra la Gran Bretagna sud-occidentale e il sud dell'Irlanda è il **Mare Celtico**, mentre a ovest della grande isola britannica e a est della vicina Irlanda s'interpone un piccolo mare che prende il nome proprio da questa seconda isola (**Mare d'Irlanda**).

È invece a est della Gran Bretagna, e in particolare tra questa e la Penisola Scandinava, che si estende la più grande e importante distesa marina della regione: il **Mare del Nord**, collegato al Mare Celtico attraverso il **Canale della Manica**. Vi si affacciano infatti i Paesi più rilevanti d'Europa dal punto di vista economico: oltre al Regno Unito, la Germania, i Paesi Bassi, il Belgio e in minima parte la Francia, solo per citare i principali.

È un mare, quindi, in cui si svolgono intensi traffici commerciali e, per di più, ricco nei suoi fondali di petrolio e di gas naturale.

La **pesca**, invece, dopo un periodo di sfruttamento troppo intenso, è diventata meno produttiva.

Il Mare del Nord ha una profondità molto modesta: in media circa 100 metri, ma in alcuni punti anche in mezzo al mare non si superano i 20 metri.

impara

IMPARARE

RISPONDO

1 Qual è la differenza tra mari e oceani?

COMPLETO

2 Il mare chiuso si collega all'.............................. attraverso uno .... Nell'oceano hanno avuto origine le specie .... e .... e l'.......................... atmosferico.

3 L'Europa, data la sua forma molto ...., ha .... mari .... collegati fra loro o con l'oceano da diversi ....

Dal Mar Baltico al Golfo di Botnia

Spostandoci ancora a est, gli **stretti dello Skagerrak e del Kattegat** separano la Penisola dello Jutland dalla Scandinavia e si immettono nel Mar Baltico. Nonostante sia un mare chiuso, la scarsa evaporazione (dovuta alla bassa temperatura media) e il notevole apporto di acque dolci dei fiumi gli conferiscono la sua principale caratteristica, cioè una **salinità molto bassa**, inferiore anche a quella del Mar Caspio (che però è un lago).
Il Mare del Nord prosegue nel **Golfo di Botnia**, così poco salato che nelle sue acque vivono numerose specie di pesci d'acqua dolce. La bassa salinità fa sì che questi mari in inverno ghiaccino facilmente.

I mari della regione mediterranea

Nel sud dell'Europa si estende il **Mar Mediterraneo**, a sua volta diviso in diversi mari. Oltre ai Paesi dell'Europa meridionale, su questo mare si affacciano le coste del Nord Africa e quelle del Vicino Oriente. Si tratta di uno dei mari interni più estesi del mondo: **tra lo Stretto di Gibilterra** (a ovest, ampio solo 14 km nel punto più stretto), che lo mette in comunicazione con l'Oceano Atlantico, **e le coste della Turchia** (a est) **c'è una distanza di circa 3.700 km**, superiore alla larghezza dell'Oceano Atlantico tra l'Irlanda e il Canada. Il Mar Mediterraneo è quindi un **mare chiuso**: questa caratteristica, unitamente alle temperature piuttosto elevate, favorisce l'evaporazione e, per questo motivo, il suo tasso di salinità è superiore a quello dell'oceano.
A differenza dei mari settentrionali il Mediterraneo è mediamente **molto profondo**. Inoltre, in alcuni casi la piattaforma continentale manca completamente e si raggiungono profondità abissali già a qualche chilometro dalla costa. Nel settore orientale, il **Mar Egeo**, situato tra la Grecia e la Turchia, comunica tramite gli **stretti dei Dardanelli e del Bosforo** con il **Mar Nero**, un mare interno molto ampio che ha "rischiato" di diventare un lago: in alcuni punti lo stretto del Bosforo è **largo solo 700 metri**.

CURIOSITÀ

Nemmeno il Monte Bianco emergerebbe dalla più profonda fossa del Mediterraneo! I fondali marini hanno spesso una morfologia non meno varia delle terre emerse. Ma c'è di più. Pensa che a poche decine di chilometri dalla costa greca sud-occidentale il fondo marino s'inabissa fin oltre i 5.000 metri. Se il Monte Bianco, la montagna più alta d'Europa, si sollevasse in questo punto del Mediterraneo resterebbe con la sua punta 400 metri sotto la superficie marina!

Il Kawio Barat è un vulcano sottomarino indonesiano che si trova a circa 3.800 metri sotto il livello del mare.

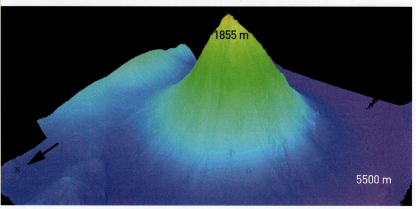

NATURA&AMBIENTE

L'importanza di mari e oceani per l'uomo

Fin dai tempi antichi il mare ha avuto una grande importanza per l'uomo. Per alcune **civiltà mediterranee** sviluppatesi diverse migliaia di anni fa (come i **Fenici**, i **Greci**, i **Romani**), il mare rappresentava una sorta di grande via di comunicazione da percorrere con flotte di navi, per **commerciare**, ma anche per raggiungere terre inesplorate in cui **fondare nuove colonie**.

Da allora, il mare non ha mai smesso di svolgere un ruolo fondamentale per lo sviluppo delle attività umane e, anzi, ha via via accresciuto la sua importanza: gran parte del traffico di merci su lunghe distanze avviene ancora oggi attraverso le navi.

Il mare è anche **un'importante fonte di cibo**, al punto che per il diritto di esercitare la pesca nelle acque marine si sono talvolta innescate forti tensioni tra alcuni Paesi. A conferma del ruolo fondamentale che il mare ha avuto per la nostra specie è sufficiente che tu dia un'occhiata a un planisfero, per scoprire che **sono numerose le grandi città sorte lungo le coste** o comunque a breve distanza dai litorali. Oggi più che mai, inoltre, **per uno Stato è un grande vantaggio avere uno sbocco sul mare** e i pochi Stati che ne sono privi risentono di un grave disagio.

Se l'uomo maltratta il mare...

Il mare ha dato e continua a dare un grande contributo allo sviluppo della vita dell'uomo. Purtroppo, però, negli ultimi decenni la nostra specie ha davvero maltrattato i mari in molti modi: pensa ad esempio alle varie forme di **inquinamento**, derivanti dagli scarichi delle reti fognarie e dalla gran quantità di rifiuti che finiscono nelle acque marine. Inoltre, **l'uomo sta sfruttando nel peggiore dei modi le risorse ittiche**, che in molti casi si sono fortemente impoverite.

Nel futuro, per preservare il mare come insostituibile risorsa, l'uomo dovrà avere molta più oculatezza e senso di responsabilità.

1 Pescherecci nel porto di Howth, nei pressi di Dublino, Irlanda.

2 Una fuoriuscita di greggio da una nave al largo della costa sudafricana nel 2009 ha fatto strage della colonia di pinguini di Robben Island.

3 La plastica è uno dei principali elementi inquinanti dei mari.

I MARI ITALIANI

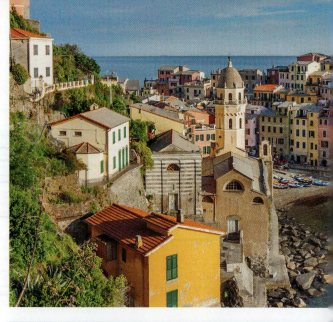

Un Paese "immerso" nel mare

L'Italia è bagnata da **quattro mari**: il nostro Paese è infatti in gran parte costituito da una **lunga penisola**, bagnata su tre lati e ben 15 delle attuali 20 regioni affacciano sul mare. L'Italia inoltre ha numerose **isole**, tra cui **Sicilia** e **Sardegna**, che sono le più grandi del Mediterraneo. Il mare ha avuto una **grande importanza nella storia del Paese**, perché per secoli ha rappresentato una formidabile **via di comunicazione** quando spostarsi sulla terraferma era molto più difficile di oggi.

Per lungo tempo anche la **pesca** in mare ha costituito un'importante risorsa per il Paese, ma sono ormai anni che il settore è in forte crisi.

I quattro mari italiani

■ A nord-ovest, tra Liguria e Corsica, si estende il **Mar Ligure**, profondo nel settore occidentale già a pochi chilometri dalla costa: di fronte a Sanremo, ad esempio, raggiunge i 2.000 metri di profondità già a 20 km dal litorale. Proprio per questo motivo, è un mare **in grado di mitigare notevolmente il clima delle terre costiere**: la sua enorme massa d'acqua, infatti, si riscalda e si raffredda molto più lentamente della terra.

■ Più a sud, il **Mar Tirreno** è incorniciato tra la penisola e le isole maggiori; i suoi fondali sono di gran lunga i più vari tra quelli dei nostri mari: i rilievi, di tutte le forme e spesso di origine vulcanica, si innalzano un po' ovunque. Il Tirreno è anche il mare più profondo tra quelli che lambiscono le nostre coste, sprofondando al centro fino a quasi 3.800 metri!

■ Molto profondo è anche il **Mar Ionio**, che bagna le coste della Sicilia orientale, della Calabria e della Puglia meridionale. Attorno alla Sicilia abbiamo un perfetto esempio di quanto i fondali possano variare: a nord-est, nei pressi dello Stretto di Messina, la crosta terrestre si inabissa fino a 1.000 metri sotto la superficie a soli 6 km dalla costa, mentre al capo opposto dell'isola, nel **Canale di Sicilia**, alla stessa distanza dalla costa, la profondità è di appena 30 metri.

■ A est della penisola, il **Mare Adriatico** separa l'Italia dalla Penisola Balcanica. Assai poco profondo salvo che nel settore meridionale, l'Adriatico non è in grado di mitigare il clima: questo spiega perché in inverno le temperature della Riviera ligure sono molto più miti di quelle della Riviera romagnola.

CURIOSITÀ

Un mare... di squali! Il Mar Mediterraneo non è particolarmente noto per la presenza di squali. Eppure ve ne sono parecchie specie, tra le quali anche il grande **squalo bianco**. Proprio nel "nostro" mare, al largo dell'Isola di Malta, nel 1987 è stato pescato uno dei più grandi esemplari di questa specie, lungo quasi 6 metri! Nel Mediterraneo, l'Italia ha il primato degli attacchi all'uomo registrati fino a oggi da parte degli squali: 47, di cui 10 con esito fatale. Quel che è certo, tuttavia, è che è molto più pericoloso l'uomo per gli squali: a causa di una pesca dissennata, si stima che in un anno ne vengano uccisi oltre 100 milioni!

DOMANDA&RISPOSTA

È più profondo il mare o il lago?

Siamo abituati a pensare che a una distesa d'acqua più ampia corrisponda in genere anche una maggiore profondità, la risposta più ovvia sarebbe probabilmente il mare.

A livello generale la risposta si potrebbe anche considerare corretta ma, a voler essere precisi, dovremmo rispondere che dipende dal mare e dal lago a cui ci riferiamo. Ad esempio, se consideriamo il **Mare Adriatico**, scopriamo che fino all'altezza del Gargano, in Puglia, in nessun punto si riscontrano profondità come quelle che si raggiungono nel **Lago di Como**, nel **Lago Maggiore** e nel **Lago di Garda**.

1. Vernazza, affacciata sul Mar Ligure, è uno dei Comuni del Parco Nazionale delle Cinque Terre, un'area naturale protetta istituita nel 1999.
2. Nel Mar Tirreno abbondano catene montuose sottomarine e vulcani attivi. Nell'immagine, la costa frastagliata nei pressi di Praia a Mare, in Calabria.
3. La tonnara di Capo Passero, in Sicilia, testimonia l'importanza della pesca nel recente passato.
4. La Baia delle Zagare, nel Promontorio del Gargano, è circondata da alte e bianche scogliere. Nell'immagine, i famosi faraglioni di roccia calcarea.

impara IMPARARE

_COMPLETO

1 I mari d'Italia sono quattro: ....
....

2 Scrivi la differenza fra il Mar Tirreno e il Mare Adriatico. ....
....

LE COSTE E LE ISOLE

1 La costa delle Asturie, in Spagna, presenta piccole spiagge tra scogliere impervie.

2 Un tratto della Riviera francese, caratterizzata da coste basse e lineari.

3 Le scogliere alte e bianche sono tipiche della costa inglese meridionale.

LE COSTE

La costa, un confine in continuo cambiamento

L'area in cui la terraferma incontra il mare si chiama **costa** o **litorale**. La costa è dunque una linea che segue il profilo della terraferma: per questo si parla di **profilo costiero**. Quest'ultimo può seguire un tracciato più o meno regolare, oppure essere frastagliato, quando la costa è ricca di **insenature**, **golfi**, **baie**, **promontori**.

Il paesaggio costiero varia di continuo, un cambiamento spesso impercettibile che avviene di solito in tempi lenti, talvolta addirittura lentissimi, persino migliaia o milioni di anni.

Perché la costa si modifica? Ci sono diverse "forze" che agiscono costantemente nel modellarla: prima di tutto il **mare** stesso, che può erodere la costa con le **onde**, ma anche depositare sedimenti, come la sabbia, o il fango; poi i **fiumi**, che trasportano alla foce il limo, la sabbia, o anche la ghiaia, che le correnti marine provvedono poi a ridistribuire lungo la costa.

Inoltre, nei Paesi del Nord Europa molte migliaia di anni fa anche i **ghiacciai** hanno dato un contributo determinante nel "disegnare" il profilo e la forma della costa.

Vari tipi di costa

La costa può assumere **forme diverse**, in relazione alle caratteristiche della terraferma dove si affaccia sul mare:

- quando quest'ultima è bassa e pianeggiante, la costa ha la forma di una **spiaggia**, che può essere formata da diversi tipi di sedimenti: sabbia, limo oppure ghiaia e ciottoli;

- quando la costa è alta e rocciosa, l'azione erosiva delle onde può produrre, in tempi lunghissimi, delle **falesie**, cioè pareti a picco sul mare, di decine o addirittura centinaia di metri di altezza;

- quando la terraferma si affaccia sul mare con dei rilievi, che scendono nell'acqua in modo più o meno brusco, la spiaggia può mancare completamente o essere limitata in piccole insenature.

La forma che la costa assume è importante anche per l'uomo: la presenza di golfi favorisce la costruzione dei **porti** e inoltre una costa bassa si presta allo sviluppo degli **insediamenti turistici**.

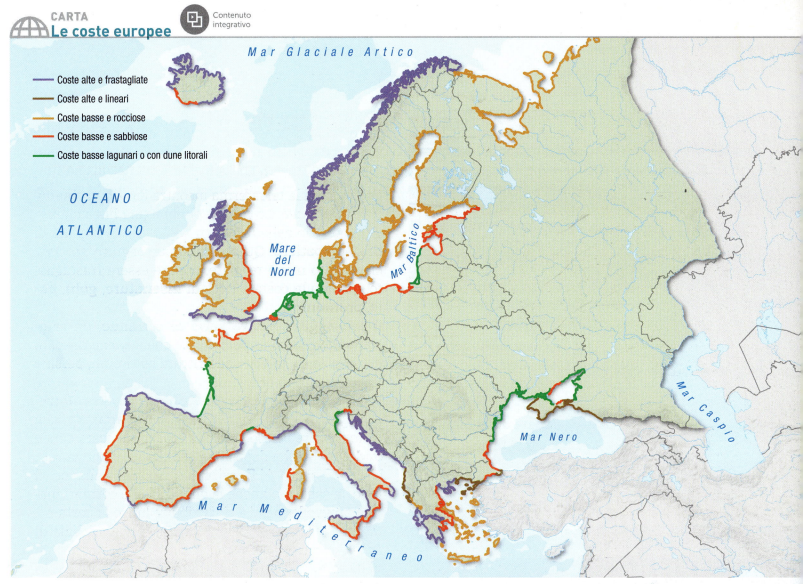

- Coste alte e frastagliate
- Coste alte e lineari
- Coste basse e rocciose
- Coste basse e sabbiose
- Coste basse lagunari o con dune litorali

Mar Glaciale Artico

OCEANO

ATLANTICO

Mare del Nord

Mar Baltico

Mar Caspio

Mar Nero

Mar Mediterraneo

Le coste europee

L'Europa ha un **profilo assai irregolare**: per questo, nonostante le sue modeste dimensioni, lo sviluppo costiero è molto lungo, addirittura pari a oltre 66.000 km!

Coste alte e **coste basse** si trovano in tutte le regioni d'Europa e possono essere anche vicine tra loro visto che la morfologia della terraferma può cambiare anche nello spazio di pochi chilometri. Sul Mare del Nord, ad esempio, si affacciano spesso coste basse e sabbiose, ma anche alte scogliere, come le famose scogliere di **Dover**, nell'Inghilterra meridionale.

3

impara **IMPARARE**

— **COMPLETO**

1 Le forze che modificano le coste sono:

....

IMPARARE *insieme*

— **SCHEMATIZZO**

2 Assieme al tuo compagno, rileggete il testo e completate lo schema relativo ai vari tipi di coste:

La costa può essere
- .... → ....
- .... → fangosa
- con rilievi → ....
- ....

Le falesie del Nord Europa

Le falesie del Nord Europa hanno diversa origine.
Quelle norvegesi, incise da una miriade di insenature (chiamate **fiordi**) talvolta molto profonde, sono state modellate dai ghiacciai; le falesie dell'Irlanda occidentale, che cadono a picco per centinaia di metri, sono invece il frutto di una lunghissima erosione, iniziata quando il livello del mare era più alto di quello attuale.
Splendide falesie si possono trovare però anche nell'estremo sud del continente, ad esempio nell'Isola di Malta.

Le coste italiane

L'Italia ha un **profilo costiero molto sviluppato**: circa 7.500 km. Nel continente, solo in Norvegia, Grecia e Regno Unito le coste hanno una lunghezza superiore.
Nel complesso l'aspetto delle coste italiane è estremamente vario.

- Le **coste adriatiche** hanno un profilo lineare e sono quasi ovunque basse e sabbiose. Diventano alte e rocciose solo a nord di Pesaro (nelle Marche), in un breve tratto della costa abruzzese e, soprattutto, in corrispondenza di due promontori: quello del Conero e, più a sud, quello molto più grande del Gargano.
- Le **coste della Liguria** sono quasi ovunque alte, perché i rilievi si spingono fino in riva al mare.
- Più diversificato è invece il lungo **litorale tirrenico**: regolare, basso e sabbioso nel settore settentrionale, più mosso e, talvolta, alto e roccioso in quello meridionale.
- In **Sicilia** le coste sono in prevalenza basse mentre in **Sardegna** variano maggiormente, per la frequente alternanza di rilievi e aree pianeggianti.

Le coste italiane

Legenda:
— Coste alte e rocciose
— Coste basse e sabbiose
— Coste basse con lagune e paludi

Regioni e luoghi indicati sulla carta:
Valle d'Aosta, Piemonte, Lombardia, Trentino-Alto Adige, Veneto, Friuli-Venezia Giulia, Emilia-Romagna, Liguria, Toscana, Umbria, Marche, Lazio, Abruzzo, Molise, Campania, Basilicata, Puglia, Calabria, Sardegna, Sicilia

Golfo di Venezia, Golfo di Genova, Golfo di Taranto
Mar Ligure, Mare Adriatico, Mar Tirreno, Mar Ionio, Mar Mediterraneo

1 La Grotta Azzurra, nell'Isola di Malta.

2 Il fiordo di Geiranger, in Norvegia.

3 Le coste sabbiose di Scopello, in Sicilia.

4 Amalfi, borgo che dà il nome a tutta la Costiera amalfitana.

impara — IMPARARE

COMPLETO

1 Le falesie norvegesi si chiamano
.... e sono generate da
................................; le falesie irlandesi
sono generate da una lunghissima
....

2 Le coste italiane sono molto
..............................., circa ....
km, e di aspetto molto vario:
.... in Liguria,
.... a nord,
.... più a sud
sul Tirreno, ...
sull'Adriatico, ...
in Sicilia, ...
in Sardegna.

LAVORO SULLA CARTA

3 Osserva la carta ed elenca quali coste
sono caratterizzate dalla presenza di
lagune e paludi.

LE ISOLE

Le isole dei mari settentrionali

Oltre ad avere un grande sviluppo costiero, l'Europa conta **numerosissime isole**, di dimensioni estremamente variabili.

Le più grandi si trovano nella parte nord-occidentale: si tratta delle **Isole Britanniche**, cioè della **Gran Bretagna** e dell'**Irlanda** e, ancora più a nord, dell'**Islanda**.

Altre grandi isole sono presenti alla latitudine più estrema, nel Mar Glaciale Artico: l'arcipelago delle **Svalbard**, con l'isola di **Spitsbergen** grande una volta e mezza la Sicilia e, al limite nord-orientale del continente, l'arcipelago di **Novaja Zemlja**, formato da due isole principali grandi quasi un terzo dell'Italia.

Nel nord dell'Europa si trovano anche le regioni con il maggior numero di isole. È difficile capire se siano di più in **Norvegia** o in **Finlandia**, ma quel che è certo è che entrambi i Paesi ne contano un numero sbalorditivo, addirittura superiore a 70.000.

Oltre a essere incisa un po' ovunque da profondi fiordi, la costa norvegese è, infatti, fronteggiata da una miriade di isole e isolotti. Tra le isole più note e apprezzate dai turisti vi sono le **Lofoten**.

Lo stesso fenomeno si osserva nel sud della Finlandia, dove si estende l'arcipelago delle **Isole Åland**: anche qui sembra che la costa sia stata bombardata fino a frammentarsi in un numero incredibile di isole e isolotti, a volte lunghi diversi chilometri, in altri casi solo poche decine di metri: su alcune isole l'uomo si è insediato in piccoli villaggi, ma la maggior parte non ha neppure un nome.

Un'altra regione caratterizzata da un gran numero di isole è quella che si distende **tra la Penisola dello Jutland** (che fa parte della Danimarca) **e la Svezia meridionale**. L'isola principale, **Sjælland**, è collegata alla Svezia con un ponte lungo 16 km.

Una situazione in parte simile a quella norvegese si ritrova nella **Scozia occidentale**: anche qui, a causa del lungo "lavoro" dei ghiacciai, la costa è estremamente frastagliata, solcata da profondi fiordi e fronteggiata da molte isole.

1 Una veduta dell'arcipelago delle Isole Åland, in Finlandia.

2 Un fiordo nel nord dell'Islanda.

3 L'isola di Rodi, in Grecia.

4 Le case colorate del porto di Procida, un'isola vicino a Napoli.

Le isole del Mar Mediterraneo

Nel Mediterraneo le isole sono nel complesso meno numerose rispetto ai mari nordici e tuttavia anche nel *Mare Nostrum* (il nome con il quale i Romani chiamavano il Mediterraneo) il quadro è molto vario.

Le più grandi, di origine tettonica, sono le due isole maggiori dell'Italia: la **Sicilia** e la **Sardegna**.

Altre isole di notevoli dimensioni sono **Cipro**, situata all'estremità orientale del Mediterraneo, la **Corsica**, distante solo 80 km dalle coste della Toscana, **Creta** ed **Eubea** nel Mar Egeo, **Maiorca**, nell'arcipelago spagnolo delle **Baleari**.

Nel **Mar Egeo**, tra la Grecia e la Turchia, si concentra il maggior numero di isole di tutto il Mediterraneo: circa 6.000, in gran parte di dimensioni molto modeste. Alcune di queste, come **Santorini**, **Mikonos** e **Rodi**, sono molto importanti sul piano turistico, capaci di attrarre un gran numero di visitatori da molti Paesi europei.

L'altra regione ricca di isole è la **Dalmazia**: mentre lungo la costa italiana del Mar Adriatico le isole si limitano al piccolo arcipelago delle **Tremiti**, dalla parte opposta è tutto un susseguirsi di isole dalla caratteristica forma stretta e allungata.

Le piccole isole dell'Italia si concentrano soprattutto nell'**Arcipelago Toscano** e negli arcipelaghi delle **Eolie**, delle **Egadi** e delle **Isole Ponziane**. Importanti, per il forte richiamo turistico, sono poi **Capri**, **Ischia** e **Pantelleria**.

A sud della Sicilia, infine, emerge il piccolo **Arcipelago Maltese**.

impara — IMPARARE

— LAVORO SUL TESTO E SULLA CARTA

1 Quali sono i Paesi europei che contano il maggior numero di isole e isolotti? Sottolineateli sul testo, cercale sulla carta dell'Europa e memorizza i nomi e la posizione delle isole più note e più grandi.

— COMPLETO

2 Le isole italiane presenti nel Mare Adriatico sono: ....

3 Le isole europee più frequentate dai turisti sono:
a) in Europa: ....

b) in Italia: ....

IMPARARE *insieme*

— A PICCOLI GRUPPI

4 A gruppi di quattro o cinque, osservate la carta dell'Europa e stabilite in quale mare e fra quali Stati si concentra il maggior numero di isole di tutto il Mediterraneo. Confrontate la vostra risposta con quella degli altri gruppi e rileggete poi il testo per verificare se avete risposto correttamente.

....

....

....

4

VERIFICA

Verifica interattiva

CONOSCENZE

Conoscere l'aspetto fisico di mari, coste, isole e le loro interazioni con gli uomini

1 **Completa il testo.**

Gli .... sono masse d'acqua di grande estensione, mentre i .... sono masse d'acqua più piccole,

collegate agli oceani. Quando il mare è collegato all'oceano attraverso uno .... si parla di mare chiuso,

altrimenti si dice che è un mare ....

2 **Spiega oralmente il significato dei termini "fondale marino", "scarpata continentale" e "piattaforma continentale".**

3 **Perché la salinità del Mar Mediterraneo è elevata? Completa le frasi.**

A. Perché il Mediterraneo è un mare ....

B. Perché l'acqua del Mediterraneo ha una temperatura ...., quindi c'è molta ....

4 **Collega ciascun mare alle sue caratteristiche.**

A. Mar Ligure

B. Mar Tirreno

C. Mare Adriatico

D. Mar Ionio

1. Mitiga il clima.

2. È profondo e si trova a sud-est.

3. È poco profondo e non mitiga il clima.

4. È profondo e vario.

5 **Completa lo schema con le parole corrispondenti alle definizioni. Nella colonna evidenziata troverai la parola che, seguita dall'aggettivo "continentale", corrisponde all'ultima definizione.**

1. S ... ... R ... ... A
2. ... A L ... ... À
3. F ... N D ... ... E
4. I ... ... C ...
5. ... ... R ... ... O
6. D ... ...
7. ... ... L ... S ... A
8. G ... ... F
9. F ... ... D ...
10. S E ... ... E ... T ...
11. C ... ... Y ... N

1. Ripido pendio oceanico.
2. Quantità di sali disciolti nell'acqua.
3. Prosecuzione della crosta terrestre nel mare.
4. Che riguarda i pesci.
5. Mette in comunicazione il mare con un oceano o con un altro mare.
6. Piccola montagna di sabbia.
7. Parete a picco sul mare.
8. Tratto di mare circondato per tre lati dalla terraferma.
9. Falesie norvegesi modellate dai ghiacciai.
10. Materiali depositati.
11. Canale stretto e profondo.
12. Bordo delle terre emerse che scende dolcemente verso le profondità dell'oceano.

◣ Applicare le conoscenze agli strumenti della geografia

6 Sulla carta muta di Mar Egeo e Mar Nero scrivi i nomi degli stretti e dei mari elencati.

Egeo • Nero • Azov • Dardanelli • Bosforo

7 Scrivi sul quaderno in quali mari si trovano le isole elencate e poi cerchiale sulla carta.

Islanda • Isole Britanniche • Svalbard • Novaja Zemlja • Lotofen • Åland • Sjælland

Usa le parole e completa gli schemi.

CAUCASO – GHIACCIAIO – EURASIATICO – CONCA – ESTUARIO – MEDITERRANEO – SARDEGNA – GLACIALI

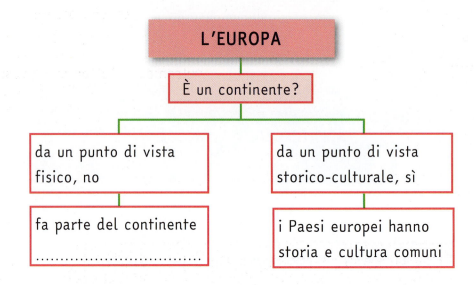

L'EUROPA

È un continente?

da un punto di vista fisico, no

fa parte del continente ....

da un punto di vista storico-culturale, sì

i Paesi europei hanno storia e cultura comuni

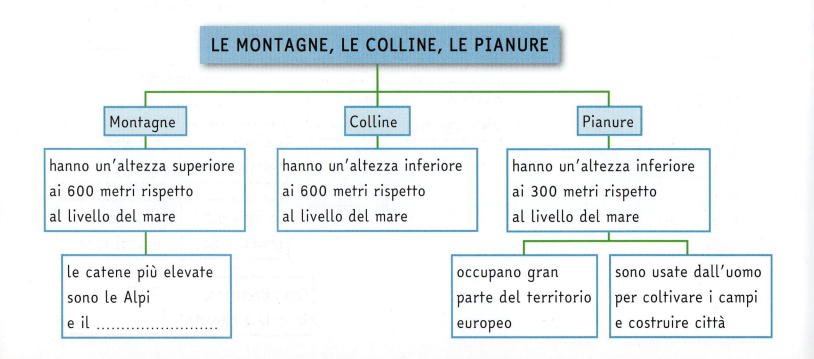

LE MONTAGNE, LE COLLINE, LE PIANURE

Montagne

hanno un'altezza superiore ai 600 metri rispetto al livello del mare

le catene più elevate sono le Alpi e il ....

Colline

hanno un'altezza inferiore ai 600 metri rispetto al livello del mare

Pianure

hanno un'altezza inferiore ai 300 metri rispetto al livello del mare

occupano gran parte del territorio europeo

sono usate dall'uomo per coltivare i campi e costruire città

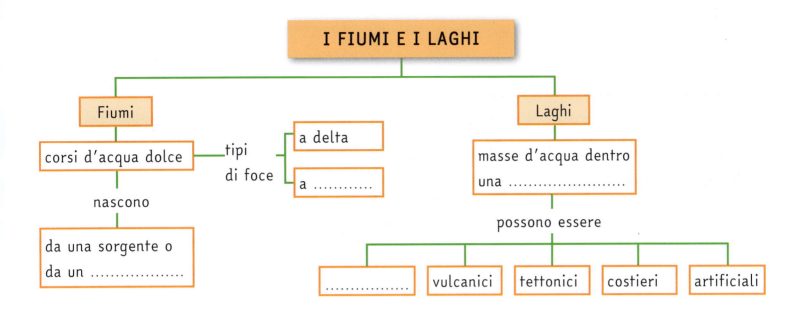

I FIUMI E I LAGHI

Fiumi
- corsi d'acqua dolce
  - tipi di foce
    - a delta
    - a ....
- nascono
  - da una sorgente o da un ....

Laghi
- masse d'acqua dentro una ....
  - possono essere
    - ....
    - vulcanici
    - tettonici
    - costieri
    - artificiali

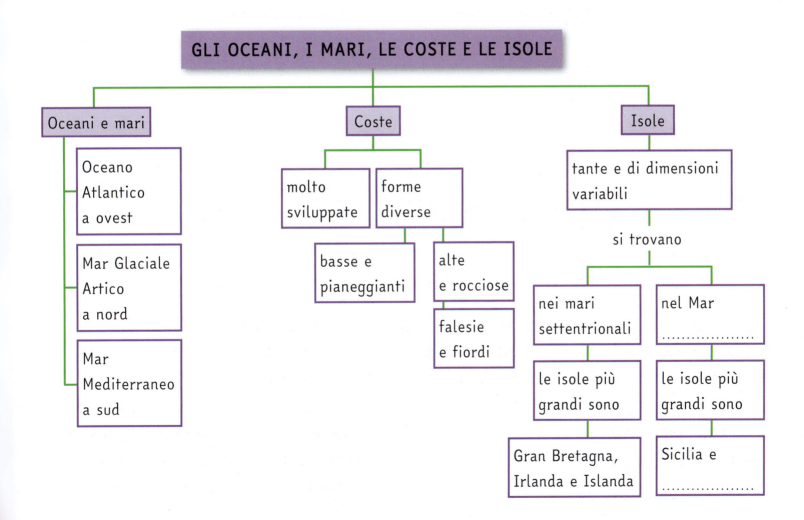

GLI OCEANI, I MARI, LE COSTE E LE ISOLE

Oceani e mari
- Oceano Atlantico a ovest
- Mar Glaciale Artico a nord
- Mar Mediterraneo a sud

Coste
- molto sviluppate
  - basse e pianeggianti
- forme diverse
  - alte e rocciose
  - falesie e fiordi

Isole
- tante e di dimensioni variabili
  - si trovano
    - nei mari settentrionali
      - le isole più grandi sono
        - Gran Bretagna, Irlanda e Islanda
    - nel Mar ....
      - le isole più grandi sono
        - Sicilia e ....

1 LA SINTESI

- La **Terra** è un'enorme sfera con **diversi strati**: nucleo, mantello, crosta terrestre composta da placche che, scontrandosi, formano le **montagne**. I rilievi più elevati d'Europa sono i **Pirenei**, i **Carpazi** e i **Balcani**; tra gli altri si possono ricordare i **Vosgi**, la **Selva Nera**, i **Sudeti**, i **Pennini**. In Italia le catene principali sono le **Alpi** e gli **Appennini**. A sud delle Alpi si distendono le **Prealpi**.
Le **colline** si distinguono convenzionalmente dalle montagne per la loro altezza, compresa tra i 200 e i 600 metri.

- La **pianura** può essere di origine alluvionale, di sollevamento, di erosione, vulcanica, costiera o tettonica. In Europa la pianura più estesa è quella russa (o **Bassopiano Sarmatico**), di origine glaciale. In Italia la pianura più ampia è la **Pianura Padana**, di origine alluvionale.

- Un **fiume** è un corso d'acqua perenne a differenza del **torrente**, che può andare in secca. Per classificare i fiumi si considerano **lunghezza**, **ampiezza**, **bacino**, **portata** e **regime**. Se un fiume confluisce in un altro si chiama **affluente**; se confluisce in un lago è detto **immissario**; la sua **foce** può essere a delta o a estuario. I **fiumi italiani** più importanti sono il **Po**, l'**Adige**, il **Ticino** che scendono dalle Alpi; fra gli appenninici, il **Tevere** e l'**Arno**. La più grave "malattia" dei fiumi è l'**inquinamento**.
I **laghi** sono situati in gran parte nell'**Europa settentrionale** e soprattutto in **Finlandia**. In **Italia** i più grandi sono il **Lago di Garda**, quello di **Como** e il **Lago Maggiore**.

- I **mari** sono masse d'acqua più piccole rispetto agli **oceani**, cui si collegano per mezzo degli **stretti**; fra la terra emersa e la **scarpata oceanica** si estende la **piattaforma continentale**.
I problemi più gravi sono l'**inquinamento** e la **pesca eccessiva**. Il **Mediterraneo** è uno dei mari interni più estesi.
Attorno alla **Penisola Italiana** i mari sono il **Ligure**, il **Tirreno**, lo **Ionio**, l'**Adriatico**. Se la **costa** è bassa e piana assume la forma di **spiaggia**, mentre se è alta e rocciosa forma delle **falesie**.
Le coste europee sono ricche di **fiordi** (Norvegia) o di **falesie** (Irlanda).
Le **isole** europee possono essere grandi come le **Isole Britanniche** o l'**Islanda**, o molto piccole; nel Mediterraneo le principali sono la **Sicilia**, la **Sardegna**, **Cipro**, la **Corsica**, **Creta**, **Maiorca**, le **Baleari**.

2 LA MAPPA

CARATTERISTICHE DELLA TERRA

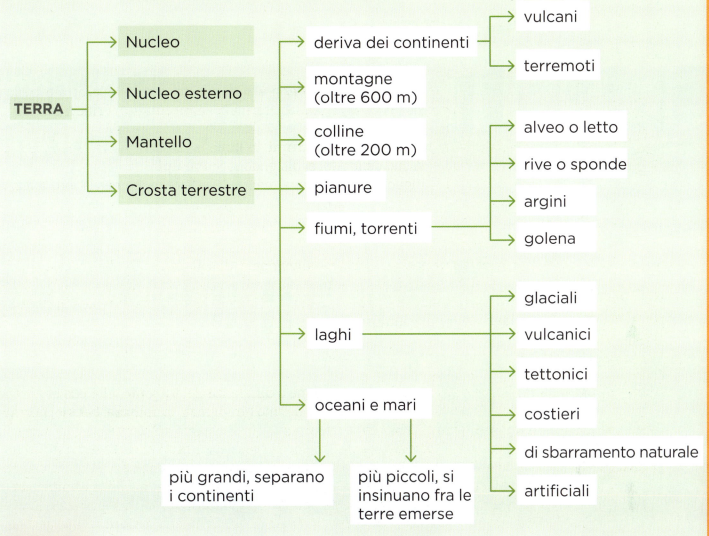

TERRA
- Nucleo
- Nucleo esterno
- Mantello
- Crosta terrestre
  - deriva dei continenti
    - vulcani
    - terremoti
  - montagne (oltre 600 m)
  - colline (oltre 200 m)
  - pianure
  - fiumi, torrenti
    - alveo o letto
    - rive o sponde
    - argini
    - golena
  - laghi
    - glaciali
    - vulcanici
    - tettonici
    - costieri
    - di sbarramento naturale
    - artificiali
  - oceani e mari
    - più grandi, separano i continenti
    - più piccoli, si insinuano fra le terre emerse

3 L'INTERROGAZIONE

Leggi le domande e verifica se conosci le risposte. Se non sei sicuro/a, torna a leggere il testo alle pagine indicate. Poi rispondi oralmente a ciascuna domanda.

1 In che senso l'Europa è un continente? → pag. 90
2 In che modo si distinguono le montagne dalle colline? → pag. 100
3 Quali tipi di pianura conosci? → pag. 116
4 Quali sono gli elementi utili a classificare i fiumi? → pag. 130
5 Dove si trova la maggior parte dei laghi europei? → pag. 142
6 Quali sono i due più gravi problemi dei mari? → pag. 159
7 Quali sono le più grandi isole europee? → pag. 166

PARTE 2

GEOGRAFIA UMANA ED ECONOMICA

■ La geografia non si occupa solo dell'aspetto fisico della Terra, ma anche dell'**uomo**, di come si distribuisce sul pianeta e delle **attività produttive** che svolge. Dapprima daremo uno sguardo alla **popolazione europea e italiana**, per capire come si studia, com'è distribuita, come è cambiata nel tempo.

■ Analizzeremo poi un argomento di grande attualità: il fenomeno delle **migrazioni** degli uomini da un luogo all'altro del continente (e della Terra) e le motivazioni che le provocano. È proprio come conseguenza di questo fenomeno che oggi nella tua classe ci sono ragazzi provenienti da diversi Stati d'Europa e del mondo.

■ Il nostro continente ha una storia lunghissima e, anche per questo, ha una grande **varietà di lingue e di religioni**, che imparerai a conoscere. L'Italia e l'Europa sono però ricche anche di **città**, estremamente varie sotto ogni aspetto (posizione, dimensioni, forma, storia…) e anch'esse diventeranno oggetto del nostro studio.

■ Ci dedicheremo infine alla **geografia economica**, per rispondere a queste domande: possiamo dire che l'Europa è un continente ricco? Ci sono differenze tra una regione e l'altra? E in Italia, com'è la situazione? Il tuo studio si concluderà dando uno sguardo ai **tre grandi settori che caratterizzano il sistema economico moderno**, una parte molto importante della geografia, che riguarda tutti noi molto da vicino.

CAPITOLO 10

GEOGRAFIA UMANA

1 UNO SGUARDO ALLA POPOLAZIONE EUROPEA

Osservo e IMPARO
pag. 6
pag. 12
Erickson

Un continente molto popolato con forti squilibri

Attualmente, l'Europa conta oltre 740 milioni di abitanti ed è il **quarto continente più popoloso**, dopo Asia, Africa e Americhe. Il nostro continente accoglie circa il 10% della popolazione mondiale, in una superficie che corrisponde al 6,8% delle terre emerse. La **densità, pari a 73 abitanti per km²**, è piuttosto alta e seconda solo a quella dell'Asia. Tuttavia, il dato medio non offre una fotografia efficace poiché la distribuzione della popolazione è squilibrata. Parecchi Paesi dell'Europa centro-occidentale presentano infatti una densità molto alta e ben oltre la media, mentre nell'Europa settentrionale e in quella orientale il valore scende notevolmente.

Gran parte della popolazione si concentra in poche aree

A grandi linee, la distribuzione della popolazione nel continente può essere messa in relazione alle **condizioni climatiche**, ma anche alla **precocità dello sviluppo economico** e al **livello raggiunto da quest'ultimo**.

I Paesi più densamente popolati sono, infatti, quelli con clima temperato ed economicamente più avanzati: è il caso dell'**Inghilterra**, dei **Paesi Bassi** (il Paese europeo con la più alta densità di popolazione), del **Belgio** e della **Germania**, tutti con densità ben superiori ai 200 ab/km².

Nei Paesi nordici, caratterizzati da un livello socio-economico elevato, la densità è tenuta bassa però dal **clima rigido**, che ha ostacolato il popolamento tanto che, con 3 ab/km², l'Islanda è uno dei Paesi meno densamente popolati del mondo.

Se si escludono le aree delle metropoli, anche la Russia europea risulta in gran parte spopolata.

In diversi casi gli squilibri nella distribuzione della popolazione sono molto forti anche all'interno dei singoli Paesi. L'84% degli abitanti del Regno Unito si concentra ad esempio in Inghilterra, la cui superficie è pari a poco più della metà della superficie totale del Paese. In Francia, la sola regione di Parigi accoglie circa un quinto della popolazione, con una densità di quasi 1.000 ab/km².

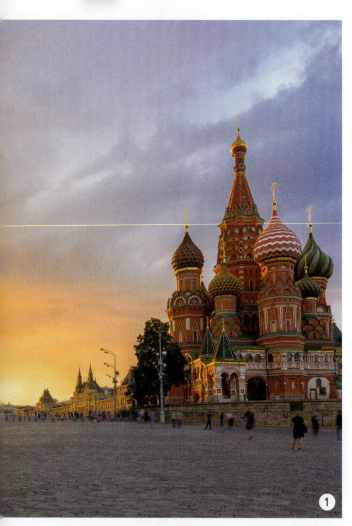

1 La Piazza Rossa di Mosca. La Russia è scarsamente popolata in rapporto alla sua estensione.

2 I Paesi Bassi sono il Paese europeo con il maggior numero di abitanti per km².

3 L'Islanda è uno dei Paesi meno densamente popolati del mondo.

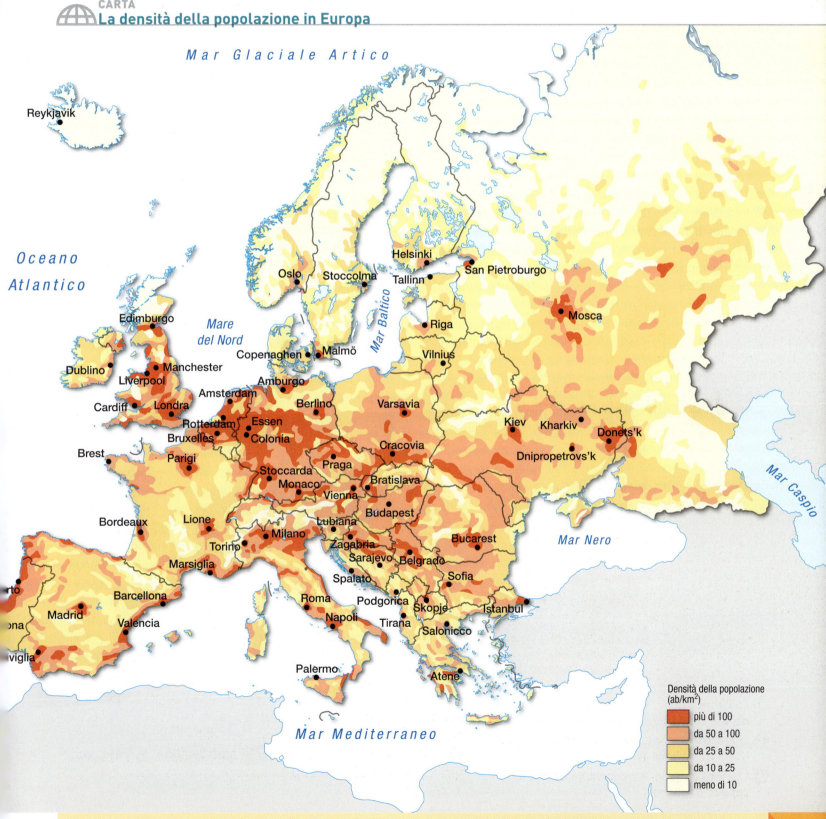

Mar Glaciale Artico

Reykjavik

Oceano Atlantico

Oslo
Stoccolma
Helsinki
San Pietroburgo
Tallinn
Mar Baltico
Riga
Mosca

Edimburgo
Mare del Nord
Vilnius

Dublino
Manchester
Liverpool
Copenaghen
Malmö
Amburgo
Kiev
Kharkiv
Donets'k

Cardiff
Londra
Amsterdam
Berlino
Varsavia
Dnipropetrovs'k

Brest
Rotterdam
Essen
Colonia
Cracovia
Bruxelles

Parigi
Praga
Stoccarda
Monaco
Bratislava
Vienna

Bordeaux
Lione
Lubiana
Budapest
Bucarest
Mar Nero
Milano
Zagabria
Torino
Sarajevo
Belgrado
Marsiglia
Spalato
Sofia
Mar Caspio

Barcellona
Roma
Podgorica
Skopje
Istanbul
Madrid
Valencia
Napoli
Tirana
Salonicco
viglia
Palermo
Atene

Mar Mediterraneo

Densità della popolazione
(ab/km²)

■	più di 100
■	da 50 a 100
■	da 25 a 50
■	da 10 a 25
□	meno di 10

◢ La popolazione europea è aumentata nel tempo

Oggi, anche se con parecchi squilibri nella distribuzione, l'Europa si può considerare un continente densamente popolato. In passato la situazione era molto diversa: per un lunghissimo periodo gran parte dell'Europa è infatti rimasta spopolata. Nel I secolo d.C., **in tutta la parte europea dell'impero romano c'erano circa 30 milioni di abitanti**, cioè la metà della popolazione attuale della sola Italia! Mille anni dopo, la situazione non era cambiata: secondo alcune stime, gli abitanti dell'Europa si aggiravano attorno ai 38 milioni. Da quel momento e fino alla metà del 1300, **nel cosiddetto Basso Medioevo, la popolazione crebbe notevolmente**, soprattutto grazie a un utilizzo più efficiente dei terreni agricoli, con la conseguente maggiore disponibilità di cibo e lo sviluppo dei commerci. A metà del 1300 accadde però qualcosa di terribile. L'Europa fu colpita da **una delle peggiori calamità che l'umanità abbia conosciuto**, la peste, una malattia per cui non esisteva ancora cura. In diverse regioni europee morì in pochi anni circa la metà della popolazione.

La ripresa fu lenta e ancora nel 1500 la popolazione europea era pari a quella della sola Germania ai giorni nostri.

▮ GRAFICO
L'andamento della popolazione europea

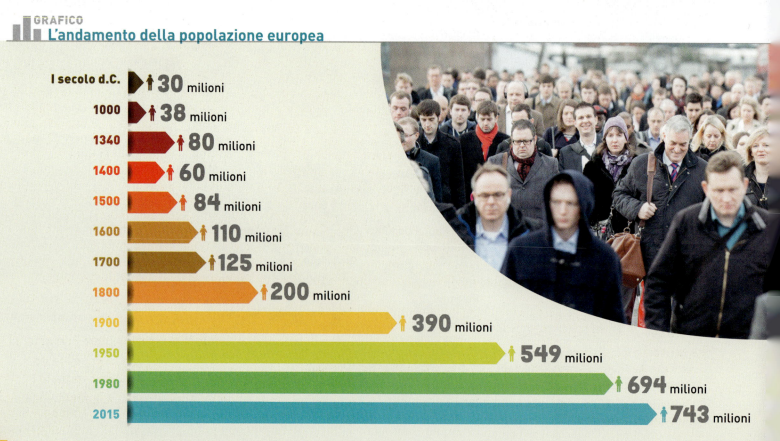

I secolo d.C.	30 milioni
1000	38 milioni
1340	80 milioni
1400	60 milioni
1500	84 milioni
1600	110 milioni
1700	125 milioni
1800	200 milioni
1900	390 milioni
1950	549 milioni
1980	694 milioni
2015	743 milioni

Tra '700 e '800 la popolazione "esplode"

Il '600 fu un secolo terribile per l'Europa, colpita nuovamente da una **grave pestilenza** e da spaventosi conflitti: durante la **Guerra dei trent'anni** (1618-1648) la Germania perse tra il 25% e il 40% degli abitanti. Nella seconda **metà del '700**, però, la situazione cominciò a cambiare.

Grazie ai viaggi sempre più frequenti in America, scoperta due secoli e mezzo prima, in Europa si diffusero **colture molto importanti per l'alimentazione umana, come la patata**. Inoltre si arrestarono finalmente diverse malattie epidemiche che avevano falcidiato il continente nei secoli precedenti.

Il risultato fu eccezionale: tra la metà e la fine del '700 la popolazione dei principali Paesi europei aumentò del 50% o addirittura raddoppiò!

L'800 fu un secolo importantissimo per lo sviluppo della nostra civiltà, per almeno **tre motivi**: la Rivoluzione industriale, che portò a una forte crescita dell'economia; le innovazioni in agricoltura; le **scoperte in campo farmacologico**, che permisero tra l'altro di sconfiggere il vaiolo, una terribile malattia.

Alla fine dell'800, la popolazione era raddoppiata nuovamente rispetto agli inizi del secolo.

3

① I progressi nell'agricoltura medievale favorirono lo sviluppo economico. Nel disegno un erpice, o frangizolle.

② Il mercato cittadino in una miniatura del '300 tratta da un famoso manoscritto francese dal titolo *Le chevalier errant*. Lo sviluppo dei commerci contribuì all'aumento della popolazione.

③ La Grande Esposizione di Londra, del 1851, considerata come la prima esposizione universale, fu un evento di grande rilevanza per l'epoca.

ZOOM

I ratti e la peste Le grandi **epidemie di peste** che hanno periodicamente flagellato l'Europa per molti secoli sono causate da un animale. Anzi, per la precisione, **da due animali e un batterio** che - diciamo così - hanno "lavorato" insieme: il **ratto nero** (*Rattus rattus*), originario dell'Asia, la **pulce del ratto** (*Xenopsylla cheopis*) e il **batterio** *Yersinia pestis*, che è il vero responsabile della peste.

Attraverso la puntura delle pulci che avevano **succhiato sangue infetto dai ratti**, il batterio veniva trasferito dai ratti all'uomo. La peste può essere di **tre tipi**: bubbonica (quella più comune), setticemica e polmonare. Quest'ultima forma è altamente contagiosa (si trasmette cioè anche da uomo a uomo) ed è pertanto considerata la più pericolosa.

impara **IMPARARE**

COMPLETO

1 La distribuzione della popolazione in Europa dipende dal .... e dallo sviluppo .... Infatti i Paesi con clima .... sono i più ricchi e hanno una .... di oltre 200 ab/km². Al nord, nonostante il livello .... sia molto ...., la densità è .... perché il clima è ....

RISPONDO

2 Quali fattori hanno determinato l'aumento della popolazione europea nel Basso Medioevo?

3 Quale fu la causa del calo demografico alla metà del 1300 e nel 1600?

4 Perché dalla metà del 1700 la popolazione europea aumentò notevolmente?

CAPITOLO 11

LA POPOLAZIONE

1 COME SI STUDIA LA POPOLAZIONE

Popolazione e popolo: due concetti diversi

Popolazione e **popolo** spesso vengono utilizzati come sinonimi, in realtà esprimono significati diversi:

- il **popolo** è l'insieme dei **cittadini di uno Stato**, cioè di coloro che godono del diritto di cittadinanza, a prescindere dal fatto di risiedere nei confini dello Stato stesso oppure all'estero;
- la **popolazione** è invece **l'insieme degli individui che vive in un certo Paese** in un determinato momento.

Nelle pagine di questo capitolo ci occuperemo di studiare la popolazione.

Tassi di natalità e mortalità

La scienza che si occupa di studiare la popolazione è la **demografia**. Gli studiosi di demografia utilizzano diversi indicatori o parametri.

Tra questi ci sono:

- il **tasso di natalità**, che esprime il numero di nati ogni 1.000 abitanti;
- il **tasso di mortalità**, che indica il numero di morti ogni 1.000 abitanti.

Normalmente il periodo di tempo a cui si riferiscono è l'anno.

Contrariamente a quanto ci si aspetterebbe, il tasso di natalità è più alto nei Paesi poveri che in quelli ricchi.

ZOOM

La struttura della popolazione per fasce d'età Il tasso di natalità, quello di mortalità e la speranza di vita determinano insieme la **struttura demografica di una popolazione**, cioè il modo in cui la popolazione, maschile e femminile, si distribuisce tra le varie **fasce di età**, che in genere hanno l'ampiezza di 5 anni.

Per rappresentare graficamente la struttura di una popolazione si usa la **piramide demografica**. Il nome "piramide" deriva dal fatto che in condizioni naturali una popolazione ha una base larga (fig. 1), in quanto l'alta natalità fa sì che il numero di giovani sia elevato, mentre a mano a mano che si passa alle fasce d'età successive la struttura si restringe, fino ad assottigliarsi al massimo in punta, perché la speranza di vita è bassa e gli anziani sono quindi pochi. La piramide demografica **ci spiega molte cose di una popolazione**, ad esempio se riguarda un Paese avanzato oppure uno del sottosviluppo.

Conoscere la struttura di una popolazione è importante anche perché **possiamo capire non solo il suo presente ma in un certo senso anche il suo futuro**. Un esempio? Se la piramide tende a capovolgersi, cioè se la parte più alta diventa via via più larga della base (fig. 2), significa che la popolazione sta fortemente invecchiando.

Il **tasso di natalità varia in relazione a diversi fattori**, quali il livello di sviluppo sociale ed economico, le politiche adottate dai vari Paesi per favorire le nascite e sostenere le famiglie, ma anche fattori di carattere culturale e religioso.

In generale i Paesi più benestanti hanno un tasso di natalità basso, mentre nei Paesi più poveri questo indicatore raggiunge i valori massimi.

Il **tasso di mortalità** dipende invece essenzialmente da **due fattori**: le condizioni igienico-sanitarie (che a loro volta sono un riflesso del grado di sviluppo economico) e la percentuale di anziani sul totale della popolazione.

La differenza tra questi due tassi esprime il **tasso di incremento naturale della popolazione**, che può essere positivo o negativo.

Un altro indicatore importante per valutare il livello sociale ed economico raggiunto da una popolazione è il **tasso di mortalità infantile**, cioè il rapporto tra il numero di bambini morti nel primo anno di vita e il totale dei bambini nati nello stesso anno, anche in questo caso moltiplicato per 1.000. Oggi, nei Paesi sviluppati questo tasso ha ovunque valori molto bassi, mentre resta elevato nei Paesi più poveri.

Saldo naturale, saldo migratorio

Per vedere come varia la popolazione di un Paese in un determinato periodo di tempo (di solito un anno) si prendono in considerazione:

- il **saldo naturale**, che rappresenta la differenza tra il numero dei nati e il numero dei morti;

- il **saldo migratorio**, che indica la differenza tra il numero delle persone immigrate nel Paese e il numero di quelle che, nello stesso arco di tempo, l'hanno lasciato per andare a stabilirsi all'estero.

Quando il numero dei nati e quello dei morti si equivalgono, si parla di "**crescita zero**".

Se consideriamo congiuntamente i due indicatori, otteniamo il **saldo demografico**, da cui possiamo capire se la popolazione è nel complesso aumentata o diminuita.

Che cos'è la speranza di vita?

In demografia, è importante anche l'indicatore definito **speranza di vita**, che esprime il numero di anni che un bambino nato in un determinato momento può aspettarsi di vivere; la speranza di vita tiene conto dunque della durata media della vita in un certo luogo. I fattori che influiscono maggiormente su questo indicatore sono:

- il **livello di sviluppo economico**;

- la maggiore o minore diffusione di **malattie epidemiche**;

- la possibilità di accedere a **servizi sanitari di buon livello**;

- la **disponibilità di medicinali**.

La speranza di vita raggiunge i valori massimi in diversi Paesi a economia avanzata, mentre si colloca sui valori più bassi nei Paesi in via di sviluppo.

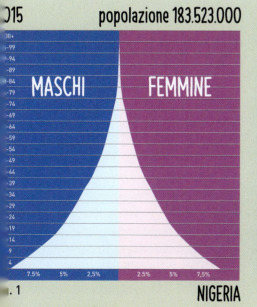

2015   popolazione 183.523.000

MASCHI   FEMMINE

7.5% 5% 2,5%   2,5% 5% 7,5%

. 1   NIGERIA

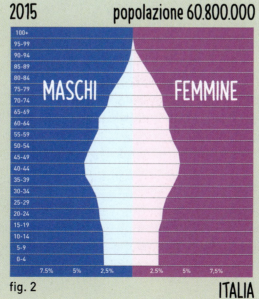

2015   popolazione 60.800.000

100+
95-99
90-94
85-89
80-84
75-79   MASCHI   FEMMINE
70-74
65-69
60-64
55-59
50-54
45-49
40-44
35-39
30-34
25-29
20-24
15-19
10-14
5-9
0-4

7.5% 5% 2,5%   2,5% 5% 7,5%

fig. 2   ITALIA

impara   **IMPARARE**

__COMPLETO

1 Che differenza c'è fra i concetti di popolo e di popolazione?
Popolo = ...
....
Popolazione = ...
....

2 La piramide demografica indica come
.... la popolazione
.... e ....
tra le varie .... d'età,
distinte ogni ....

LA POPOLAZIONE EUROPEA

◢ Il "peso demografico" dell'Europa è sempre più ridotto

L'Europa è cresciuta ma sta diventando sempre più piccola! Una contraddizione? Non proprio, se parliamo di demografia.

Come abbiamo appena visto, la popolazione europea è aumentata notevolmente negli ultimi due secoli, ma **da qualche decennio c'è stata una brusca frenata nella crescita**, mentre gli altri continenti hanno proseguito al galoppo.

Il risultato è che **il peso demografico dell'Europa nel mondo va continuamente riducendosi**. Nell'800 il nostro piccolo continente aveva infatti una popolazione di gran lunga superiore a quella dell'Africa, dell'America e dell'Oceania messe insieme e ancora alla metà del '900 i suoi abitanti erano quasi pari alla somma di quelli dell'Africa e del continente americano.

Oggi l'Europa è il penultimo continente per numero di abitanti, davanti all'Oceania.

◢ Il tasso di natalità europeo è inferiore alla media

In Europa il tasso di natalità è pari a 10,4, un valore **mediamente basso, più che in ogni altro continente**: tutti i Paesi europei, infatti, si collocano al di sotto della media mondiale, che è di circa 19 nuovi nati all'anno ogni 1.000 abitanti.

Tuttavia, la situazione cambia notevolmente tra le varie regioni e i vari Stati. I valori più bassi si riscontrano nei Paesi dell'Europa mediterranea e in quelli dell'Europa centrale: in fondo alla classifica mondiale c'è la **Germania**, con un valore pari a 8 nuovi nati all'anno ogni 1.000 abitanti. Il tasso di natalità più alto si raggiunge invece in **Irlanda**, dove è pari a 16, grazie a fattori culturali e a una popolazione più giovane. Valori decisamente più alti della media europea si hanno poi in **Islanda** (13) e in Francia (12,6).

◢ Alta qualità della vita, ma pochi figli

Nel complesso la popolazione europea gode di **un'alta qualità della vita**, seppure rimangano **differenze rilevanti** tra le varie aree del continente.

Nella seconda metà del '900, infatti, gran parte dei Paesi europei (soprattutto dell'Europa occidentale) ha avuto una **crescita economica rapida e intensa**, che ha portato a **radicali cambiamenti anche di tipo sociale e culturale**.

A questo aumento del benessere si è accompagnato un **forte calo del tasso di fertilità**, cioè il numero medio di figli per ogni donna in età fertile: nel 1970 nei Paesi che compongono l'Unione Europea, la media era di 2,4 figli per donna, oggi siamo a circa 1,5. Se consideriamo che per mantenere stabile una popolazione occorre che la media sia di 2,1 figli per donna, è facile capire che ormai da tempo la popolazione europea si è avviata verso un inesorabile declino.

DOMANDA&RISPOSTA

? **Il tasso di mortalità è più alto in Germania o nella Costa d'Avorio?** La risposta a questo quesito è semplice solo all'apparenza: in realtà, si tratta di una domanda trabocchetto! Verrebbe di getto da rispondere che è più alto in Costa d'Avorio, così come in altri Paesi africani, dove le malattie mietono ancora molte vittime. Invece è vero il contrario: la mortalità è più alta in Germania. Come si spiega? In Germania, come in altri Paesi europei, ci sono molti più anziani! Dunque, si può dire che la struttura della popolazione per fasce d'età è talvolta addirittura più rilevante delle malattie e della malnutrizione nell'influire sul tasso di mortalità.

◢ Il Vecchio Continente... è sempre più vecchio!

L'aumento del benessere ha avuto però anche **un'altra importante conseguenza**. Se da un lato ha portato a una riduzione del tasso di fertilità, dall'altro ha **aumentato notevolmente la durata media della vita**. La migliore alimentazione, la possibilità di accedere a cure mediche di alto livello, la maggiore consapevolezza riguardo ai comportamenti che possono favorire l'insorgere di malattie hanno fatto sì che la speranza di vita di molti Paesi europei abbia raggiunto i **valori massimi mondiali**. Secondo l'Organizzazione Mondiale della Sanità, **ben 7 dei primi 10 Paesi del mondo per speranza di vita si trovano in Europa**.

Nell'Europa occidentale, mediamente la speranza di vita si colloca attorno agli 80 anni (il dato è un po' più alto per le donne rispetto agli uomini); questo valore si riduce a mano a mano che ci si sposta verso est, arrivando ai valori minimi in Russia e negli altri Paesi dell'Europa orientale che facevano parte dell'ex Unione Sovietica (dove non supera in media i 68 anni). Nel nostro continente ci sono perciò sempre meno bambini e sempre più anziani. Non è un caso, quindi, se **18 dei primi 20 Paesi del mondo con l'età media della popolazione più alta si trovano in Europa**.

impara **IMPARARE**

— COMPLETO

1 Nel 1800 l'Europa aveva una popolazione .... alla somma di quella di .... Oggi l'Europa è il .... continente per numero di abitanti, davanti solo all'......................

2 L'Irlanda ha un tasso di natalità .... perché la popolazione è ....

3 Perché una popolazione si mantenga .... occorre che .... almeno .... figli per ogni donna.

4 Ben 7 dei primi 10 Paesi del mondo per .... si trovano in Europa.

GRAFICO
La popolazione per continenti

Allegato scaricabile

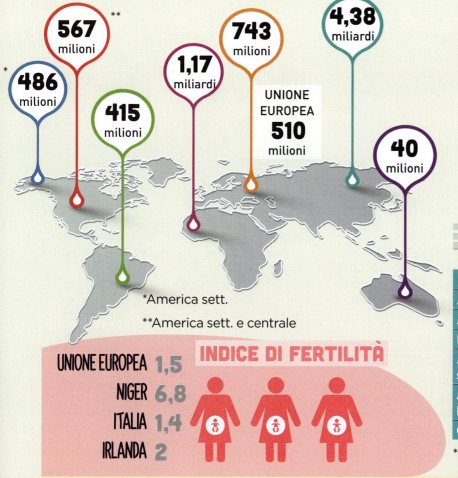

*America sett.

**America sett. e centrale

UNIONE EUROPEA **1,5**   INDICE DI FERTILITÀ
NIGER **6,8**
ITALIA **1,4**
IRLANDA **2**

TASSO DI NATALITÀ

NIGER 46,1   ITALIA 8,8   MONDO 19

UNIONE EUROPEA 10,4   USA 13,4

TABELLA
Andamento della popolazione mondiale (in % sul totale)

	1800	1850	1900	1950	2000	2050
Africa	10,9	8,8	8,1	8,8	12,8	19,8
Asia	64,9	64,1	57,4	55,6	60,8	59,1
Europa	20,8	21,9	24,7	21,7	12,2	7,0
America sett.*	0,7	2,1	5,0	6,8	5,1	4,4
America Latina	2,5	3,0	4,5	6,6	8,5	9,1
Oceania	0,2	0,2	0,4	0,5	0,5	0,5

*Stati Uniti e Canada

L'andamento della popolazione nel tempo

Dal 1861, anno dell'Unità d'Italia, a oggi, **la popolazione italiana è quasi triplicata**: allora gli abitanti erano poco più di 22 milioni, mentre oggi sono circa 61 milioni. Attualmente l'Italia è il quarto Stato europeo per popolazione, anche se solo la Germania ha un numero di abitanti significativamente superiore.

Negli oltre 150 anni di vita del Paese, la popolazione è aumentata progressivamente ma **in modo non regolare**. Fino agli anni '60 del secolo scorso è cresciuta in modo più intenso, perché il **tasso di natalità era alto** e riusciva quasi sempre a superare nettamente il tasso di mortalità.

In seguito, il tasso di incremento della popolazione italiana si è ridotto sensibilmente, a causa del **forte calo delle nascite**. Negli anni '90 la popolazione ha smesso di crescere, mentre con l'avvio del nuovo millennio si è assistito a una **notevole ripresa**, dovuta tuttavia solo alla **forte immigrazione**. Il saldo naturale, cioè la differenza tra il numero dei nati e quello dei morti, è da tempo negativo.

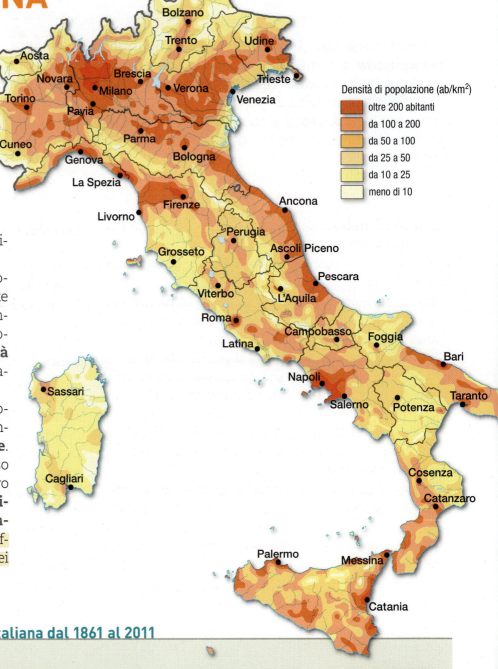

Densità di popolazione (ab/km²)
- oltre 200 abitanti
- da 100 a 200
- da 50 a 100
- da 25 a 50
- da 10 a 25
- meno di 10

GRAFICO

Censimenti della popolazione italiana dal 1861 al 2011

Il Nord è in crescita

La popolazione **non è aumentata ovunque allo stesso modo**: al tempo in cui nacque l'Italia, Nord e Sud del Paese avevano circa lo stesso numero di abitanti, ma in seguito la popolazione del Nord è aumentata decisamente, a causa di una forte emigrazione dalle regioni meridionali verso quelle settentrionali.

Una distribuzione non equilibrata

Gli oltre 60 milioni di Italiani si distribuiscono nel Paese **in modo disomogeneo**.
I motivi sono diversi, ma alcuni sono particolarmente importanti.

- In primo luogo bisogna considerare la **forma del territorio**: le aree montuose presentano sempre una bassa densità di popolazione, perché il territorio montano non si presta all'edificazione delle città. Anche la difficoltà degli spostamenti contribuisce a scoraggiare l'insediamento umano. Per questo motivo, tra le regioni italiane con la minore densità di abitanti troviamo la Valle d'Aosta e il Trentino-Alto Adige, che hanno un territorio in larghissima parte montuoso.
- Un altro fattore importante è **di tipo economico**, in quanto la popolazione tende a concentrarsi maggiormente nelle aree in cui ci sono più attività produttive e, di conseguenza, maggiori **opportunità di lavoro**.
- Inoltre, la densità cresce laddove più intensa è stata l'**urbanizzazione**, cioè dove ci sono più città.

Considerando questi tre fattori non stupisce che **l'area più abitata del Paese sia la Pianura Padana**.
Oggi l'Italia ha una densità media di popolazione piuttosto elevata, pari a **202 abitanti per km²**.
Alcune regioni, come la **Campania**, la **Lombardia**, ma anche il Lazio e la Liguria, superano ampiamente questo valore, mentre altre, come le regioni montane già citate, la Sardegna e la Basilicata hanno valori molto più bassi.

Meno bambini...

I **cambiamenti economici e sociali** avvenuti a partire dalla seconda metà del '900 hanno avviato una vera e propria rivoluzione nella struttura della popolazione italiana, soprattutto perché si è verificato un **drastico calo delle nascite**, come dimostra la variazione del **tasso di fecondità**: nel 1949 era pari a 3, mentre a metà degli anni '90 era sceso addirittura a 1,18, un valore molto più basso rispetto al 2,1 che serve a mantenere stabile la popolazione. Solo **dalla seconda metà degli anni '90, il numero di bambini nati è ripreso a crescere**, soprattutto come conseguenza della forte immigrazione e del fatto che le donne provenienti da Paesi stranieri danno alla luce in media quasi il doppio dei figli rispetto alle donne italiane (2,37 per ogni donna straniera, 1,29 per ogni donna italiana).
Il fenomeno della **denatalità**, cioè appunto della diminuzione delle nascite, **si è manifestato in modo diverso tra Nord e Sud**: fino agli anni '90 nel Sud il tasso di fecondità si era mantenuto più alto rispetto al Nord, ma in seguito è notevolmente diminuito.

1 Durante il fascismo con sette figli si otteneva il premio natalità.

2 L'immigrazione ha fatto crescere il tasso di fecondità.

3 In Italia spesso le famiglie hanno un unico figlio.

GRAFICO
Speranza di vita in alcuni Paesi del mondo

GIAPPONE	**84**
ITALIA	**83**
SVIZZERA	**83**
CINA	**75**
NIGER	**59**

L'indice di vecchiaia si calcola per determinare il grado di invecchiamento di una popolazione. Esprime il numero di anziani (di 65 anni o più) ogni 100 giovani (sotto i 15 anni). Se l'indice aumenta significa che a parità di numero di giovani la popolazione degli anziani sta aumentando.

... e più anziani

Mentre il numero medio di bambini per donna è drasticamente calato, è **aumentato** invece **fortemente il numero di anziani**. Per le statistiche, si considera popolazione anziana quella oltre i 64 anni di età. Il forte aumento del numero degli anziani è principalmente una conseguenza dell'andamento della **speranza di vita**, che ha avuto una crescita eccezionale.

Nel **1880** in Italia la speranza di vita alla nascita era pari a **35,4 anni**. Questo valore così basso era dovuto anche a una mortalità infantile elevata, che abbassava di molto la media.

Nel **1930** la speranza di vita era già salita a **54,9 anni**, mentre **oggi** è addirittura pari a 83: secondo l'Organizzazione Mondiale della Sanità l'Italia per aspettativa di vita occupa il secondo posto nel mondo, insieme con la Svizzera, dopo il Giappone.

Questa situazione si riflette nell'**età media dei cittadini italiani, che ha superato i 44 anni**: si tratta di uno dei valori più alti del mondo! In Irlanda e in Islanda, i Paesi più giovani d'Europa, l'età media è pari a 35 anni mentre in molti Paesi africani è compresa tra 15 e 20 anni.

La situazione non è però omogenea in tutto il Paese: in Liguria, che è la regione "più vecchia", l'età media degli abitanti supera i 47 anni, mentre in Campania, la regione più giovane, è di 40 anni.

GRAFICO
L'indice di vecchiaia in Italia

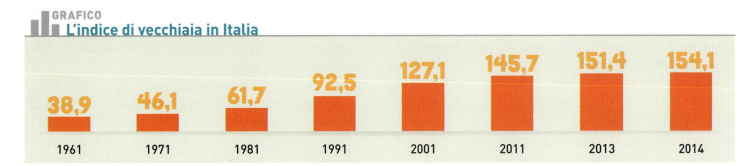

1961	1971	1981	1991	2001	2011	2013	2014
38,9	46,1	61,7	92,5	127,1	145,7	151,4	154,1

CURIOSITÀ

La crescita vertiginosa dei centenari italiani

Il numero di anziani in Italia è salito moltissimo negli ultimi decenni, perché la speranza di vita ha continuato ad aumentare. C'è un dato particolare che riflette bene questo cambiamento: quello della popolazione con più di 100 anni.

Solo dal 2001 a oggi è più che triplicata in Italia: da 5.400 individui a 18.500! I centenari, che sono donne per l'80%, sono presenti in tutte le regioni, compresa la piccola Valle d'Aosta; quella che ne ha di più in rapporto al numero di abitanti è la Liguria.

Un'altra curiosità riguarda la persona vivente più longeva d'Italia: una donna di Verbania, in Piemonte, ha 116 anni! Il particolare straordinario è che si tratta dell'ultima persona ancora in vita in Italia nata nell'800, più precisamente nel 1899. Inoltre, è in assoluto la persona più longeva d'Italia e, a livello mondiale, occupa il 14° posto!

La rivoluzione demografica si riflette sul Paese

Sapere quali sono il valore e l'andamento del tasso di natalità e di mortalità, quanti figli mette al mondo in media una donna, quanto vive (sempre in media) ogni persona, non è importante solo ai fini statistici, serve anche per capire verso quale direzione sta andando il Paese, come sarà strutturata la popolazione di domani e, di conseguenza, quali saranno i nuovi bisogni e quanto potranno costare i servizi necessari per soddisfarli.

Secondo i demografi, la popolazione italiana è destinata a invecchiare ulteriormente: gli **ultra 65enni**, che già oggi rappresentano oltre il 20% della popolazione complessiva, tra 40 anni saranno saliti al 33%. Nel contempo, **si è ridotta e si ridurrà ancora la percentuale di popolazione attiva**, cioè della popolazione in età lavorativa.

In futuro, dunque, aumenteranno notevolmente i costi da sostenere per rispondere alle necessità della popolazione anziana (pensioni e assistenza sanitaria), mentre **diminuirà il numero di individui produttivi** in grado di generare le risorse con cui far fronte a quelle maggiori spese.

Tutto ciò rappresenta potenzialmente un grave problema, di cui chi amministra il Paese deve tener conto. Oggi, ad esempio, risultano importanti le **politiche volte a sostenere la natalità**, necessarie per riequilibrare la struttura della popolazione e rallentare così il rapido invecchiamento della nostra società.

1 La Liguria è la regione dove l'età media è più alta.

2 Per rallentare l'invecchiamento della società italiana sono necessarie politiche di sostegno alla natalità.

BONUS BEBÈ
A ALLE DOMANDE
O A 160 EURO AL MESE PER 3 ANNI

ONATI NEL 2015
E FINO A 25 MILA EURO (80 EURO MESE)
E FINO A 7 MILA EURO (160 EURO MESE)

SONO RICHEDERE IL BONUS:
MME E PAPÀ ITALIANI
ADINI DELL' UE
ADINI STRANIERI CON CARTA DI SOGGIORNO
GIATI POLITICI

impara — IMPARARE

RISPONDO

1 Quanti sono oggi gli abitanti dell'Italia?

2 Com'era il tasso di natalità in Italia fino al 1960?
☐ positivo ☐ negativo

3 Che cos'è il tasso di fecondità?

4 Quale valore deve avere l'indice di fertilità perché la popolazione rimanga stabile?

COMPLETO

5 In Italia il numero di anziani è molto .... perché è .... la speranza di vita, arrivata oltre gli ...., tanto che la nostra nazione occupa il .... posto al mondo insieme alla .... e dopo il .... La regione più giovane d'Italia è la ....; la più vecchia la ....

EUROPA, DALL'EMIGRAZIONE ALL'IMMIGRAZIONE

Le cause delle migrazioni

Da sempre la nostra specie è caratterizzata da **una grande mobilità**, che l'ha portata a occupare buona parte delle terre emerse. Le migrazioni, cioè gli **spostamenti di gruppi umani da un luogo a un altro della Terra**, sono avvenute in ogni epoca, fin dalla più lontana preistoria. Quando parliamo di migrazioni ci riferiamo a **spostamenti definitivi o comunque durevoli**, non a spostamenti temporanei. È soprattutto **negli ultimi due secoli** che questo fenomeno ha però assunto proporzioni rilevanti e talvolta drammatiche.

Le **cause all'origine delle migrazioni** possono essere distinte in quattro categorie.

- **Motivazioni di carattere economico**: gli uomini cercano continuamente di migliorare le proprie condizioni di vita e, a questo scopo, si allontanano dalla propria terra d'origine. Spesso chi parte lascia alle spalle una situazione di povertà legata alle condizioni economiche generali del proprio Paese o alla mancanza di lavoro; in altri casi, invece, si trasferisce per trovare lavori più qualificati o meglio retribuiti.

- **Motivazioni legate a conflitti e guerre civili**: in alcuni casi, grandi movimenti migratori sono provocati dalle guerre o da forti tensioni politiche e sociali in atto in alcune regioni o Paesi del mondo. Chi scappa da questi Paesi viene definito "**profugo**".

- **Motivazioni legate a persecuzioni o discriminazioni per motivi religiosi, politici, razziali**: in questo caso si parla non di profughi ma di "**rifugiati**", una categoria di migranti che gode di una particolare tutela a livello internazionale.

- **Motivazioni legate a calamità naturali**, come i terremoti, le grandi eruzioni vulcaniche o situazioni di grave siccità.

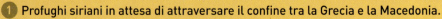

① Profughi siriani in attesa di attraversare il confine tra la Grecia e la Macedonia.
② Profughi pakistani colpiti dalla guerra tra esercito e talebani.
③ Emigranti italiani in partenza per l'America negli anni '60 del Novecento.

Quando l'Europa era un continente di emigranti

Dal '500 al periodo successivo alla Seconda Guerra Mondiale (dal 1945 in poi), l'Europa ha conosciuto diverse fasi caratterizzate da una **forte emigrazione verso altri continenti**.

Secondo le stime, nei tre secoli che hanno seguito la scoperta dell'America (quindi il periodo tra il '500 e il '700), ben 6 milioni di persone hanno lasciato il nostro continente diretti verso il Nuovo Mondo. Si trattava soprattutto di **Spagnoli**, ma anche **Portoghesi**, **Inglesi** e **Francesi**.

Fu però **nel corso dell'800** che l'emigrazione dall'Europa divenne un vero e proprio **fenomeno di massa**. Le **cause** sono diverse: in quel secolo la popolazione europea conobbe un incremento straordinario ma dovette affrontare anche **gravi carestie**. In generale, la popolazione era cresciuta troppo rispetto alla **capacità portante** (vale a dire le risorse disponibili) del continente a quell'epoca. Fu così che si posero le basi per un'altra eccezionale emigrazione di massa.

Tra l'ultimo decennio dell'800 e lo scoppio della Prima Guerra Mondiale (1914) partirono soprattutto i cittadini degli Stati del Sud e dell'Est: **Italiani**, **Greci**, ma anche **Russi** e **Polacchi**.

Verso l'America e l'Australia

Tra la seconda decade dell'800 e il 1914 l'emigrazione dall'Europa fu un fenomeno di dimensioni tali che riesce persino difficile immaginarle.

Per capire meglio, vediamo allora qualche dato. Si stima, ad esempio, che ben **17 milioni di Inglesi** lasciarono la madrepatria per raggiungere gli **Stati Uniti** e il **Canada**, ma anche l'**Australia** e la **Nuova Zelanda**.

Anche dalla "piccola" **Irlanda** l'esodo fu di proporzioni bibliche: a lasciare il Paese furono addirittura **6 milioni** di persone, dirette verso gli Stati Uniti e la Gran Bretagna. Inoltre, se i **Tedeschi** dei giorni nostri vivono nel Paese economicamente più forte d'Europa, i loro avi dell'800 non furono altrettanto fortunati: oltre **6 milioni** abbandonarono il Paese, anche in questo caso per raggiungere gli Stati Uniti. A lasciare il continente furono anche 3 milioni di **Spagnoli** e **Portoghesi**, i primi diretti soprattutto in **Argentina**, i secondi in **Brasile**.

L'emigrazione da molti Paesi europei proseguì per buona parte del secolo scorso, fino agli anni '70.

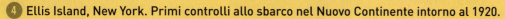

4 Ellis Island, New York. Primi controlli allo sbarco nel Nuovo Continente intorno al 1920.
5 Una famiglia di emigranti appena arrivati nella nuova patria.

Il benessere europeo attrae nuova popolazione

L'Europa è stata dunque a lungo una terra di emigranti. Tuttavia, nel corso del '900 il nostro continente è diventato teatro anche del fenomeno opposto: **l'immigrazione da altre regioni del mondo**. Le **cause** sono parecchie, ma alcune sono state più rilevanti di altre.

In primo luogo, dopo la Seconda Guerra Mondiale (cioè dopo il 1945), diversi Paesi dell'Europa occidentale hanno visto crescere molto l'economia e il livello di benessere, e hanno cominciato ad attrarre cittadini dai continenti meno sviluppati, in particolare **dall'Asia e dall'Africa**, ma anche dall'**America Latina**.

Inoltre, proprio nel corso del '900 è accaduto un **fenomeno senza precedenti**, che ha interessato soprattutto i continenti appena citati: la **crescita esplosiva della popolazione**. Alla metà del '900 l'Africa aveva circa 230 milioni di abitanti, oggi sono oltre 1,1 miliardi; sempre nel 1950, in Asia c'erano 1,4 miliardi di persone, salite oggi a 4,4 miliardi. Questa crescita spropositata della popolazione nelle regioni più arretrate economicamente ha reso l'emigrazione inevitabile.

Molti fuggono dalle guerre

Alle **motivazioni** che riguardano gli **aspetti economici e demografici** bisogna poi aggiungerne un'altra: nel corso del '900, ma ancora ai giorni nostri, molti Paesi africani e asiatici sono stati teatro di **sanguinose guerre**, oppure sono stati schiacciati da **feroci dittature**, spingendo sempre più persone ad abbandonare il loro Paese di origine per raggiungere la pacifica Europa.

Quanti sono e dove sono gli immigrati in Europa?

Si calcola che nei Paesi dell'Unione Europea risiedano **circa 35 milioni di persone nate in altri continenti**. I Paesi che ospitano il maggior numero di immigrati sono la **Germania**, dove si è insediata una numerosa comunità di Turchi; la **Spagna**, raggiunta da un alto numero di Nordafricani, in particolare dal vicino Marocco; la **Francia**, dove pure è forte la presenza di Nordafricani; il **Regno Unito**, in cui sono giunti immigrati dalle molte ex colonie sparse nel mondo, e infine l'**Italia**.

I principali Paesi di provenienza sono la **Turchia**, il **Marocco**, la **Cina**, l'**India**, il **Pakistan**.

1 Cartello bilingue alla stazione ferroviaria di Southall, quartiere a ovest di Londra che ospita una numerosa comunità indiana.

2 A Berlino è insediata una comunità turca da generazioni. Nell'immagine, un assortimento di spezie nel popolare mercato turco di Maybachufer.

3 Bambini immigrati in una scuola materna ad Aubervilliers (Parigi) nel 1956.

Le migrazioni interne

Oltre all'immigrazione proveniente da continenti extraeuropei, esiste un altro tipo di immigrazione che deriva dagli spostamenti interni all'Europa: si tratta in questo caso di **migrazioni interne**, che si possono distinguere a grandi linee in **due tipologie**, a seconda delle aree di origine dei migranti:

- il primo tipo riguarda gli spostamenti **dai Paesi dell'Europa mediterranea verso quelli della parte centro-settentrionale del continente**;
- il secondo tipo si riferisce alle migrazioni **dai Paesi dell'Est verso l'Ovest**.

In entrambi i casi, i flussi migratori sono stati originati dal **diverso livello di sviluppo economico raggiunto dalle varie regioni d'Europa**.

Per buona parte del '900, numerosi cittadini dei Paesi dell'Europa mediterranea, come l'Italia, la Grecia e la Spagna, si sono diretti in Germania, in Svizzera, nel Regno Unito, in Belgio, **in cerca di un lavoro, oppure di salari più alti e di un livello di vita migliore**: i Paesi dell'Europa centrale e settentrionale hanno infatti conosciuto uno sviluppo economico più precoce e più intenso.

Negli ultimi anni, a causa della **grave crisi che ha colpito soprattutto i Paesi del sud dell'Europa** (v. pag. 229), questo flusso migratorio ha ripreso vigore.

Il secondo tipo di migrazione, dall'Est verso l'Ovest, si è sviluppato soprattutto a partire dai **primi anni '90 in seguito al crollo dei regimi comunisti** nei Paesi dell'Europa orientale (v. pag. 228).

Con le dittature comuniste al potere, per i cittadini dell'Est era molto difficile lasciare il proprio Paese, ma quando i regimi sono caduti in molti hanno preferito abbandonare la propria terra d'origine per rifarsi una vita nei **Paesi dell'Europa occidentale, caratterizzati da un'economia più avanzata e da standard di vita molto più alti**.

(v. pag. 229) ... (v. pag. 228)

---

impara **IMPARARE**

— LAVORO SUL LESSICO

1 Collega ogni parola alla giusta definizione.

Rifugiato		Colui che scappa dalla guerra.
Profugo		Colui che sfugge a persecuzioni.

— COMPLETO

2 Dal 1500 alla metà del .... circa 6 milioni di Europei sono .... in America: erano soprattutto ...., Portoghesi, ... e Francesi, ma nel .... l'emigrazione europea divenne addirittura inarrestabile anche perché la popolazione era .... molto rapidamente grazie alla riduzione della .... per i progressi della .... ed economici.

— RISPONDO

3 Perché, nonostante il saldo naturale negativo, oggi la popolazione europea continua ad aumentare?

3

191

EMIGRAZIONE E IMMIGRAZIONE IN ITALIA

Osservo e IMPARO pag. 24 · Erickson

L'emigrazione tra fine '800 e inizi '900

Oggi l'Italia è meta di molti immigrati, ma in passato è accaduto esattamente il contrario. Nella seconda metà dell'800, la povertà, diffusa in ampi settori del Paese, portò molti Italiani a emigrare in cerca di migliori condizioni di vita: **tra il 1876 e il 1900** furono **oltre 5 milioni**. A quell'epoca gli emigranti provenivano **in massima parte dalle regioni del Nord e del Nord-Est in particolare** (soprattutto Veneto e Friuli-Venezia Giulia). **Dall'inizio del '900 al 1915** (anno in cui l'Italia è entrata nella Prima Guerra Mondiale) se ne aggiunsero **altri 9 milioni: in questa fase furono però le regioni del Sud**, soprattutto Sicilia e Campania, a far registrare il record degli espatri.

Verso i Paesi europei, poi nelle Americhe

Mentre nella prima fase di questa grande ondata migratoria le **mete predilette** erano i **Paesi europei**, dal 1886 presero il sopravvento le **Americhe**: dapprima l'America Meridionale, in particolare il **Brasile** e l'**Argentina** (si calcola che agli inizi del '900 gli Italiani residenti a Buenos Aires fossero già 250.000), poi gli **Stati Uniti**, dove in poco tempo si erano sviluppati grandi centri industriali, come New York e Chicago, che offrivano la **speranza di trovare un lavoro e condizioni di vita dignitose**.
Lo scoppio della Prima Guerra Mondiale segnò la fine dei viaggi transoceanici.

L'emigrazione riprende dopo il 1945

Tra la Prima e la Seconda Guerra Mondiale **il flusso di emigrazione si arrestò quasi completamente, per diverse cause**: in primo luogo, gli Stati Uniti iniziarono ad adottare una politica restrittiva sull'immigrazione dai Paesi dell'Europa mediterranea e, nel contempo, il regime fascista si dichiarò contrario all'emigrazione. A fermare l'esodo contribuì anche la gravissima crisi economica che si diffuse nel mondo negli anni '30. **Alla fine del secondo conflitto mondiale (1945) l'emigrazione riprese**, diretta questa volta soprattutto **verso la Francia e poi la Svizzera e la Germania**, Paesi con un'economia in forte crescita, in grado di offrire buone opportunità di lavoro. Questa fase dell'emigrazione, interna all'Europa, toccò un picco tra gli anni '50 e '70, quando lo sviluppo industriale raggiunse i massimi livelli. Nel complesso, si stima che siano stati **quasi 30 milioni gli Italiani a lasciare il Paese dalla nascita del Regno d'Italia agli anni '70 del secolo scorso**. I Paesi che ne hanno accolti di più sono **il Brasile, l'Argentina e gli Stati Uniti**.

L'emigrazione ai giorni nostri

A partire dal **2008**, anno di inizio di una forte crisi economica con conseguente aumento della **disoccupazione**, l'Italia è diventata di nuovo una terra di emigranti, al punto che, nonostante il forte afflusso immigratorio, nel 2014 il numero di emigrati

ITALIANI IN AMERICA Dalla fine dell'800, decine di transatlantici salparono dai porti italiani alla volta del Nord America. Alcune navi erano in grado di ospitare diverse migliaia di emigranti, per affrontare viaggi lunghissimi, in media 10-12 giorni. Nelle varie città americane sorsero delle comunità italiane che si allargarono sempre più, spesso organizzandosi intorno a un quartiere. Nell'immagine, Little Italy, a New York, agli inizi del '900.

ha superato quello degli immigrati per la prima volta negli ultimi 20 anni. Gli Italiani che decidono di trasferirsi all'estero oggi **scelgono come prima meta la Gran Bretagna e Londra soprattutto**, dove vivono circa 250.000 Italiani (più o meno come a Verona o Venezia), poi la **Germania**, la **Svizzera** e la **Francia**. Si tratta soprattutto dei cosiddetti "cervelli in fuga", cioè di laureati che non trovano un impiego adeguato nel nostro Paese, ma ci sono anche le "braccia in fuga", ovvero la manodopera meno qualificata.

◢ Negli anni Duemila esplode il fenomeno immigrazione

L'immigrazione nel nostro Paese è un fenomeno recente, diventato evidente solo a partire dai primi anni '70 del secolo scorso. Nel 1973, per la prima volta, il numero degli immigrati ha superato quello degli emigrati. Si trattava ancora di un fenomeno di dimensioni modeste: agli inizi degli anni '80 gli stranieri in Italia erano poco più di 300.000 e ancora nel 1991 si attestavano sui 600.000.
Il 1991 segnò una svolta e per la prima volta il nostro Paese si trovò ad affrontare un'immigrazione di massa: con il crollo dei regimi comunisti dei Paesi dell'Est Europa, decine di migliaia di Albanesi raggiunsero il porto di Brindisi, in Puglia.
Tuttavia **l'esplosione di questo fenomeno si è avuta solo nel nuovo millennio**: tra il 2000 e il 2015 il numero di immigrati è quasi quintuplicato! **Il numero di stranieri residenti è aumentato ogni anno**. A partire dal 2014 l'arrivo di immigrati ha assunto **proporzioni mai raggiunte in precedenza**: centinaia di migliaia di migranti, provenienti dall'Africa, dalla Siria (teatro di un terribile conflitto) e da altri Paesi asiatici, hanno attraversato il Canale di Sicilia su precari barconi per raggiungere l'Italia e gli altri Paesi europei. Ai giorni nostri le comunità straniere più consistenti sono quella **rumena** (1,1 milioni), **albanese** (circa 500.000) e **marocchina** (450.000). **La maggior parte degli immigrati si concentra nelle regioni del centro-nord**. Secondo una stima relativa al 2015, gli **immigrati** nel nostro Paese sono **circa 5 milioni**.

■■■ ▉TABELLA
Principali comunità straniere presenti in Italia (dati 2015)

Paese	Valore assoluto	Incidenza sul totale stranieri
Romania	1.131.839	22,57%
Albania	490.483	9,78%
Marocco	449.058	8,96%
Cina	265.820	5,30%
Ucraina	226.060	4,51%
Filippine	168.238	3,36%
Moldova	147.388	2,94%
India	147.815	2,95%
Perù	109.668	2,19%
Polonia	98.694	1,97%

impara ◢ **IMPARARE**

__COMPLETO

1 Tra il 1876 e il 1900 circa .... di Italiani lasciarono l'Italia dalle .... ; tra il 1900 e lo scoppio della .... partirono 9 milioni di persone dalle regioni del Sud. L'emigrazione ricominciò dopo la ...., e fu molto intensa dagli anni '50 agli anni '70. Oggi nuovamente, dallo scoppio ...., sono in molti a lasciare il Paese.

2 Dopo il 2008 i flussi migratori italiani si sono diretti verso ....
....

▉▉GRAFICO
Dove emigrano gli Italiani (dati 2013)

⬇ Allegato scaricabile

TOTALE 82.095

27% Altro
2% Australia
2% Argentina
3% Belgio
4% Brasile
5% Spagna
16% Gran Bretagna
14% Germania
12% Svizzera
9% Francia
6% Stati Uniti

LE LINGUE IN EUROPA

Un piccolo continente con molte lingue

L'Europa è un piccolo continente ma ha una **straordinaria varietà di lingue**. Nella sola Unione Europea le lingue ufficiali sono ben 24, dato che la maggior parte degli Stati ha una propria lingua.

Anche i Paesi che fino a non molti anni fa facevano parte di un solo Stato, oggi hanno diverse lingue ufficiali. È il caso per esempio dei Paesi dell'ex Jugoslavia: in Croazia si parla il croato, in Slovenia lo sloveno, in Serbia il serbo, e così via.

Ci sono però alcune **lingue che sono diffuse in più Stati**:

- il **tedesco**, oltre che in Germania, si utilizza in Austria, in parte della Svizzera e nel Liechtenstein;
- l'**inglese** si parla nel Regno Unito e in Irlanda;
- il **francese** è utilizzato in Francia, in parte del Belgio e della Svizzera, nel Principato di Monaco.

Ed esistono anche **Stati in cui vi sono più lingue ufficiali**:

- la **Svizzera**, in cui si parlano tedesco, francese e italiano;
- il **Belgio**, in cui si utilizzano francese e fiammingo.

In numerosi Stati ci sono inoltre **minoranze linguistiche** che utilizzano una lingua diversa da quella ufficiale. Infine, accanto a quest'ultima sono diffusi, nelle varie regioni, i **dialetti**.

Le lingue indoeuropee

Anche se ogni lingua è diversa dall'altra, esistono in alcuni casi delle affinità, che consentono di raggruppare le lingue all'interno di diverse **famiglie**. La relativa somiglianza all'interno di ogni famiglia linguistica deriva dall'**origine comune**, a cui è seguito poi un diverso cammino che ha portato alla differenziazione.

La principale famiglia linguistica è quella **indoeuropea**, al cui interno si distinguono diversi gruppi: le **lingue neolatine**, **germaniche**, **slave**, **baltiche**, **celtiche**, lingua **albanese** e lingua **greca**. Appartengono a questa grande famiglia altre lingue parlate in diversi Paesi del Medio Oriente e in parte dell'India (il che spiega perché si chiamino indoeuropee).

Le lingue non indoeuropee

In alcuni Paesi europei si utilizzano lingue che non hanno alcuna parentela con la grande famiglia indoeuropea. Si tratta, ad esempio, delle **lingue ugro-finniche**, diffuse in Ungheria (una vera e propria "isola linguistica" nella vasta regione delle lingue slave), in Finlandia e in Estonia.

Nei Paesi del Caucaso sono diffuse invece le **lingue altaiche**, come l'azerbaigiano, e quelle **caucasiche**, come il georgiano.

Un caso particolare è poi quello della lingua **maltese**, diffusa nel piccolo arcipelago a sud della Sicilia: è l'unica lingua europea appartenente alla **famiglia semitica**, che comprende anche l'arabo e l'ebraico.

Una curiosità linguistica è costituita dalla **lingua basca**, utilizzata nel Paese Basco, in Spagna, e nella regione confinante della Francia: **non ha alcuna parentela con qualunque altra lingua europea** e la sua origine, nonostante i molti studi effettuati fino a oggi, rimane avvolta nel mistero.

① L'inglese è la lingua germanica più diffusa nel mondo.

② L'ungherese è la lingua non indoeuropea più parlata nel territorio europeo.

③ La pietra runica di Karlevi, in Svezia, è una testimonianza dell'antica lingua vichinga.

Islandese

Norvegese

Svedese

Finlandese

Lappone

Samoiedo

R u s s o

Estone

Lettone

Lituano

Bielorusso

Danese

Gaelico

Inglese

Gallese

Olandese

Polacco

Tedesco

U c r a i n o

Bretone

Ceco

Slovacco

Moldavo

Francese

Ungherese

Rumeno

Franco-provenzale

Ladino

Friulano

Sloveno

Romancio

Occitano

Basco

Croato

Serbo

Bulgaro

Portoghese

Spagnolo

Catalano

Corso

Italiano

Albanese

Sardo

G r e c o

Maltese

Legenda

- Lingue neolatine
- Lingue germaniche
- Lingue slave
- Lingue baltiche
- Lingue celtiche
- Albanese
- Greco
- Lingue ugro-finniche e samoiedo
- Basco
- Maltese
- Lingue turche

Lingue **neolatine**
diffuse soprattutto nella regione mediterranea centro-occidentale, comprendono l'italiano, il francese, lo spagnolo, il portoghese, il rumeno e altre lingue locali.

Lingue **germaniche** diffuse
nell'Europa centro-settentrionale, comprendono il tedesco, l'inglese, l'olandese, le lingue scandinave (danese, svedese, norvegese) e l'islandese.

Lingue **slave** diffuse in
quasi tutta l'Europa orientale, comprendono il russo, l'ucraino, il bielorusso, il polacco, il bulgaro, il ceco e lo slovacco e le lingue dei Paesi che facevano parte della ex Jugoslavia (sloveno, croato, serbo, bosniaco).

Lingue **baltiche** diffuse
nell'Europa settentrionale, sono il lituano e il lettone.

Lingue **celtiche** diffuse
nelle Isole Britanniche e nel nord-ovest della Francia, comprendono l'irlandese, lo scozzese, il gallese, il bretone e altre lingue locali.

Lingua **albanese** forma
un gruppo a parte, diffuso in Albania e nel Kosovo.

Lingua **greca** costituisce
anch'essa un gruppo a sé stante, diffuso in Grecia e a Cipro.

Lingue **ugro-finniche** diffuse
nell'Europa orientale e settentrionale, sono il finlandese, l'ungherese, l'estone e il sami (lappone).

DOMANDA&RISPOSTA

Perché in Europa si utilizzano lingue diverse e per quale motivo sono così numerose? La spiegazione di questo fenomeno è da ricercarsi nel fatto che il nostro è un continente di antico popolamento e già molti secoli fa era stato raggiunto da numerosi popoli provenienti dall'Asia che hanno portato con sé nuove lingue. Nel tempo, poi, le varie lingue sono andate via via differenziandosi tra loro e se ne sono formate di nuove. Le lingue non sono immutabili: al contrario, ognuna, così come la conosciamo oggi, è frutto di un'evoluzione che dura da molti secoli. Per lo stesso motivo, le lingue che si utilizzeranno fra 100 o 200 anni saranno in parte diverse da quelle attuali.

LE RELIGIONI IN EUROPA

La libertà di culto, un diritto recente e non per tutti

La storia dell'Europa è stata segnata per secoli da **terribili guerre** innescate anche da motivi religiosi e dall'**intolleranza verso chi professava un culto diverso dal proprio**. La libertà di credo e di culto non è così scontata come sembra, poiché è stata ottenuta dopo un lungo e difficile cammino. Fino a poco tempo fa, anche in molti Paesi europei **la libertà di culto non era affatto garantita**: negli Stati dell'Est Europa governati da **regimi di ispirazione comunista** crollati tra la fine degli anni '80 e i primi anni '90 dello scorso secolo, ogni manifestazione pubblica legata alla religione era pesantemente ostacolata se non vietata.

Il rispetto per chi professa una religione diversa dalla propria e il diritto di praticare liberamente il proprio credo religioso rappresentano dunque un traguardo importante, il cui valore si comprende maggiormente considerando che **parecchi Stati, al di fuori dell'Europa, pongono ancora pesanti restrizioni a questa libertà fondamentale dell'uomo** e che sono ancora numerosi i casi di gravi persecuzioni connesse alla fede religiosa.

Nel continente europeo, al contrario, è riconosciuta la libertà di credere in una religione o in un'altra, oppure di non credere a nessuna, cioè di essere **ateo**, e lo Stato si professa laico, cioè estraneo alle religioni, che pone tutte sullo stesso piano: il potere politico rimane separato dal potere religioso.

CARTA
Le religioni europee

Contenuto integrativo

Religione:
- cattolica
- protestante
- ortodossa
- musulmana
- minoranze cattoliche
- minoranze protestanti
- minoranze musulmane

1 Una moschea a Parigi. Gli Stati europei oggi garantiscono la libertà di culto.

2 Rivista sovietica di inizio '900 contro la religione.

Il cristianesimo è la religione più diffusa

Il cristianesimo è la **religione più praticata in Europa**. La sua diffusione nel nostro continente risale alle origini (2.000 anni fa) e ne ha segnato profondamente la storia.

La religione cristiana si suddivide in **tre rami (confessioni) principali**: il **cattolicesimo**, il **protestantesimo** e il **cristianesimo ortodosso**.

Le altre religioni

In Europa sono presenti anche altre religioni, la cui diffusione si è andata ampliando notevolmente negli ultimi decenni, di pari passo con l'aumento del numero di immigrati da altri continenti. Quella con il maggior numero di praticanti è l'**islam**, presente da secoli e tuttora **prevalente in alcune aree della Penisola Balcanica**, in particolare Albania, Kosovo e Bosnia-Erzegovina. La crescente immigrazione di cittadini provenienti da Paesi musulmani ha portato inoltre a una **maggiore diffusione dell'islam anche in molti Stati dell'Europa occidentale**: oggi si calcola che nel continente siano poco meno di 60 milioni i fedeli di questa religione. Nell'Europa occidentale il Paese con il più alto numero di musulmani è la **Francia**, come conseguenza dell'immigrazione di cittadini delle ex colonie del Nord Africa.

In Europa è diffusa fin dall'antichità anche l'altra grande religione monoteistica (cioè basata sulla fede in un solo Dio): l'**ebraismo**. Si calcola che gli ebrei in Europa siano poco più di 2 milioni, con le principali comunità diffuse in Francia, nel Regno Unito, in Russia e in Germania.

impara — IMPARARE

— RISPONDI

1 Perché in Europa ci furono guerre di religione? Sottolinea la risposta sul testo.

2 Oggi in Europa c'è libertà di religione; è così in tutto il mondo?

3 Qual è la religione più praticata in Europa?

4 In quali rami si suddivide?

— IMPARO NUOVE PAROLE

5 Sottolinea sul testo il significato della parola "laico".

6 Cerca sul dizionario che cosa significa "ateo".

IMPARARE insieme

— A PICCOLI GRUPPI

7 Dopo aver studiato la carta delle religioni in Europa, scegliete un segretario e un giudice e dividetevi in due squadre. Ogni squadra sceglie un portavoce. Il segretario indica di volta in volta un Paese europeo e a turno il portavoce di ogni squadra dice qual è la religione prevalente in quel Paese. Il giudice verifica se le risposte sono corrette e assegna un punto per ogni risposta giusta.

Il patriarca ecumenico di Costantinopoli, della chiesa ortodossa orientale.

CURIOSITÀ

Malta, il Paese più religioso d'Europa Qual è il Paese europeo con la popolazione più religiosa? Secondo diversi studi non ci sono dubbi: si tratta di Malta, il piccolo arcipelago a sud della Sicilia. In base alle statistiche, le isole maltesi hanno la più bassa percentuale di atei d'Europa e la maggior percentuale di cattolici al mondo: circa il 94%! Viaggiando nelle isole di Malta e Gozo, il turista ha modo di notare molti segni di questa forte adesione al cattolicesimo, come il gran numero di chiese e cappelle (ben 360, quasi una ogni 1.000 abitanti!) e le numerosissime edicole votive che si ritrovano un po' ovunque, anche incastonate a fianco delle porte di ingresso delle abitazioni. Nell'immagine, una processione cattolica a La Valletta, capitale di Malta.

LINGUE E RELIGIONI IN ITALIA

◢ Il lungo cammino della lingua italiana

Nel nostro Paese la lingua ufficiale è l'**italiano**, utilizzato quotidianamente in tutte le regioni e insegnato fin dai primi anni di scuola. Vi sono poi alcune aree di **bilinguismo**, cioè parti del territorio in cui si utilizzano due lingue.

Oggi sembra scontato che tutti (o quasi) conoscano e parlino l'italiano, ma **non è sempre stato così** e, anzi, la diffusione della nostra lingua su tutto il territorio nazionale è frutto di una vera e propria conquista, per almeno due motivi:

■ è solo da circa mille anni che esiste (anche se in origine non era identica a quella odierna);

■ ci sono voluti molti secoli prima che si diffondesse a larghi strati della popolazione.

E prima dell'italiano, quale lingua si utilizzava? Nel periodo precedente l'affermazione dell'impero romano, nel Nord Italia erano diffuse le **lingue celtiche** e il **ligure**, più a sud l'**etrusco** e le **lingue osco-umbre**. Lo sviluppo dell'impero romano ebbe un ruolo fondamentale nella storia della nostra lingua, perché fu proprio allora che si affermò il **latino**, che sostituì nel corso di alcuni secoli le lingue preesistenti.

◢ L'italiano deriva dal latino

L'affermazione del latino fu decisiva per la nascita dell'italiano, lingua che appartiene infatti alla famiglia delle **lingue neolatine**, o romanze. Dai documenti storici sappiamo che, poco prima del Mille, una lingua che derivava dal latino ma diversa da questo si era ormai affermata. **A partire dal XIII secolo**, alcuni grandi letterati decisero di utilizzare questo idioma, chiamato **volgare**, per scrivere le loro opere. A poco a poco il volgare acquistò la dignità di una vera e propria lingua e, del resto, era conosciuto e utilizzato dalla gente comune (il volgo), mentre il latino era noto solo a poche persone di elevata cultura.

Cippo di confine del II secolo a.C. che indicava la delimitazione dei campi, scritto in etrusco e ritrovato vicino a Perugia.

CURIOSITÀ

E oggi va di moda l'itanglese Tra le lingue straniere, ve n'è una in particolare che domina su tutte le altre: si tratta dell'**inglese**. Oltre a essere la lingua più diffusa nel mondo è anche quella più utilizzata negli affari e, in generale, nei rapporti internazionali. Da diversi decenni, molti termini inglesi sono entrati a far parte del nostro vocabolario ma... c'è di più. Infatti, negli **anni Duemila** si è assistito a una vera e propria esplosione di questo fenomeno a causa del quale le parole inglesi utilizzate in Italia sono più che decuplicate, al punto da far parlare di una "nuova lingua": l'**itanglese**. Il fenomeno non è visto in modo positivo, soprattutto perché in molti casi le parole inglesi sono state "adottate" anche quando esistono valide ed efficaci alternative nella nostra lingua. Insomma, l'itanglese sembra frutto più che altro di una discutibile moda: meglio invece imparare bene l'italiano e l'inglese, senza mescolarli quando non ve n'è alcuna necessità!

Dal Tardo Medioevo a oggi

Dal '300 in poi il volgare **fiorentino** andò affermandosi come italiano, perché a quei tempi Firenze era il cuore della cultura, la città in cui splendevano le arti e la letteratura.

Ci volle però ancora molto tempo prima che l'italiano potesse diventare la lingua di tutti: nel 1861, anno dell'Unità d'Italia, si stima che circa 4 Italiani su 5 non lo conoscessero e per parlare si utilizzavano i **dialetti**, cioè lingue locali, che si erano sviluppate nel corso del tempo nelle varie aree del Paese.

Per lunghissimo tempo, infatti, le enormi difficoltà di spostamento per le persone e l'assenza di mezzi di comunicazione avevano favorito lo sviluppo delle lingue dialettali, che cambiavano anche solo nel raggio di poche decine di chilometri.

E per leggere e scrivere, a quale idioma si ricorreva? In realtà il problema non si poneva perché ancora nei primi decenni del '900 la maggior parte delle persone svolgeva una vita semplice e praticava lavori per i quali non era indispensabile saper leggere e scrivere.

Dante e Virgilio entrano nella foresta, miniatura da un manoscritto del XIV secolo dell'Inferno.

ZOOM

I dialetti, condannati all'estinzione Per gran parte della nostra storia e fino a pochi decenni fa, i dialetti locali hanno avuto una larghissima diffusione. In Italia e, in alcuni strati della popolazione, hanno rappresentato addirittura la lingua più utilizzata nella vita quotidiana.

I dialetti sono quindi a buon diritto parte del ricchissimo patrimonio culturale del nostro Paese. Eppure li stiamo perdendo. Giorno dopo giorno, senza che ce ne accorgiamo, i dialetti stanno morendo!

Secondo una recente ricerca, infatti, la percentuale di persone che in famiglia o con gli amici utilizza il dialetto è in continua diminuzione e l'uso del dialetto sembra destinato a sparire insieme alle generazioni più anziane.

Questo fenomeno è legato a diversi fattori, come il crescente livello di istruzione, che porta a utilizzare maggiormente l'italiano, la grande diffusione dei mezzi di comunicazione, nei quali non si usa il dialetto, e il fatto che ai giovani spesso il dialetto non viene insegnato in quanto è considerato un po' "rozzo", legato per lo più alla tradizione del mondo rurale.

Le minoranze linguistiche

Se la grande maggioranza della popolazione oggi conosce e utilizza l'italiano per comunicare, esistono da tempo, in varie regioni del Paese, comunità che adottano anche altre lingue. Per riferirsi a questi gruppi si parla di **minoranze linguistiche**. Questo fenomeno riguarda soprattutto le regioni di confine del Nord, ma non solo. Nella regione alpina, a ovest, lungo il confine con la Francia, sono diffusi il **francese** e il **franco-provenzale**; appena più a sud, fino alla provincia ligure di Imperia, è presente invece la **lingua occitana**.

In Trentino-Alto Adige e in alcune aree montane del Veneto è diffuso il **ladino**, una lingua neolatina come l'italiano, sopravvissuta insieme ad alcune tipiche tradizioni. In Val Gardena e in Val Badia il ladino è

CARTA
Le minoranze linguistiche in Italia

Contenuto integrativo

MINORANZE LINGUISTICHE

- Occitano
- Franco-provenzale
- Franco-provenzale valdostano
- Walser
- Tedesco
- Ladino
- Mocheno
- Cimbro
- Sloveno
- Albanese
- Greco
- Croato
- Gallo-italico
- Catalano
- Tabarchino

Cartello bilingue in Alto Adige.

CURIOSITÀ

Sorpresa: l'italiano è la quarta lingua più studiata nel mondo Gli Italiani un po' sottovalutano la loro lingua, consapevoli del fatto che molto spesso all'estero la sola conoscenza dell'italiano non basta affatto: conoscere l'inglese e, preferibilmente, anche una terza lingua, è indispensabile a chi viaggia in altri Paesi per lavoro, ma è molto utile anche a chi si reca all'estero per turismo. Tuttavia, secondo dati diffusi nel 2014, l'italiano è addirittura la quarta lingua più studiata nel mondo, dopo l'inglese, il francese e lo spagnolo, ma prima, ad esempio, del tedesco. Un segno di vitalità, insomma, per il nostro idioma!

insegnato anche nelle scuole. In Alto Adige, inoltre, è molto diffuso il **tedesco**, che prevale nei centri abitati minori.

Ancora più a est, abbiamo il **friulano**, una lingua che appartiene allo stesso gruppo del ladino e poi, al confine con l'ex Jugoslavia, la **minoranza linguistica slovena**.

Nel centro-sud, le principali minoranze sono quella **albanese** (*arbëresh*), stanziata da secoli soprattutto in Sicilia e in Calabria, e quella **greca**, in Puglia e in Calabria.

In Sardegna sono riconosciute due minoranze linguistiche: quella che utilizza il **sardo**, distribuita in gran parte della regione, e quella **catalana** (il catalano è la lingua utilizzata nella provincia spagnola della Catalogna), presente dal '300 nel nord-ovest dell'isola.

Un Paese a forte maggioranza cattolica

Secondo recenti statistiche, l'Italia è uno dei Paesi europei con la maggiore percentuale di popolazione credente, pari a circa il 74%, ed è il **quinto Paese al mondo per numero di cattolici**, dopo il Brasile, il Messico, le Filippine e gli Stati Uniti.

La religione maggiormente diffusa in Italia è infatti quella cristiano-cattolica, che vanta nel nostro Paese due millenni di storia, ma va specificato che la percentuale di praticanti, cioè di coloro che seguono le pratiche della religione, è molto più bassa e in continuo calo.

Oltre a quella cattolica, sono presenti in Italia anche altre religioni. L'**ebraismo**, in particolare, conta un numero di fedeli molto limitato (circa 35.000) se paragonato a quello di altri Paesi europei, ma ha un'origine molto antica, considerato che **esisteva una comunità ebraica italiana già in epoca pre-cristiana**.

Negli ultimi due decenni il numero di fedeli di altre religioni è andato considerevolmente aumentando, di pari passo con il numero di immigrati.

La seconda confessione religiosa è quella **cristiano-ortodossa**, legata soprattutto alla folta comunità rumena giunta in Italia negli anni Duemila. Simile per consistenza è poi il numero di **musulmani**, provenienti soprattutto dall'Albania e dai Paesi nordafricani.

1 La minoranza albanese è stanziata da secoli in Sicilia e in Calabria.

2 La celebrazione di una messa cattolica.

3 Il candelabro ebraico.

impara — IMPARARE

— COMPLETO

1 L'italiano deriva dal .... attraverso il ...., la lingua parlata dal ...., il volgo.

Si affermò prima come .... perché nel .... Firenze era il cuore della cultura italiana.

— RISPONDO

2 Perché anche dopo il 1860, quando ormai l'Italia si era unita, quattro Italiani su cinque parlavano solo il dialetto locale?

3 A quale posto si colloca l'Italia per numero di fedeli tra i Paesi cattolici nel mondo?

4 Quali minoranze religiose sono presenti in Italia?

5 Da dove provengono i musulmani presenti in Italia?

CULTURA E ISTRUZIONE IN EUROPA E IN ITALIA

L'Europa ha vinto l'analfabetismo

 Contenuto integrativo

Uno dei requisiti essenziali perché un Paese possa dirsi sviluppato è costituito dall'**alto tasso di alfabetizzazione dei suoi cittadini**, cioè dalla percentuale di coloro che sono in grado almeno di leggere e di scrivere.

Nella società di oggi rappresenta un **requisito minimo**, ma fino a tempi tutt'altro che lontani la popolazione analfabeta era ancora numerosa.

La sconfitta dell'analfabetismo ha richiesto molti decenni e costituisce **una delle numerose conquiste che la civiltà europea ha raggiunto durante il secolo scorso**.

Oggi nel complesso l'Europa è, insieme al Nord America, il continente con la minore diffusione dell'analfabetismo.

A questo proposito si deve sottolineare un aspetto interessante: mentre tra le varie regioni europee rimangono differenze notevoli in diversi campi (per esempio nel livello di sviluppo economico), per quanto riguarda l'analfabetismo la situazione è piuttosto omogenea. Non si riscontrano ad esempio differenze tra Europa occidentale e Europa dell'Est, come pure tra i Paesi più ricchi e quelli relativamente più arretrati. In molti Paesi europei il tasso di alfabetizzazione supera il 99% e anche in quelli in cui è più basso (Malta e Portogallo) supera pur sempre il 95%.

Nel Nord Europa si spende di più per l'istruzione

Oggi per un Paese avanzato l'alfabetizzazione, per quanto importante, non basta; per progredire ulteriormente occorre altro.

Un **indicatore efficace** è quello che indica la **percentuale di Prodotto Interno Lordo** (il PIL, cioè tutta la ricchezza prodotta in un anno da un Paese) **spesa per l'istruzione**. Questo indicatore è importante perché una buona istruzione rappresenta il pilastro su cui si regge lo sviluppo di uno Stato: ogni progresso economico e sociale ha infatti come premessa un buon livello di istruzione e, in generale, i soldi investiti per l'istruzione costituiscono un'ottima risorsa per il presente e per il futuro di una nazione.

Analizzando questo indicatore per ciascun Paese europeo risulta evidente che **la situazione non è affatto omogenea**: nei Paesi del Nord si spende decisamente di più che in quelli del Sud e dell'Est.

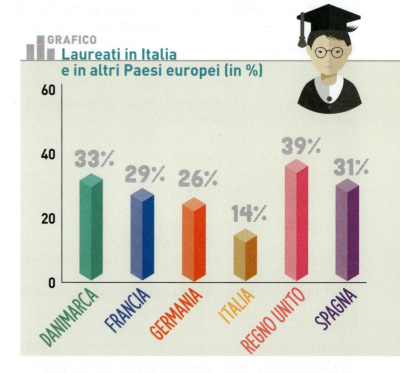

GRAFICO
Laureati in Italia e in altri Paesi europei (in %)

- DANIMARCA 33%
- FRANCIA 29%
- GERMANIA 26%
- ITALIA 14%
- REGNO UNITO 39%
- SPAGNA 31%

GRAFICO
Spesa per l'istruzione (in % sul PIL)

	0 1 2 3 4 5 6 7 8 9 10
DANIMARCA	8,13
FRANCIA	5,27
REGNO UNITO	5,14
SPAGNA	4,57
ITALIA	4,43

Skúlavegur
Skúli

Il sistema di istruzione islandese è considerato uno dei migliori.

Se in media in **Europa** si spende per l'istruzione il 5% del PIL, in Romania si investe solo il 3,5% mentre in **Danimarca** si arriva addirittura a superare l'8% (la Danimarca è uno dei Paesi più avanzati del mondo).
E **l'Italia, come si piazza in questa classifica?** Non molto bene, purtroppo. Infatti, tra i Paesi dell'Unione Europea siamo solo al 21° posto: davvero poco per uno Stato che, fino a pochi anni fa, era addirittura la quinta potenza economica del mondo!

◢ L'obbligo scolastico non è uguale in tutti i Paesi europei

Quando si parla di istruzione, ovviamente, si parla di **scuola**. In tutta Europa e in molti Paesi del mondo è stato da tempo introdotto **l'obbligo scolastico**: ciò significa che andare a scuola per un certo numero di anni è, appunto, obbligatorio.
Questo numero però **non è uguale nei diversi Paesi europei**: in alcuni, come l'Italia, è pari a 10 (da 6 a 16 anni), in alcuni scende a 9 (ad esempio in Austria, Finlandia, Grecia e Portogallo), in Ungheria sale addirittura a 13.

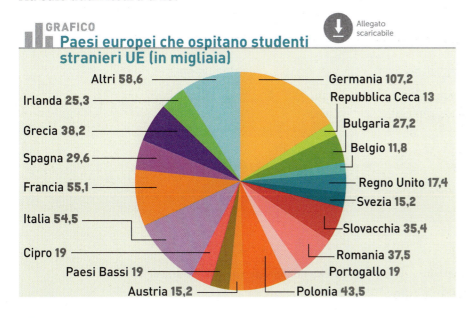

GRAFICO
Paesi europei che ospitano studenti stranieri UE (in migliaia)

Allegato scaricabile

- Germania 107,2
- Repubblica Ceca 13
- Bulgaria 27,2
- Belgio 11,8
- Regno Unito 17,4
- Svezia 15,2
- Slovacchia 35,4
- Romania 37,5
- Portogallo 19
- Polonia 43,5
- Austria 15,2
- Paesi Bassi 19
- Cipro 19
- Italia 54,5
- Francia 55,1
- Spagna 29,6
- Grecia 38,2
- Irlanda 25,3
- Altri 58,6

impara
IMPARARE

─ RISPONDO

1 In quale secolo l'Europa ha vinto l'analfabetismo?

2 Perché è importante la percentuale di ricchezza spesa per l'istruzione?

─ COMPLETO

3 La percentuale di .... (PIL) spesa per l'istruzione in ciascun Paese europeo non è uguale. In generale è più alta nei Paesi del .... Europa e più bassa in quelli del .... e dell'...............................

4 In Italia l'istruzione obbligatoria è stata introdotta nel .... e prevedeva che si ultimasse la .... Nel 1877 l'obbligo è salito alla .... e nel 1904 alla .... Durante il fascismo è stato portato fino a .... di età.

ZOOM

Il cammino dell'istruzione obbligatoria in Italia
In Italia l'istruzione obbligatoria è stata introdotta nel 1859 e prevedeva che si frequentasse la scuola fino alla **seconda elementare**: può sembrare molto poco, ma anche questa fu una dura conquista, perché non tutti erano d'accordo.
Nel 1877 l'obbligo fu innalzato da due a tre anni, ed erano previste delle sanzioni per chi non lo avesse rispettato. Un altro grande passo avanti, anch'esso preceduto da aspri dibattiti, si ebbe nel 1904, quando l'obbligo scolastico fu **innalzato fino alla quinta elementare**. Durante il periodo del fascismo, si arrivò a fissare l'obbligo scolastico fino a 14 anni. In realtà, però, erano in molti a non rispettarlo: nel 1950 solo due Italiani su dieci arrivavano alla terza media! Nell'immagine, foto di classe di inizio '900.

VERIFICA

CONOSCENZE

▲ Conoscere i cambiamenti storici, economici e sociali della popolazione in Europa e in Italia

1 Indica se le frasi seguenti sono vere (V) o false (F).

A. Attualmente l'Europa è il continente più popoloso del mondo. (V) (F)

B. La densità della popolazione europea è seconda soltanto a quella dell'Asia. (V) (F)

C. Le condizioni climatiche influenzano la distribuzione della popolazione nel continente europeo. (V) (F)

D. La popolazione europea è cresciuta in maniera costante nel corso della storia. (V) (F)

E. Il '300 e il '600 sono secoli che videro una drastica diminuzione della popolazione europea. (V) (F)

F. La popolazione europea ricominciò a crescere soltanto alla fine dell'800. (V) (F)

2 Completa la tabella che definisce i principali parametri demografici.

PARAMETRO	DEFINIZIONE
Tasso di natalità	Numero di nati ogni .... abitanti in un ....
Tasso di mortalità	Numero di .... ogni .... abitanti in un ....
Tasso di incremento naturale della popolazione	Differenza tra tasso di .... e tasso di ....
Saldo naturale	.... tra il numero di nati e il numero di morti
Saldo migratorio	Differenza tra chi .... in un nuovo Paese e chi lo ....
Crescita zero	Il numero di nati è .... al numero di morti
Speranza di vita	Numero di .... che un individuo può aspettarsi di ....

3 Completa il testo.

Nella classifica dei .... con minor peso .... l'Europa è al ....

posto dopo l' ....

In Europa il .... è mediamente basso.

I valori più bassi si registrano nell'Europa .... e in quella ....

4 Per quali fattori la speranza di vita in Europa ha raggiunto i valori massimi mondiali? Scegli le risposte corrette.

☐ A. Migliore alimentazione.

☐ B. Maggiore sviluppo della democrazia.

☐ C. Maggiore accesso alle cure mediche.

☐ D. Maggiore omogeneità etnica.

☐ E. Minore livello di istruzione.

☐ F. Maggiore consapevolezza di comportamenti che fanno accrescere le malattie.

☐ G. Maggiore disponibilità di medicinali.

5 Osserva la carta della densità della popolazione italiana di pag. 184 e rispondi alle domande.

A. Quali sono le aree più densamente popolate? ....
....

B. Quali sono le regioni meno densamente popolate? ....
....

6 Cancella l'alternativa sbagliata.

A. Dopo l'Unità d'Italia la popolazione del *nord* / *sud* aumentò nettamente a causa della forte *immigrazione* / *emarginazione*.
B. Gli Italiani si distribuiscono sul territorio in modo *omogeneo* / *disomogeneo*.
C. Tra le regioni con la minore *ricchezza* / *densità* di popolazione troviamo il Trentino-Alto Adige e la Valle d'Aosta.
D. L'area maggiormente *popolata* / *spopolata* è la Pianura Padana.

7 Completa il testo.

I dati statistici dell'andamento ....
servono per conoscere quali saranno i nuovi
.... e quanto costeranno
i ....

8 Indica se le frasi seguenti sono vere (V) o false (F).

A. Le migrazioni sono spostamenti definitivi o durevoli. (V) (F)
B. Le migrazioni avvengono verso i Paesi più ricchi. (V) (F)
C. Chi scappa da un Paese in guerra si dice rifugiato. (V) (F)
D. Si può emigrare per motivi religiosi. (V) (F)
E. Non si emigra per sfuggire dalle calamità naturali. (V) (F)

9 Completa il testo.

Nel corso del .... si ebbe un'enorme .... dall'Europa a causa di un forte aumento
.... , gravi .... e difficoltà dei Paesi di garantire la .... umana. Tra il 1820 e il
1914, 17 milioni di Inglesi emigrarono verso USA, ... , Australia e .... ; 6 milioni di Irlandesi
e di Tedeschi si diressero in USA e Gran Bretagna; 3 milioni di Spagnoli in .... e altrettanti Portoghesi in
.... Tra fine '800 e inizi '900 partirono anche Italiani, Greci, ... e Polacchi.

10 Indica se le frasi seguenti sono vere (V) o false (F).

A. Le regioni italiane dalle quali partirono più emigranti fra il 1876 e il 1900 furono quelle del Meridione. (V) (F)
B. Dal 1900 al 1915 le regioni italiane dalle quali partirono più emigranti furono quelle del nord. (V) (F)
C. Dopo la Seconda Guerra Mondiale ci fu una nuova ondata migratoria. (V) (F)
D. A partire dalla crisi economica del 2008 gli Italiani hanno ricominciato a emigrare. (V) (F)
E. Oggi i flussi migratori italiani sono diretti soprattutto verso Brasile, Argentina e Stati Uniti. (V) (F)

11 Completa la tabella con le definizioni corrette.

ESPRESSIONE	DEFINIZIONE
Libertà religiosa	....
Intolleranza religiosa	....
Religione di Stato	....
Stato laico	....

COMPETENZE

◢ **Interpretare le conoscenze relative alla popolazione europea con gli strumenti della geografia**

12 Osserva la carta (pag. 177) che rappresenta la distribuzione della popolazione in Europa; poi rispondi sul tuo quaderno alle domande.

A. In quali parti dell'Europa si trova la maggiore concentrazione di popolazione?

B. La popolazione prevale nelle aree con maggiore presenza di città o nelle campagne?

C. Perché?

D. Prevale poi laddove il territorio è pianeggiante o montuoso?

E. Perché?

F. Le aree di maggiore densità si trovano nei territori più o meno sviluppati economicamente?

G. Perché?

13 Osserva le due piramidi delle età. Evidenzia con un pennarello la fascia relativa alla popolazione di 0-4 anni nelle due piramidi: che cosa noti? Ripeti l'operazione con la fascia della popolazione di 80-84 anni: che cosa noti? Esprimi le tue considerazioni in una breve frase.

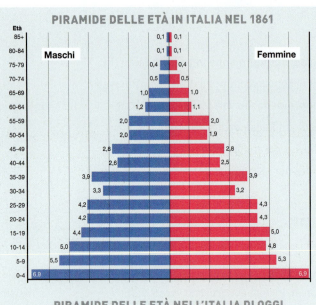

PIRAMIDE DELLE ETÀ IN ITALIA NEL 1861

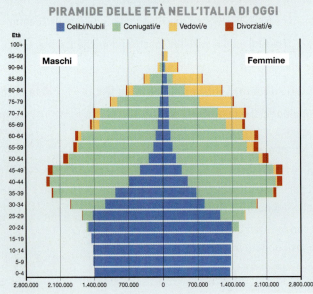

PIRAMIDE DELLE ETÀ NELL'ITALIA DI OGGI

14 Osserva attentamente la tabella di pag. 183 con l'andamento percentuale della popolazione dei continenti. In quali continenti la popolazione è maggiormente aumentata dal 1800 a oggi? Perché secondo te?

15 Colora in rosso i Paesi meta di migrazioni e in verde quelli da cui gli abitanti partono. Poi rispondi alle domande.

A. In quali aree del continente è presente il maggior numero di immigrati? Perché?

B. Le aree di provenienza degli Europei migranti sono prevalentemente due: quali? Sai dire quali vicende della storia recente possono aver spinto gli abitanti di queste aree a emigrare?

16 Partendo dalla carta tematica sulle religioni europee di pag. 196 completa lo schema. Dovrai inserire in modo corretto i nomi dei Paesi elencati.

Polonia • Ucraina • Spagna • Albania • Norvegia • Regno Unito • Ungheria • Russia • Francia • Turchia • Finlandia

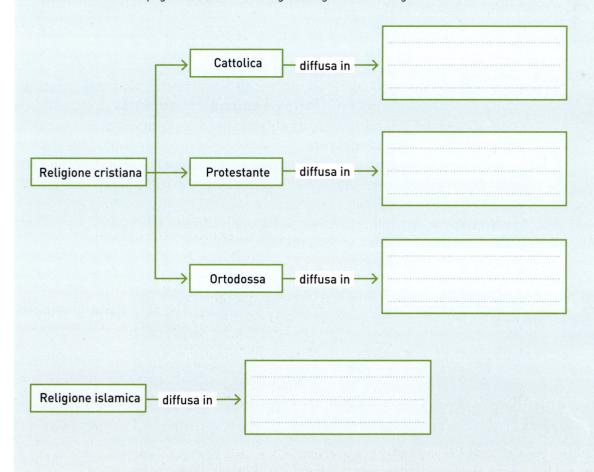

CAPITOLO 12

LE CITTÀ

1 CHE COS'È UNA CITTÀ

L'urbanizzazione fa nascere le città

Che cos'è una città? Sembra una domanda banale, ma non lo è. **Non c'è infatti un criterio preciso, rigoroso**, che ci permetta di stabilire che cos'è una città. In generale possiamo dire che una città è un insediamento stabile di esseri umani, caratterizzato da **un'area edificata continua** (cioè non devono esserci ampie superfici rurali a frammentarla) e che **supera una certa dimensione**, al di sotto della quale si parla di "paese", o di "villaggio".

Anche i **confini** della città non sono sempre molto netti. Il processo che ha portato alla formazione delle città prende il nome di **urbanizzazione**: i terreni che prima erano occupati da aree agricole oppure da aree naturali vengono via via trasformati attraverso la costruzione di edifici, di strade, di fabbriche, di negozi, concentrati in un'unica area.

La forma della città

Esistono città piccole e grandi. Esistono anche città enormi, chiamate **metropoli**. Così come la dimensione, anche la **forma è estremamente varia**:
- le **città di origine più antica**, crescendo intorno a un centro storico, hanno una forma vagamente **rotondeggiante**;
- le città cresciute in territori in cui sono presenti **ostacoli naturali** come i rilievi hanno forme diverse e irregolari. I rilievi impediscono infatti alla città di svilupparsi in una certa direzione;
- le **città costiere**, in genere, hanno una **forma piuttosto allungata**, perché tendono a svilupparsi parallelamente al litorale.

1. La città di Nizza, in Francia, è un classico esempio di sviluppo lungo la costa.
2. Venezia sorge su un'isola, aspetto questo che ha vincolato la sua forma e la sua crescita.
3. Edifici storici nel centro di Riga, in Lettonia.
4. Tallin, Estonia, dalla periferia al centro.

Dal centro storico all'hinterland

Nella maggior parte delle città europee il cuore della città è il **centro storico**, così chiamato perché rappresenta il nucleo più antico, la cui costruzione risale spesso a molti secoli fa.

Ci sono, però, anche città nate in epoca recente (in genere come città-satelliti delle metropoli) senza un centro storico: in Italia se ne trovano parecchi esempi nei dintorni di Milano.

Nel centro si trovano in genere gli **edifici più importanti** sul piano politico, religioso, economico e anche turistico.

Attorno al centro storico la città si espande, fino alle aree più esterne, chiamate **periferia**. In quest'ultima prevale la funzione residenziale (vi sono presenti abitazioni in cui risiedere) accanto alla quale si sono sviluppati alcuni servizi essenziali (come i supermercati) per la popolazione che vi abita. Poiché le aree periferiche sono in genere ben collegate alle vie di comunicazione, negli ultimi anni si è assistito allo sviluppo di importanti centri direzionali (sedi di grandi aziende, uffici ecc.) anche in questa parte della città. A differenza del centro storico, la periferia è in continua crescita. Le metropoli hanno periferie molto estese che, nella parte più esterna, prendono il nome di **sobborghi**. Al di là dei sobborghi si estende l'**hinterland**, costituito dai centri abitati minori, che si sono sviluppati proprio grazie alla presenza della metropoli.

impara — IMPARARE

— RISPONDO

1 Per ciascuna delle seguenti affermazioni indica se è vera o falsa.

a) La città è un'area costruita senza interruzioni agricole. V F

b) Ha dimensioni ben definite. V F

c) Ha confini netti. V F

d) Comprende case, edifici, negozi, fabbriche. V F

e) Nasce da un processo chiamato "urbanizzazione". V F

2 Perché molte città hanno forma rotondeggiante e altre allungata?

3 Che tipi di servizi si trovano in genere nelle periferie?

4 Che cosa sono i sobborghi?

5 Che cos'è l'hinterland?

3

4

Le funzioni della città

La città si caratterizza anche per le **funzioni** che svolge e che aumentano, in genere, di pari passo con il crescere della dimensione della città stessa.

In primo luogo le città hanno **funzione residenziale**, offrono cioè spazi in cui abitare. Ma le città hanno molte altre funzioni:

- nei centri storici si concentrano in genere le attività della pubblica amministrazione volte a offrire **servizi pubblici** (gli uffici del Comune, della Provincia, della Prefettura, della Questura ecc.). Questa funzione è particolarmente sviluppata nelle **città capitali**, dove si trovano le sedi delle istituzioni più importanti dello Stato;

- sono sedi di **attività commerciali e finanziarie**. Nei centri storici ci sono in genere i negozi più eleganti e le sedi delle banche, mentre nelle periferie si trovano i centri commerciali;

- ospitano spesso le **sedi direzionali** di importanti società, sia nei centri storici sia in alcune aree periferiche, dove c'è più spazio e gli edifici costano meno;

- nei centri storici ha sede anche gran parte degli uffici in cui vengono esercitate le **attività libero-professionali**, come quella del medico, dell'avvocato, del commercialista ecc. Le scuole, le università e gli ospedali sono distribuiti invece in varie aree;

- la maggior parte delle città ha anche una **funzione culturale e ricreativa**: esercita una forte attrazione sulle aree circostanti anche per il fatto di ospitare musei, teatri, cinema, parchi pubblici e centri sportivi;

- i centri storici hanno una **funzione turistica**: sono in genere ricchi di monumenti che attraggono flussi più o meno consistenti di turisti, a cui sono dedicati particolari servizi;

- infine, anche se la funzione industriale delle città è andata riducendosi nel tempo, nelle aree periferiche rimangono spesso importanti **insediamenti produttivi e industriali** che attraggono lavoratori anche dai centri minori.

GRAFICO
Alcune funzioni di una città

Centro storico con servizi pubblici, musei, teatri

Parco pubblico e area ricreativa

Sedi direzionali di società

La città sostenibile

Il grande sviluppo delle città, in Italia come nel resto d'Europa e del mondo, ha creato seri problemi, per diverse ragioni. Le aree urbanizzate non solo **distruggono suoli biologicamente produttivi**, suoli, cioè, che potrebbero essere utilizzati per la produzione vegetale e per l'allevamento, ma hanno anche portato alla crescente **perdita di aree naturali** e, quindi, di biodiversità. Nelle città, poi, il traffico veicolare produce **inquinamento** e gli edifici **consumano grandi quantità di energia**. Per tutte queste ragioni, dalla **fine degli anni '80** è andato affermandosi il concetto di **città sostenibile**, cioè di una città che possa svilupparsi in armonia con l'ambiente, sia riducendo l'inquinamento (ad esempio utilizzando le energie rinnovabili e migliorando la qualità degli edifici) sia limitando il traffico (incentivando il trasporto pubblico) e aumentando le aree verdi.

Il bosco verticale, torre residenziale inaugurata a Milano nel 2014.

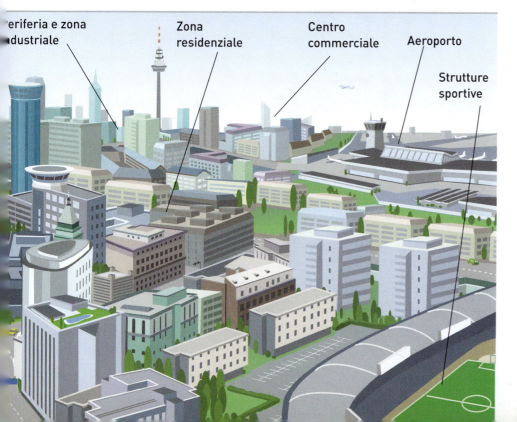

Periferia e zona industriale

Zona residenziale

Centro commerciale

Aeroporto

Strutture sportive

impara IMPARARE

COMPLETO

1 La città svolge una serie di funzioni: ospita le sedi di attività commerciali e .... (ad esempio le banche); le sedi della

....,
volte a offrire servizi pubblici; vi si concentrano molte attrazioni ...., ricreative e turistiche (musei, monumenti, teatri, cinema, parchi pubblici, centri sportivi); insediamenti .... nelle aree periferiche.

RISPONDO

2 Che cosa significa "città sostenibile"?

2 LE CITTÀ EUROPEE

Contenuto integrativo

◢ L'Europa, un continente con molte città

Circa la metà della popolazione mondiale vive oggi nelle città. In Europa, però, questa percentuale è molto più alta: addirittura 3 abitanti su 4 vivono nelle città e gli studiosi di demografia affermano che il dato è destinato a crescere, per arrivare all'80% nel 2030. In generale, la quota di **popolazione urbana è maggiore nei Paesi dell'Europa centro-settentrionale**, più bassa nell'area mediterranea e nei Paesi dell'Est. Se si escludono gli Stati più piccoli, la più alta percentuale di popolazione urbana si registra in **Belgio** (addirittura 98%), seguito dall'Islanda.

Inoltre, il numero e la densità delle aree urbane sono maggiori in quelle aree dove lo sviluppo industriale è stato precoce: la maggiore concentrazione di città si ha, infatti, **in Inghilterra, nei Paesi Bassi, in Belgio e in buona parte della Germania**, quelle aree d'Europa cioè in cui già dall'800 si è verificato un fiorente sviluppo delle industrie.

🌐 CARTA
Le maggiori città europee

La regione che si estende dalle Midlands inglesi fino alla Pianura Padana e a Genova, passando per Londra, Bruxelles, la Randstad, la Ruhr e i maggiori centri della Svizzera può essere considerata una megalopoli. Quest'area viene chiamata "Banana Blu" per la sua forma e perché il blu è il colore della bandiera dell'Unione Europea.

Una vera e propria megalopoli è quella della Valle del Reno a nord delle Alpi, una regione chiamata Renania e che comprende anche Francoforte e Stoccarda, nella Germania meridionale.

Il "pentagono europeo" ha come vertici Londra, Parigi, Amburgo, Monaco di Baviera e Milano.

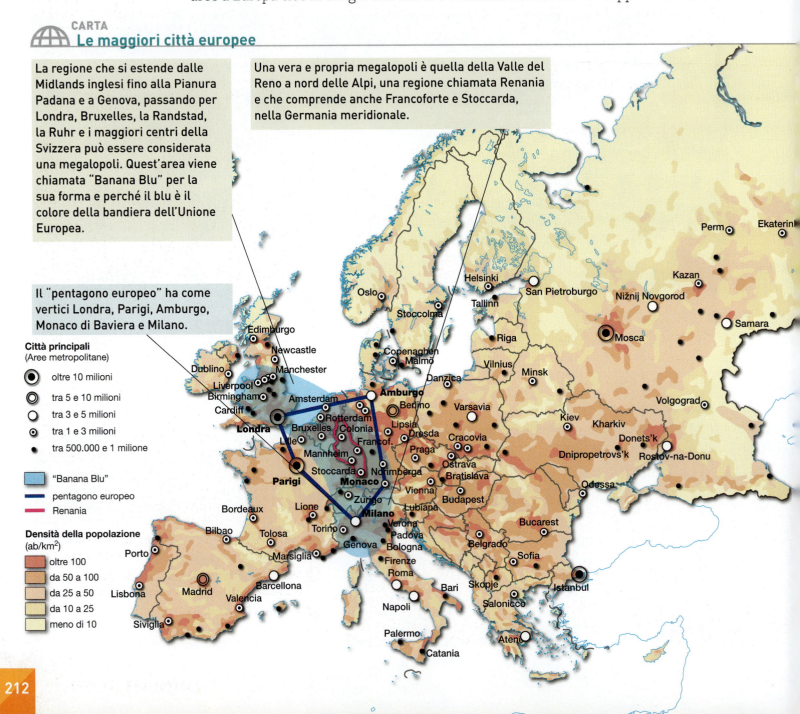

Città principali
(Aree metropolitane)
- ◉ oltre 10 milioni
- ◎ tra 5 e 10 milioni
- ○ tra 3 e 5 milioni
- ⊙ tra 1 e 3 milioni
- • tra 500.000 e 1 milione

- "Banana Blu"
- pentagono europeo
- Renania

Densità della popolazione
(ab/km²)
- oltre 100
- da 50 a 100
- da 25 a 50
- da 10 a 25
- meno di 10

Grandi metropoli ed enormi conurbazioni

In Europa alcune metropoli hanno dimensioni tali da poter essere incluse tra le più grandi città del mondo. Si tratta, in particolare, di **Mosca**, **Londra e Parigi**, città che, considerando anche i sobborghi, superano i 10 milioni di abitanti.

Londra, capitale del Regno Unito, detiene un primato sul piano demografico: è stata la **prima città europea nell'era moderna a raggiungere 1 milione di abitanti**, all'inizio dell'800 (nel I secolo d.C. già Roma aveva raggiunto questa soglia e probabilmente anche Alessandria d'Egitto, un secolo prima).

Nel corso dell'800 poi, grazie al rapido sviluppo dell'industria, la popolazione londinese ha conosciuto una crescita esplosiva, al punto che alla fine dello stesso secolo aveva già raggiunto i 6 milioni (15 volte più di Roma nello stesso periodo).

Oltre alle metropoli, in Europa si trovano enormi **conurbazioni**, cioè aree con numerose città che si sono espanse fin quasi a unirsi l'una con l'altra: una, ad esempio, si trova nella Germania nord-occidentale (**conurbazione renana**), un'altra nei Paesi Bassi (**Randstad Holland**).

DOMANDA&RISPOSTA

Una città può essere divisa in più Stati? In generale, siamo abituati ad associare ogni città a uno Stato ben preciso ma... non è sempre così e in Europa ne abbiamo qualche esempio.

Si tratta prima di tutto di città che sorgono al confine tra diversi Paesi. Il caso più interessante è quello di **Basilea**, che si estende addirittura in tre Stati diversi: Svizzera, Francia e Germania.

Non molto distante, la città di **Costanza** si trova in parte in Germania e in parte in Svizzera. Anche in Italia esiste un caso simile: **Gorizia** si estende infatti anche in Slovenia, dove prende il nome di Nova Gorica. C'è poi un caso particolare di città che, pur senza trovarsi presso il confine, è comunque divisa in due Stati: si tratta di **Roma**, che comprende anche lo **Stato della Città del Vaticano**. Nell'immagine, il confine tra Italia e Slovenia a Gorizia.

1 Rotterdam è una delle 17 città che formano la Randstad Holland (letteralmente "città anello").

2 Mosca è la prima città d'Europa per popolazione e la seconda per estensione dopo Londra.

3 Veduta di Parigi con la Tour Eiffel.

Le metropoli europee diventano "più piccole"

Per molto tempo la popolazione delle metropoli europee ha continuato a crescere, ma da qualche decennio si sta osservando in diversi Paesi un **fenomeno opposto**, che viene indicato con un termine un po' difficile ma dal significato molto semplice: **controurbanizzazione**.

A partire **soprattutto dagli anni '70 del secolo scorso**, in alcuni Stati dell'Europa occidentale, Italia inclusa, diverse metropoli **hanno cominciato a veder diminuire il numero degli abitanti**.

Le ragioni di questo fenomeno sono diverse e legate ad esempio all'**alto costo delle abitazioni**, ma anche al fatto che nelle metropoli si rilevano, più che nelle città medie e piccole, gravi problemi quali **il traffico, l'inquinamento, la criminalità**.

Si è verificata, quindi, una **redistribuzione della popolazione europea**, che dalle metropoli si è riversata soprattutto nei centri urbani dell'hinterland, divenuti via via più grandi.

Negli altri continenti, al contrario, le metropoli continuano a crescere velocemente.

ZOOM

Le reti urbane La presenza di una grande metropoli, in genere la capitale, condiziona in molti casi l'urbanizzazione dell'intero Stato. Infatti, essa costituisce un polo in cui si concentrano molteplici funzioni (istituzionali, produttive, turistiche, residenziali) a discapito delle altre città del territorio che si sviluppano con maggiore fatica. È ad esempio il caso della Francia, dove la grande concentrazione di attività e servizi presenti a Parigi ha fatto sì che si creasse una **rete urbana monocentrica**, di cui la capitale rappresenta appunto il centro.

In altri casi, invece, si assiste a uno sviluppo più omogeneo delle città sul territorio e a una suddivisione delle funzioni: si pensi al caso dell'Italia, dove sono presenti molte città di dimensioni medie (nell'immagine, la piazza del Duomo di Cremona). In questi casi si parla di **rete urbana policentrica**.

CURIOSITÀ

A Mosca i grattacieli più alti d'Europa Se ci ponessero la domanda "Dove si trovano i grattacieli più alti d'Europa?", probabilmente quasi tutti risponderemmo che sono situati a Londra, oppure a Francoforte (la capitale economica della Germania), o magari a Parigi. Forse a nessuno verrebbe in mente di rispondere che si trovano a Mosca. Per quale motivo? Una ragione ovviamente c'è ed è legata al fatto che la city di Mosca, cioè il quartiere degli affari, dove si concentrano i moderni grattacieli, è stata costruita molto recentemente, negli anni Duemila, e alcuni edifici sono ancora in costruzione. I due più alti sono la **Federation Tower**, che arriva a 373 metri ed è stata conclusa nel 2016 e la **Mercury City Tower**, che si innalza fino a 338 metri ed è stata completata nel 2013.

impara / IMPARARE

RISPONDO

1 Da che cosa dipende la densità delle aree urbane?

2 In quali aree vive la metà della popolazione mondiale?

3 Che cosa significa "conurbazione"? Sottolinea la definizione sul testo.

4 Quali città nel I secolo d.C. contavano 1 milione di abitanti?

LEGGO LA CARTA

5 Osserva la carta delle città europee e indica quali città hanno più di 5 milioni di abitanti e quali fra 3 milioni e 5 milioni.

3 LE CITTÀ ITALIANE

◢ La grande crescita delle città italiane

I grafici che mostrano l'andamento della popolazione di molte città italiane **dall'Unità d'I-talia (1861) ai giorni nostri** hanno una particolarità: **si somigliano tutti!**

Infatti, in modo più o meno accentuato, le città hanno continuato a crescere, come numero di abitanti (e quindi come dimensione), fino agli anni '70 del secolo scorso (con un'impennata negli anni '50), dopo di che hanno iniziato una fase di discesa. Questo fenomeno ha coinvolto le città del Nord, come quelle del Centro e del Sud, con poche differenze. E non solo. Ha interessato sia le metropoli, come Milano e Napoli, sia le città di dimensioni medie e piccole, come Bologna, Firenze, Catania e Cremona. È stato, insomma, un fenomeno generalizzato le cui cause, per quanto diverse, si ricollegano ai **cambiamenti sociali ed economici del nostro Paese**. Durante il '900 la popolazione si è infatti trasferita dalle zone rurali alle città in cerca di una vita migliore e di un reddito più alto. Dagli anni '50 in poi, quindi dopo la Seconda Guerra Mondiale, le industrie, concentrate soprattutto nelle città, sono cresciute molto e hanno attratto lavoratori dalle campagne.

GRAFICO
Indicatori ambientali in alcune città

	VERDE URBANO		AUTOVETTURE
	% sulla superficie comunale	mq per abitante	per 1.000 abitanti
Torino	16,4	24,1	626,6
Genova	1,5	6,3	465,1
Milano	12,4	17,4	542,3
Bologna	8,0	29,3	508,4
Firenze	7,0	19,3	521,0
Ancona	1,8	22,9	602,1
Roma	3,5	16,5	659,2
Napoli	10,1	12,4	546,5
Bari	2,1	7,9	553,9
Palermo	4,4	10,5	572,7
Cagliari	10,1	56,4	671,2

La città metropolitana di Napoli comprende oggi ben 92 Comuni.

Il declino delle città

Dagli anni '70, si è verificata una brusca inversione di rotta: le città hanno iniziato una **fase di declino**, che, secondo i casi, è durata 20 o 30 anni, fino a tempi recenti, quando la popolazione si è assestata o ha avuto una leggera ripresa.

Anche in questo caso, sono state le ragioni sociali ed economiche a determinare il fenomeno. In generale, tra gli anni '70 e gli anni '90 è calata l'importanza delle industrie nella nostra economia, risorsa fondamentale per la crescita delle città. In compenso è cresciuto molto il settore terziario, cioè il settore dei servizi; questi sono maggiormente distribuiti sul territorio nazionale rispetto alle industrie. Ciò ha favorito la **redistribuzione della popolazione dalle città verso i centri più piccoli**.

Il declino delle metropoli è stato causato anche da altri fattori, come la ricerca di una migliore qualità della vita.

CARTA
Le città italiane

Contenuto integrativo

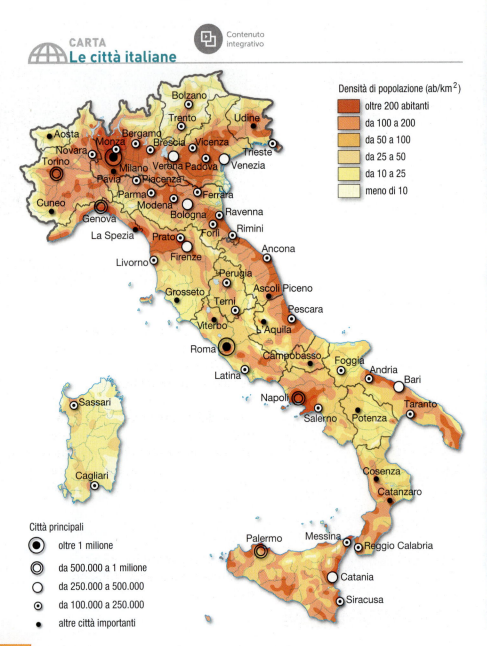

Densità di popolazione (ab/km²)

- oltre 200 abitanti
- da 100 a 200
- da 50 a 100
- da 25 a 50
- da 10 a 25
- meno di 10

Città principali

- ⊙ oltre 1 milione
- ◎ da 500.000 a 1 milione
- ○ da 250.000 a 500.000
- ⊙ da 100.000 a 250.000
- • altre città importanti

I fattori che condizionano la distribuzione delle città

L'Italia è un Paese prevalentemente montuoso e collinare e, come già hai imparato, l'orografia influenza molto la possibilità di costruire i centri abitati, soprattutto quelli più grandi. Per questo, in primo luogo, **le città tendono a concentrarsi nelle pianure**.

La **Pianura Padana** ha, nel complesso, il maggior numero di città, con una dimensione molto varia. Le città principali si addensano soprattutto **nella fascia pedemontana**: ciò è evidente soprattutto ai piedi delle Prealpi e in Emilia, dove la concentrazione delle città a breve distanza dall'Appennino è dovuta alla presenza della **Via Emilia**, una strada molto importante presente già in epoca romana.

Lungo la penisola, in Sicilia e in Sardegna, molte città sono poi situate **lungo le coste**: questa collocazione ha infatti permesso lo sviluppo dei porti e, in generale, delle attività turistiche e commerciali.

1. Le città di provincia attraggono abitanti in fuga dalle metropoli. Nell'immagine un caratteristico angolo di Viterbo.
2. Traffico, inquinamento e mancanza di spazi verdi spingono la popolazione delle città a trasferirsi altrove.
3. Il porto di Genova è un'importante risorsa per la città.
4. L'isola di Ortigia costituisce la parte più antica di Siracusa.
5. Lungo la Via Emilia, che risale all'epoca romana, si sono sviluppate molte città, tra cui Bologna.

CURIOSITÀ

Qual era la città italiana più grande nell'800? Se guardiamo il numero di abitanti delle più grandi città italiane ai giorni nostri, potremmo stupirci della risposta. Oggi infatti la popolazione di Roma è oltre il doppio di quella di Milano, che è la seconda città italiana per numero di abitanti. Napoli, che segue Milano, ha invece circa un terzo degli abitanti di Roma. Eppure, se andiamo indietro al 1861 (anno dell'Unità d'Italia e del primo censimento della popolazione) era proprio Napoli la città più grande: contava già quasi mezzo milione di abitanti. In quello stesso periodo Roma era invece come una media città attuale: aveva solo 200.000 abitanti, e Milano circa 270.000. In pratica, ci volevano Roma e Milano insieme per ottenere una popolazione pari a quella di Napoli!

impara IMPARARE

— COMPLETO

1 Fino al 1970 le città italiane hanno continuato a ....; dopo tale data è iniziato il .... perché sono aumentati gli .... rispetto agli operai a causa della diminuita importanza dell'.................. e parte della popolazione si è trasferita in centri .... anche per sfuggire all'.................. e agli alti costi della città.

— RISPONDO

2 Quali conseguenze ha portato all'ambiente il grande sviluppo delle città?

CONOSCENZE

Conoscere il paesaggio urbano

1 Completa lo schema sulla città.

In città si trovano

- attività .... e finanziarie
- sedi di importanti società
- uffici .... quali Comune, Provincia, Prefettura
- attività .... (medici, avvocati, commercialisti)
- servizi culturali e .... (musei, teatri)
- .... storici

Conoscere i termini relativi alle città

2 Scrivi il termine corrispondente a ogni definizione.

A. Concentrazione della popolazione in città. ....

B. Unificazione di due o più città senza interruzione. ....

C. Fenomeno per cui le città perdono gli abitanti. ....

Conoscere le città europee e italiane

3 Indica se le frasi seguenti sono vere (V) o false (F).

A. La popolazione urbana è maggiore nell'Europa centro-orientale.   Ⓥ Ⓕ

B. Il Paese europeo con la più alta concentrazione urbana è il Belgio.   Ⓥ Ⓕ

C. Le più grandi città europee sono Vienna, Roma e Parigi.   Ⓥ Ⓕ

D. Dagli anni Settanta in poi le metropoli hanno cominciato a crescere.   Ⓥ Ⓕ

E. L'hinterland è costituito da piccoli centri abitati sorti attorno alle metropoli.   Ⓥ Ⓕ

F. La Pianura Padana ha una bassa concentrazione di città.   Ⓥ Ⓕ

4 Abbina le affermazioni alle rispettive cause.

1. In Italia molte città sono state costruite in pianura

2. Nelle isole molte città sono sorte sulle coste

3. Nella Pianura Padana molte città sono nate vicino all'Appennino

A. per la presenza della Via Emilia.

B. perché le vie di comunicazione sono più agevoli.

C. perché la presenza dei porti facilita il commercio.

◢ Utilizzare gli strumenti della geografia

5 A partire dal 1970 in molte città europee si è verificato il fenomeno della controurbanizzazione: completa lo schema.

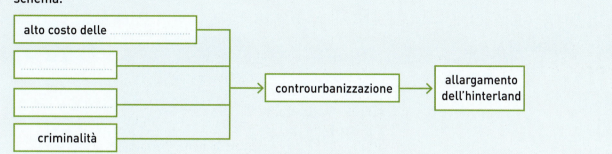

| alto costo delle .... |
| .... |
| .... |
| criminalità |

→ controurbanizzazione → allargamento dell'hinterland

6 Analizza le due immagini e scrivi accanto a ciascuna almeno tre motivi per cui una rappresenta una città e l'altra no.

....
....
....

....
....
....

7 Rileggi il paragrafo "L'Europa, un continente con molte città": colora di rosso gli Stati in cui è più alta la quota di popolazione urbana e di rosa i restanti.

Quale tipo di carta hai creato?

....

Usa le parole e completa gli schemi.

SPERANZA DI VITA – FRANCESE – OCCIDENTALE – DISABITATE – ANALFABETISMO – GRANDI – MEDICINE – QUANTITÀ

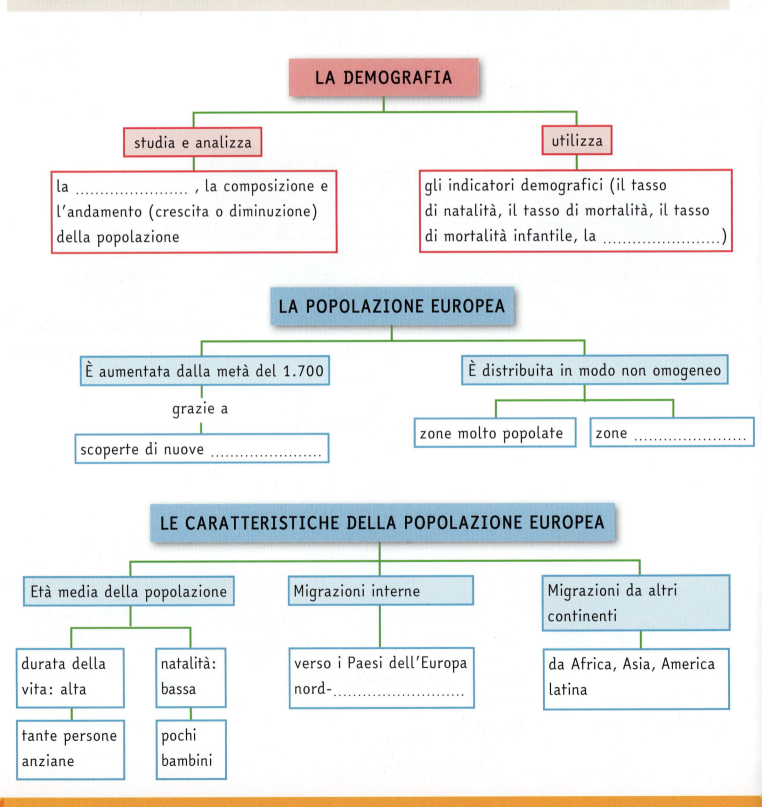

LA DEMOGRAFIA

studia e analizza

la .... , la composizione e l'andamento (crescita o diminuzione) della popolazione

utilizza

gli indicatori demografici (il tasso di natalità, il tasso di mortalità, il tasso di mortalità infantile, la ....)

LA POPOLAZIONE EUROPEA

È aumentata dalla metà del 1.700

grazie a

scoperte di nuove ....

È distribuita in modo non omogeneo

zone molto popolate

zone ....

LE CARATTERISTICHE DELLA POPOLAZIONE EUROPEA

Età media della popolazione

durata della vita: alta

tante persone anziane

natalità: bassa

pochi bambini

Migrazioni interne

verso i Paesi dell'Europa nord-.......................

Migrazioni da altri continenti

da Africa, Asia, America latina

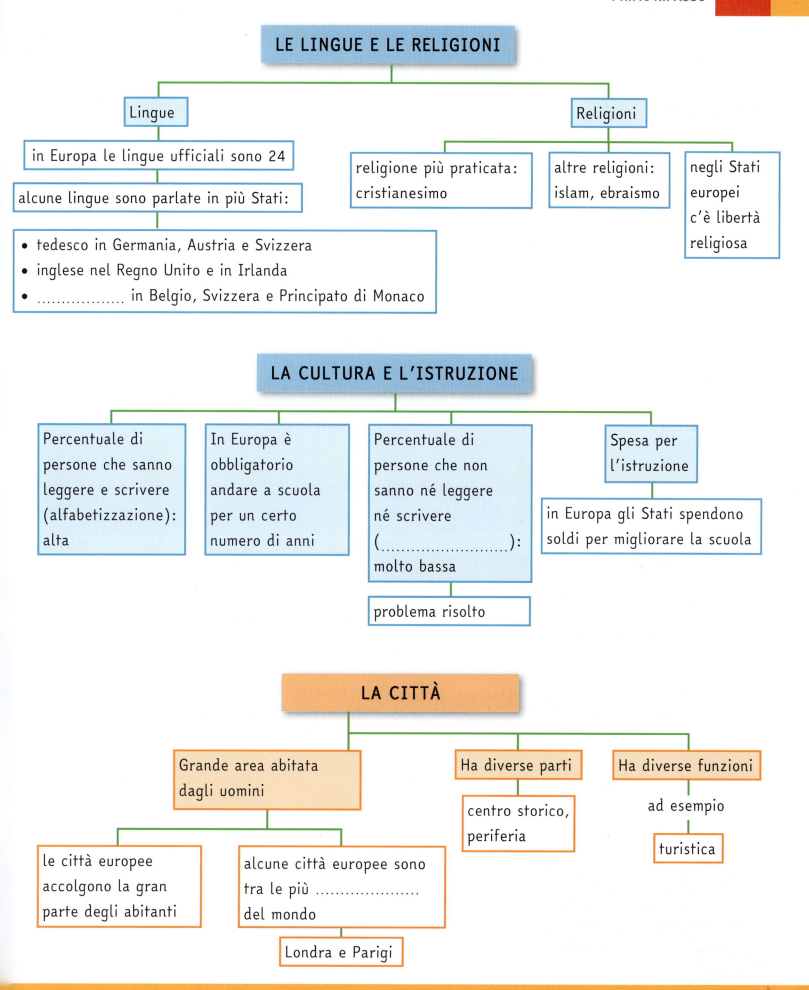

LE LINGUE E LE RELIGIONI

Lingue

in Europa le lingue ufficiali sono 24

alcune lingue sono parlate in più Stati:

- tedesco in Germania, Austria e Svizzera
- inglese nel Regno Unito e in Irlanda
- .... in Belgio, Svizzera e Principato di Monaco

Religioni

religione più praticata: cristianesimo

altre religioni: islam, ebraismo

negli Stati europei c'è libertà religiosa

LA CULTURA E L'ISTRUZIONE

Percentuale di persone che sanno leggere e scrivere (alfabetizzazione): alta

In Europa è obbligatorio andare a scuola per un certo numero di anni

Percentuale di persone che non sanno né leggere né scrivere (..........................): molto bassa

problema risolto

Spesa per l'istruzione

in Europa gli Stati spendono soldi per migliorare la scuola

LA CITTÀ

Grande area abitata dagli uomini

le città europee accolgono la gran parte degli abitanti

alcune città europee sono tra le più .... del mondo

Londra e Parigi

Ha diverse parti

centro storico, periferia

Ha diverse funzioni

ad esempio

turistica

1   LA SINTESI

■ L'Europa è il penultimo continente per numero di abitanti, ma con una **distribuzione squilibrata**, condizionata dalle **condizioni climatiche** e dallo sviluppo economico. La **popolazione** è aumentata notevolmente nel **Basso Medioevo** grazie allo sviluppo dell'**agricoltura** e alla diffusione del **commercio**; è diminuita a metà del '300 per la peste ed è aumentata di nuovo nel '500, finché nell'**800** c'è stato un forte incremento soprattutto in seguito alla **Rivoluzione industriale** e ai progressi scientifici.

■ Il **popolo** è l'insieme dei cittadini di uno Stato, mentre la **popolazione** è l'insieme delle persone che si trovano in un Paese in un determinato momento.

■ I parametri per studiare una popolazione sono il **tasso di natalità** e quello **di mortalità**: quando il numero dei nati è uguale a quello dei morti si parla di **crescita zero**; un concetto importante è la **speranza di vita**, cioè quanti anni un bambino appena nato può aspettarsi di vivere. Tasso di natalità, di mortalità e speranza di vita determinano la struttura di una popolazione. Oggi il **tasso di natalità** in Europa è mediamente **basso**; la **qualità della vita** è **alta**, ma con rilevanti differenze tra le varie regioni.

■ In **Italia** dal 1861 a oggi la **popolazione** è notevolmente **aumentata** soprattutto al Nord a causa della forte immigrazione. Le regioni meno abitate si trovano nelle zone montuose, quelle più abitate nella Pianura Padana. Le **nascite** sono aumentate fino alla metà degli anni '60. Oggi la **speranza di vita** in Italia è pari a **83** anni.

■ Dal XVI secolo fino agli inizi del '900 molti Europei migrarono verso le **Americhe** alla ricerca di condizioni di vita migliori.

■ L'Unione Europea conta ben **24 lingue** ufficiali e molti dialetti: la lingua è una **realtà viva**, in continua trasformazione. La famiglia linguistica più diffusa è quella **indoeuropea**.

■ Nel passato, molte guerre in Europa sono scoppiate anche per intolleranza **religiosa**, mentre oggi è in crescita l'**ateismo**. La religione più professata nel nostro continente è il **cristianesimo**, ma si è molto diffuso anche l'**islam**.

■ In **Italia** la lingua ufficiale è l'**italiano** e la **religione** più diffusa è la **cattolica**. In Europa l'**obbligo scolastico** varia dai 9 ai 13 anni, il **tasso di alfabetizzazione** è pari a oltre il 95%.

■ Le **città** sono nate attraverso il **processo di urbanizzazione**, che ha portato a edificare zone un tempo agricole. Possono avere diverse forme in relazione al luogo in cui si sono formate. Il cuore della città è il **centro storico**; ai suoi confini si sviluppano la **periferia**, i **sobborghi** e, ancora più all'esterno, l'**hinterland**. Le **metropoli** sono città molto estese, come Londra, Mosca e Parigi, mentre le **conurbazioni** sono aree urbane costituite da diverse città che, espandendosi, si sono unite tra loro. A partire dagli anni '70 le dimensioni delle metropoli hanno iniziato a ridursi (**controurbanizzazione**).

POPOLAZIONE EUROPEA

- si distribuisce in base a
  - clima
  - territorio
  - economia
- vive soprattutto in città
  - metropoli
  - conurbazioni
  - centro storico
  - periferia
  - sobborghi
  - hinterland
- professa le religioni
  - cattolica
  - protestante
  - ortodossa
  - musulmana

3

L'INTERROGAZIONE

Leggi le domande e verifica se conosci le risposte. Se non sei sicuro/a, torna a leggere il testo alle pagine indicate. Poi rispondi oralmente a ciascuna domanda.

1 Come è distribuita la popolazione in Europa? → pag. 176

2 Il generale aumento della qualità della vita quali conseguenze ha avuto sulla popolazione? → pag. 183-184

3 Quali sono le religioni più diffuse in Europa? → pag. 197

4 Quali lingue si parlano in Italia oltre all'italiano? → pag. 200

5 Quali sono le caratteristiche della città? → pag. 208

6 Quali sono i fattori che hanno condizionato la distribuzione delle città italiane? → pag. 217

CAPITOLO 13

GEOGRAFIA ECONOMICA

1 L'ECONOMIA DELL'EUROPA

Che cos'è la geografia economica

Per capire che cosa sia la **geografia economica** occorre prima di tutto capire **che cos'è l'economia**.

Da sempre, con i mezzi a sua disposizione, ma anche inventandone continuamente di nuovi, **l'uomo cerca di soddisfare i propri bisogni**.

Nel corso del tempo, con il progredire della scienza e con i cambiamenti della società (avvenuti in epoche e in modi diversi nelle varie aree del mondo), **i bisogni sono aumentati**: a quelli essenziali, come il cibo, se ne se sono aggiunti via via molti altri, come l'istruzione, lo svago e, ovviamente, la salute.

L'**economia** è l'insieme delle attività produttive umane che servono a soddisfare tutti questi bisogni.

La branca della geografia che si occupa di studiare il modo in cui le attività produttive si distribuiscono sul territorio e le loro relazioni si chiama **geografia economica**.

I settori dell'economia

Le attività economiche vengono tradizionalmente suddivise in **tre grandi settori**:

- il **settore primario**: ne fanno parte l'agricoltura, l'allevamento, la pesca, la selvicoltura (cioè lo sfruttamento dei boschi) e l'estrazione dal sottosuolo delle risorse minerarie;

- il **settore secondario**: comprende le attività industriali, che servono per trasformare le materie prime nei beni che utilizziamo, così come l'artigianato, che si dedica però alle piccole produzioni, in cui il lavoro umano è preponderante rispetto a quello delle macchine;

- il **settore terziario**: include il commercio e i servizi di ogni tipo, sia pubblici (come quelli svolti dagli uffici di un Comune o da un ospedale) sia privati, effettuati ad esempio da banche, assicurazioni, case editrici. Anche il turismo, l'istruzione e le telecomunicazioni fanno parte di questo settore. Nei Paesi avanzati la maggior parte dei lavoratori è impiegata nel terziario.

A questi tre settori se ne aggiunge un altro, chiamato **terziario avanzato o quaternario**, a cui appartengono alcune attività di importanza strategica che caratterizzano le economie più moderne e sviluppate: ricerca scientifica, informatica, gestione d'impresa, marketing, finanza (che vedremo più avanti).

I principali indicatori economici

Per comprendere l'economia si utilizzano vari **indicatori**, cioè valori numerici calcolati attraverso formule matematiche che ci permettono di avere una **fotografia immediata della situazione di un determinato fenomeno economico, in un Paese o in una regione**.

- **PIL**: sta per **Prodotto Interno Lordo** ed è l'indicatore utilizzato più frequentemente. Esso esprime la somma del valore di tutti i beni e servizi prodotti in un anno, in uno Stato o in una regione. Indica, quindi, il valore complessivo della ricchezza prodotta. Il PIL può essere **scomposto tra i grandi settori economici**, per vedere in quale misura essi contribuiscono a determinare la ricchezza creata. Il PIL di un Paese dipende non solo dal livello raggiunto dall'economia, che può essere più o meno avanzato, ma anche dal numero dei suoi abitanti, perché a una popolazione più grande corrisponde un più alto numero di lavoratori, cioè di persone che producono beni o servizi. Il PIL viene calcolato periodicamente, per capire se l'economia cresce o si riduce (in questo secondo caso si dice che è in **recessione**).

- **PIL pro capite**: si ottiene dividendo il valore del PIL di un Paese per il numero dei suoi abitanti. Esso esprime la ricchezza prodotta in media da ogni abitante. Questo indicatore **è molto più utile del PIL per capire il livello economico raggiunto da un Paese**, in quanto non è influenzato dall'entità della popolazione. Vediamo un esempio. La Svizzera è un Paese piccolo, con soli 8 milioni di abitanti, e il suo PIL è molto più basso di quello della Cina, che ha una popolazione circa 170 volte superiore. Se però guardiamo al dato pro capite, la situazione si inverte: in Svizzera è pari a 85.000 dollari, in Cina è di circa 7.500 dollari. Ciò significa che, in media, il livello di benessere di un cittadino svizzero è di gran lunga superiore a quello di un abitante della Cina.

- **ISU**: significa **Indice di Sviluppo Umano** e si ottiene considerando non solo il PIL pro capite, ma anche aspetti altrettanto importanti per comprendere il livello di sviluppo socio-economico raggiunto da un Paese e cioè il grado di istruzione degli abitanti e la durata media della loro vita.

L'ISU ci offre una descrizione più ampia e significativa della qualità della vita in un dato Paese.

1. L'agricoltura rientra nel settore primario.
2. L'industria dell'acciaio è un'attività portante del settore secondario.
3. Il turismo, ricreativo o culturale, rientra nel settore terziario.
4. La ricerca scientifica è indice di un Paese moderno e avanzato.

impara

IMPARARE

— **RISPONDO**

1 Come chiamiamo l'insieme delle attività che servono a soddisfare i bisogni?

2 Quali sono i tre grandi settori dell'economia e quali attività economiche comprendono? Rispondi sul quaderno.

— **COMPLETO**

3 Il .... (PIL) indica la somma del valore dei beni e dei .... prodotti in .... in uno Stato o in una regione; il .... indica la ricchezza prodotta in media da .... di quel territorio.

Gli indicatori del mondo del lavoro

Altri indicatori (**popolazione attiva, tasso di occupazione, tasso di disoccupazione**) riguardano in particolare il mondo del **lavoro**.

- Per **popolazione attiva** si intende quella parte di popolazione (tra i 15 e i 64 anni) in grado di lavorare. La popolazione attiva, definita anche **forza lavoro**, comprende quindi sia chi lavora sia chi non lavora perché non è ancora riuscito a trovare un impiego.

- Il **tasso di occupazione** indica la percentuale delle persone occupate rispetto alla popolazione in età lavorativa (15-64 anni), oppure quella con più di 15 anni o tutta la popolazione, a seconda dei casi.

- Il **tasso di disoccupazione** indica la quota di persone che sono in cerca di lavoro (cioè che sono **disoccupate**) rispetto al totale della forza lavoro. Questo indicatore è molto importante nell'esprimere lo stato di salute di un'economia: in generale, quanto più è alto, tanto più significa che il Paese si trova in difficoltà. Per questo, osservando l'andamento del tasso di disoccupazione si può capire se le condizioni economiche generali stanno migliorando o peggiorando.

GRAFICO
Lavoro ed economia in Italia

Allegato scaricabile

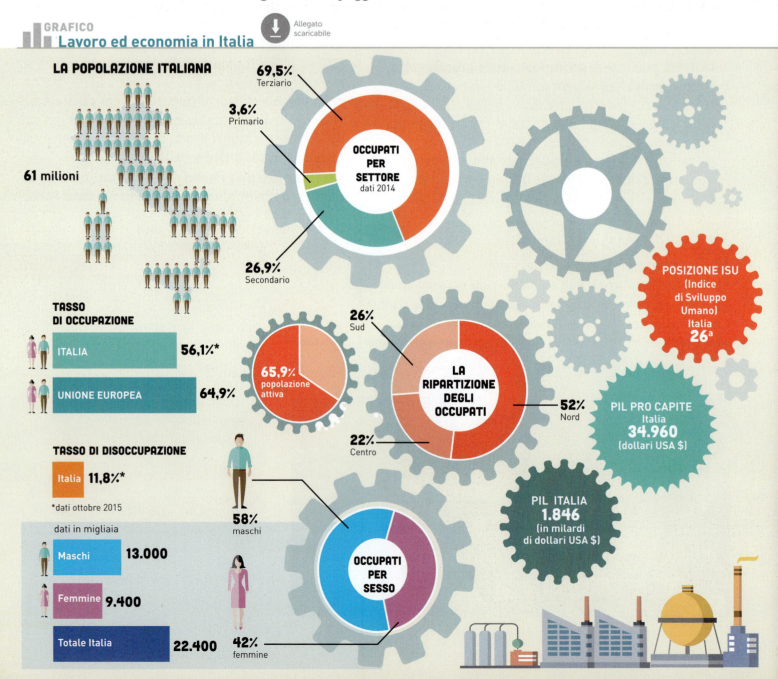

LA POPOLAZIONE ITALIANA

61 milioni

OCCUPATI PER SETTORE dati 2014
- 69,5% Terziario
- 3,6% Primario
- 26,9% Secondario

TASSO DI OCCUPAZIONE
- ITALIA 56,1%*
- UNIONE EUROPEA 64,9%

LA RIPARTIZIONE DEGLI OCCUPATI
- 65,9% popolazione attiva
- 26% Sud
- 52% Nord
- 22% Centro

TASSO DI DISOCCUPAZIONE
- Italia 11,8%*

*dati ottobre 2015

dati in migliaia
- Maschi 13.000
- Femmine 9.400
- Totale Italia 22.400

OCCUPATI PER SESSO
- 58% maschi
- 42% femmine

POSIZIONE ISU (Indice di Sviluppo Umano) Italia 26ª

PIL PRO CAPITE Italia 34.960 (dollari USA $)

PIL ITALIA 1.846 (in milardi di dollari USA $)

◢ Il continente della "rivoluzione economica"

Il primo continente ad avere avuto una straordinaria crescita economica è stato l'Europa. Proprio l'Europa, infatti, a partire dal '700 e ancor più nel secolo successivo, è stata teatro di **una doppia, fondamentale rivoluzione**, che ha avviato una serie inarrestabile di cambiamenti sia in campo economico sia in campo sociale:

- **la Rivoluzione agricola**;
- **la Rivoluzione industriale**.

Queste rivoluzioni sono state possibili grazie ad alcune fondamentali **innovazioni. In agricoltura si iniziarono a usare metodi e strumenti più efficienti**: ad esempio **si abbandonò il maggese**, alternando invece ai cereali le colture foraggere, con cui nutrire il bestiame, da cui si ricavava poi il concime per i campi e si adottarono **strumenti più moderni come l'aratro in metallo** e le seminatrici meccaniche.

L'invenzione della **macchina a vapore**, impiegata da subito nelle aziende estrattive e in quelle tessili, **diede poi l'avvio allo sviluppo delle fabbriche e fu il primo, decisivo passo dello sviluppo industriale**. Tutti questi processi hanno prodotto tra loro **importanti sinergie**, cioè hanno lavorato insieme, influenzandosi reciprocamente, nel far crescere l'economia e nel determinare complessi cambiamenti sociali.

1 La Rivoluzione industriale ebbe origine in Inghilterra. Nell'immagine, le fabbriche nella città inglese di Leeds nel 1840.

2 La prima locomotiva per viaggiatori fu costruita in Belgio (1835).

3 Nel dipinto, gruppo di operaie al lavoro in una filanda.

CARTA
PIL per abitante in Europa (dati 2014)

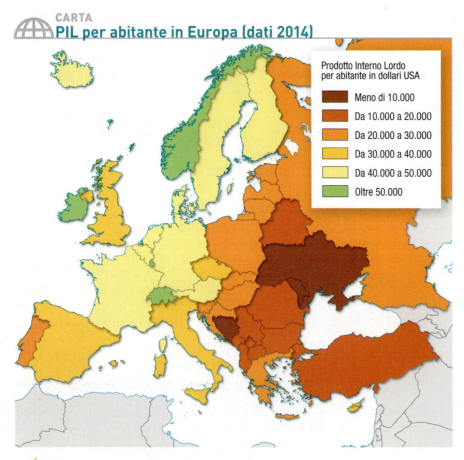

Prodotto Interno Lordo
per abitante in dollari USA

- Meno di 10.000
- Da 10.000 a 20.000
- Da 20.000 a 30.000
- Da 30.000 a 40.000
- Da 40.000 a 50.000
- Oltre 50.000

L'Europa, un continente "ricco" ma non in modo omogeneo

Nella seconda metà del '900 l'economia europea è letteralmente "esplosa": in pochi decenni, diversi Paesi hanno conosciuto uno sviluppo economico inimmaginabile fino ad allora. Ed è proprio in questo periodo che comincia a crearsi quella ricchezza che ha fatto dell'Europa uno dei "motori" dell'economia mondiale. Oggi **l'Europa è il primo continente come valore complessivo della produzione**, cioè come **PIL**. Se invece si considera il **PIL pro capite**, il nostro continente è preceduto da Oceania e Nord America, ma molti Paesi dell'Europa occidentale sono vicini ai massimi livelli di ricchezza che si riscontrano nel mondo.

Squilibri tra Est e Ovest...

Il livello di sviluppo economico è disomogeneo in Europa, dove si riscontra una notevole differenza tra la maggior parte dei **Paesi dell'Europa occidentale** e quelli **dell'Europa dell'Est**. La causa di questo forte squilibrio sta nel fatto che, dopo la fine della Seconda Guerra Mondiale (1945), i Paesi dell'Europa orientale sono stati governati da regimi comunisti, che hanno adottato un modello di economia poco produttivo, incentrato sulla proprietà pubblica dei mezzi di produzione. Con il tempo, questi Paesi hanno accumulato rispetto a quelli occidentali un forte ritardo di sviluppo che ancora non è stato colmato. Così, mentre **alcuni Stati dell'Ovest figurano oggi tra i più ricchi del mondo come PIL pro capite**, quelli più poveri dell'Est superano di poco i **Paesi economicamente meno sviluppati**.

1. L'agricoltura ha sempre rappresentato un settore importante per la Romania.

2. In Albania quasi la metà della popolazione è impiegata nell'agricoltura.

3. Un reparto di Fortnum & Mason, negozio londinese specializzato in alimentari di lusso.

... e tra Nord e Sud

Differenze nel livello di sviluppo economico si riscontrano anche tra il Nord e il Sud Europa. Tutti i Paesi economicamente più forti sono collocati infatti nell'Europa centro-settentrionale. All'opposto, i Paesi dell'Europa mediterranea hanno un sistema economico-sociale meno avanzato e alcuni di essi hanno un PIL pro capite simile a quello di alcuni Stati dell'Europa orientale.

La crisi economica recente

Il divario tra Nord e Sud è cresciuto ulteriormente negli ultimi anni a causa della **grave crisi economica che ha colpito molte aree del mondo a partire dal 2008**. Le cause di questa crisi, partita dagli Stati Uniti, sono complesse: ha avuto origine in campo finanziario ma in breve tempo ha interessato l'industria e il terziario, causando una diffusa recessione. Nel complesso, **è stata proprio l'Europa a subirne le conseguenze più pesanti**. Ma gli effetti di questa difficile situazione **non sono stati uniformi** nel nostro continente: i Paesi del Sud, che avevano un sistema economico più fragile, sono stati colpiti molto più duramente. La conseguenza peggiore della crisi è stata un forte aumento della **disoccupazione**.

CARTA
La disoccupazione in Europa (dati 2014)

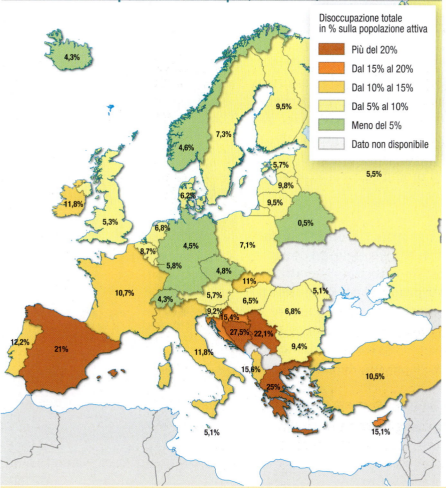

Disoccupazione totale in % sulla popolazione attiva

- Più del 20%
- Dal 15% al 20%
- Dal 10% al 15%
- Dal 5% al 10%
- Meno del 5%
- Dato non disponibile

CURIOSITÀ

Quando i miliardi non valgono nulla... Grazie alla forte crescita avviata nel Dopoguerra, oggi **la Germania è la più grande potenza economica europea**. Questo risultato è stato raggiunto nonostante il Paese abbia perso tutte e due le guerre mondiali del '900 e dopo il primo conflitto sia stato obbligato a pagare ai vincitori una cifra enorme. Nel tentativo di far fronte a questo debito (che ha finito di pagare solo nel 2010!), la Germania cominciò a stampare una quantità incredibile di banconote, che ben presto furono così tante da non valere quasi più nulla. **Il marco, la valuta tedesca in vigore prima dell'euro, era diventato carta straccia**: pensa che all'inizio degli anni '20 nel Paese circolava un **francobollo del valore di 50 miliardi di marchi**, cifra sufficiente oggi all'acquisto di un'intera multinazionale tedesca!

impara IMPARARE

— RISPONDO

1 Che cos'è la popolazione attiva?

2 Che cosa esprime il tasso di occupazione?

3 E il tasso di disoccupazione?

4 In Europa quali rivoluzioni sono avvenute fra '700 e '800?

— COMPLETO

5 L'Europa è un continente ricco in maniera non .... perché ci sono .... fra Nord e Sud, Ovest ed Est per quanto riguarda la ....

6 La crisi economica del .... ha riguardato varie aree del .... La crisi è stata molto forte in ...., dove ha causato un forte aumento della ....

CAPITOLO 14

IL SETTORE PRIMARIO

1 AGRICOLTURA E ALLEVAMENTO IN EUROPA

Condizioni ambientali e progresso tecnico favoriscono l'agricoltura

Le **caratteristiche ambientali** hanno contribuito notevolmente allo sviluppo delle attività agricole in Europa, in particolare grazie a due fattori:

- le **condizioni climatiche**: molti Paesi europei si trovano nella fascia del clima temperato, caratterizzato da temperature non troppo rigide e da una buona piovosità. Inoltre, in Europa c'è anche una grande varietà di climi, per cui si possono coltivare **numerose piante diverse** e ottenere una vasta gamma di prodotti;

- la **diffusa presenza di pianure**: sui rilievi infatti l'agricoltura è penalizzata e si limita in genere ad alcuni prodotti, come la vite.

L'Europa può contare poi su un'agricoltura avanzata, basata sull'uso di macchine moderne, impiegate in ogni fase della produzione, e di concimi e fertilizzanti di origine chimica.

Soprattutto a partire dal '900, infatti, i progressi in campo scientifico e tecnologico hanno permesso all'agricoltura europea di **incrementare enormemente la produttività dei terreni, mentre le macchine hanno via via sostituito il lavoro dell'uomo**. Come effetto della meccanizzazione il settore agricolo impiega oggi molti meno lavoratori rispetto al passato e agli altri comparti produttivi.

Le caratteristiche dell'agricoltura europea

Il modello di agricoltura che prevale in Europa viene definito "**capitalistico**", è cioè un sistema basato su un grande investimento di capitali, ovvero di mezzi finanziari (per acquistare macchinari avanzati, sementi selezionate, fertilizzanti ecc.), i cui **prodotti sono destinati interamente al mercato**; si produce, insomma, non per soddisfare il proprio fabbisogno ma per vendere. Prima del '900, ma ancora oggi in molti Paesi poveri del mondo, prevaleva invece l'**agricoltura di sussistenza**, finalizzata a produrre ciò che serviva per mantenere se stessi e la propria famiglia.

L'agricoltura europea si presenta in forma sia **intensiva** sia **estensiva**:

- per **agricoltura intensiva** si intende quella che punta al massimo sfruttamento dei terreni attraverso il forte ricorso ai prodotti chimici e ai macchinari;

CURIOSITÀ

La pannocchia dei miracoli Dopo la Seconda Guerra Mondiale in Italia come in altri Paesi europei è iniziata una fase di intenso sviluppo economico, che ha riguardato anche l'agricoltura. I miglioramenti nella produttività sono stati enormi. Ad esempio, ancora durante la guerra il mais (o granoturco) aveva una pannocchia molto piccola, che rendeva pochissimo a fronte di un duro lavoro. Poi, nel 1948, è arrivata dagli Stati Uniti una nuova varietà di mais, che ai contadini sembrò miracolosa: in un anno, il raccolto aumentò addirittura del triplo e anche oltre. Si trattava sempre di granoturco, quindi, ma bastò a cambiare la varietà per far "esplodere" la produzione.

①

- per **agricoltura estensiva**, diffusa ad esempio nella Penisola Iberica e in vari Paesi dell'Est, si intende la coltivazione su proprietà molto estese con modesti investimenti di capitali. In questo caso le rese (cioè i quantitativi prodotti rispetto all'estensione di terra coltivata) sono basse, ma il reddito è assicurato dalla vastità dei terreni coltivati.

Un altro elemento che caratterizza l'agricoltura del nostro continente è l'ampia diffusione della **monocoltura**, la produzione cioè di un'unica specie vegetale in una determinata zona (ad esempio il mais nella Pianura Padana).

Germania e Francia, primi produttori agricoli europei

I più grandi Paesi europei sono anche quelli che dispongono delle più vaste superfici coltivate: Francia, Spagna e Germania occupano non per nulla i primi posti nella produzione agricola.

Molto diffusa è la coltivazione dei **cereali** (mais, frumento, orzo, avena, segale), utilizzati sia per l'alimentazione umana sia per quella animale. **Francia e Germania ne sono i principali produttori. La Germania è addirittura il primo produttore mondiale di segale**, seguita dalla Polonia, mentre **la Francia è al quinto posto per il frumento**. Russia e Polonia, inoltre, sono nelle prime posizioni per la produzione di avena. Gli stessi Paesi che primeggiano per le colture cerealicole occupano i primi posti nella produzione di **patate**. Russia e Ucraina sono poi tra i più grandi produttori di **carote e cipolle**.

① In Europa è molto diffusa la coltivazione dei cereali.

② L'agricoltura estensiva si applica su aree molto estese con investimenti modesti.

③ Dopo le mele, le arance sono i frutti più coltivati in Europa, soprattutto in Spagna, Italia e Grecia.

GRAFICO
Lo stato dell'agricoltura

Allegato scaricabile

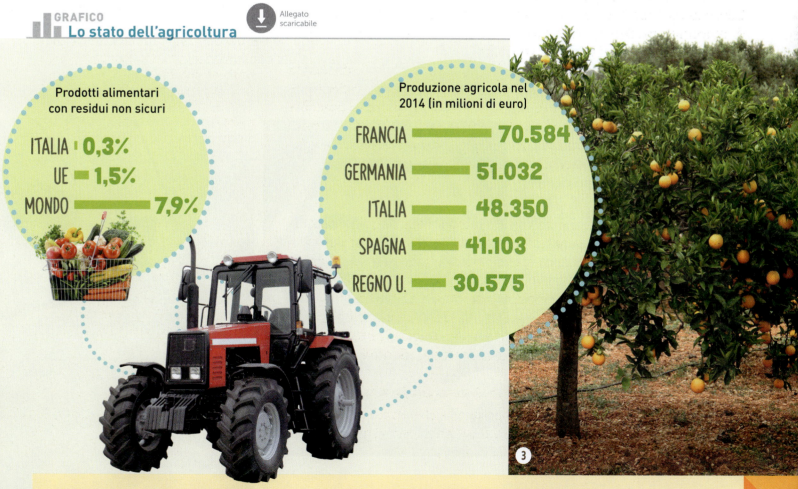

Prodotti alimentari con residui non sicuri

ITALIA **0,3%**
UE **1,5%**
MONDO **7,9%**

Produzione agricola nel 2014 (in milioni di euro)

FRANCIA **70.584**
GERMANIA **51.032**
ITALIA **48.350**
SPAGNA **41.103**
REGNO U. **30.575**

◣ L'importanza di un'agricoltura sostenibile

L'agricoltura gioca un ruolo rilevante anche per gli effetti che ha sull'ambiente. In Europa, infatti, quasi tutti gli spazi pianeggianti vengono utilizzati per l'agricoltura. In pratica, gran parte delle terre, soprattutto nei Paesi occidentali, è intensamente sfruttata. Per questo è molto importante che l'agricoltura sia il più possibile **ecosostenibile**, cioè che possa svilupparsi nel **rispetto dell'ambiente**.

◣ Si diffonde l'agricoltura biologica e "a chilometro zero"

Per essere ecosostenibile l'agricoltura deve **ridurre molto l'uso di prodotti chimici**, che spesso non colpiscono solo i parassiti delle colture, ma anche la flora e la fauna in generale. Inoltre, questi prodotti possono essere nocivi per la salute umana, in quanto alcuni residui rimangono nella frutta e nella verdura.

Per questi motivi si è sviluppata l'**agricoltura biologica**. Gli elementi principali che la caratterizzano sono:

- la **sostituzione dei fertilizzanti chimici con fertilizzanti organici**, privilegiando la rotazione delle colture (invece della monocoltura) per preservare la fertilità dei terreni senza sfruttare eccessivamente le risorse naturali;

- la **riduzione degli antiparassitari**, preferendo quando possibile i metodi di lotta biologica (in cui i parassiti vengono eliminati da altri insetti non dannosi).

L'agricoltura "bio" va progressivamente diffondendosi in molti Paesi del continente. **L'Italia è uno degli Stati europei con il maggior numero di aziende agricole biologiche** e oggi circa il 10% dei terreni è coltivato in questo modo.

Negli ultimi anni, inoltre, ha iniziato ad affermarsi l'**agricoltura "a chilometro zero"**: ortaggi e frutta vengono acquistati dai consumatori nel luogo di produzione, direttamente dalle aziende agricole. È un modello di consumo in controtendenza a quello imposto dalla globalizzazione, nel quale i prodotti viaggiano anche migliaia di chilometri prima di arrivare sulla tavola dei consumatori.

CURIOSITÀ

Anche una siepe aiuta la biodiversità Lo sviluppo dell'agricoltura ecosostenibile può essere favorito in vari modi, ad esempio salvaguardando gli habitat in cui vivono numerose specie animali e vegetali. Spesso può bastare una siepe o una piccolissima superficie incolta per **incrementare** in modo considerevole **la biodiversità** negli ambienti agricoli. Per questo, diversi studiosi ritengono importante che gli ingenti **finanziamenti dell'Unione Europea** destinati a questo settore vengano indirizzati a chi coltiva nel rispetto dell'ambiente.

Allegato
scaricabile

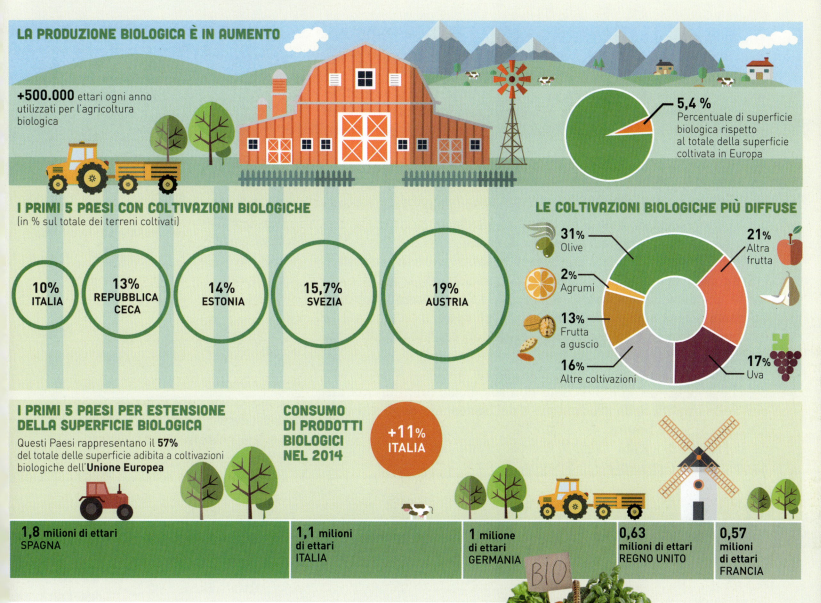

LA PRODUZIONE BIOLOGICA È IN AUMENTO

+500.000 ettari ogni anno utilizzati per l'agricoltura biologica

5,4 % Percentuale di superficie biologica rispetto al totale della superficie coltivata in Europa

I PRIMI 5 PAESI CON COLTIVAZIONI BIOLOGICHE
(in % sul totale dei terreni coltivati)

10% ITALIA

13% REPUBBLICA CECA

14% ESTONIA

15,7% SVEZIA

19% AUSTRIA

LE COLTIVAZIONI BIOLOGICHE PIÙ DIFFUSE

31% Olive
2% Agrumi
13% Frutta a guscio
16% Altre coltivazioni
21% Altra frutta
17% Uva

I PRIMI 5 PAESI PER ESTENSIONE DELLA SUPERFICIE BIOLOGICA

Questi Paesi rappresentano il **57%** del totale delle superficie adibita a coltivazioni biologiche dell'**Unione Europea**

CONSUMO DI PRODOTTI BIOLOGICI NEL 2014

+11% ITALIA

1,8 milioni di ettari SPAGNA

1,1 milioni di ettari ITALIA

1 milione di ettari GERMANIA

0,63 milioni di ettari REGNO UNITO

0,57 milioni di ettari FRANCIA

BIO

ZOOM

OGM e DOP Conosci il significato di queste sigle sempre più spesso presenti sulle confezioni dei prodotti alimentari? **OGM** deriva dalle iniziali di **Organismo Geneticamente Modificato**: un mais OGM, ad esempio, indica una varietà di mais il cui patrimonio genetico è stato mutato in laboratorio selezionandone e cambiandone alcune caratteristiche. Lo scopo è quello di ottenere varietà vegetali più resistenti a malattie, insetti e pesticidi e quindi più adatte a essere sfruttate dall'uomo in campo agroalimentare.
Da quando i primi esperimenti genetici sono iniziati, in campo medico-scientifico si è aperto un dibattito sui possibili rischi che questa pratica potrebbe comportare per la salute umana e per l'ambiente. Per questo oggi molti prodotti alimentari riportano in evidenza sull'etichetta la scelta di non utilizzare OGM. **DOP** significa invece **Denominazione di Origine Protetta**, un marchio che l'Unione Europea attribuisce ad alcuni alimenti le cui caratteristiche sono strettamente legate alla zona produttiva. Tra i prodotti DOP troviamo formaggi, olio, salumi, vini e alcuni generi ortofrutticoli. Affinché un prodotto sia DOP, le fasi di produzione devono avvenire in un'area geografica delimitata e il processo di lavorazione deve rispettare regole precise e rigidamente controllate. Oggi sono quasi 200 i prodotti italiani riconosciuti con questo marchio, dall'aceto balsamico di Modena allo zafferano di Sardegna.

◢ L'allevamento è molto sviluppato

Parallelamente all'agricoltura, in Europa si è sviluppato anche **l'allevamento**: bovino, suino e avicolo (che riguarda ad esempio polli e tacchini).

Come è successo per le attività agricole, **durante il '900 si è affermato l'allevamento intensivo e si sono verificati forti aumenti nella produttività**. Ciò è stato possibile soprattutto grazie al processo di **selezione delle razze allevate**: oggi, ad esempio, una mucca può produrre anche 40-50 litri di latte al giorno, mentre 70 anni fa ne produceva solo 15.

Una maggiore produttività è stata resa necessaria sia dalla crescita della popolazione sia dal fatto che con il diffuso aumento della ricchezza è **cresciuto anche il consumo di carne**.

In diversi casi, purtroppo, l'esigenza di massimizzare la produttività ha portato ad allevare gli animali in condizioni che la cultura e la sensibilità di oggi considerano inaccettabili: **l'allevamento intensivo porta infatti a sfruttare al massimo gli spazi** (porcilaie, stalle, capannoni di polli e tacchini), dove viene concentrato un altissimo numero di animali.

Per uno sviluppo sostenibile è indispensabile, anche in questo campo, che si tenga sempre più conto non solo della quantità, ma **anche della qualità della produzione e del benessere degli animali**. Nell'allevamento **bovino**, destinato alla produzione di latte e di carne, la **Francia** è il primo Paese in Europa. I **suini** raggiungono numeri da primato in **Germania** e in **Spagna**.

impara A — IMPARARE

— SCHEMATIZZO

1 A quale definizione corrispondono le attività elencate? Abbina ogni definizione a un'attività.

agricoltura di mercato	attività che sfrutta al massimo il terreno ricorrendo all'uso di molti macchinari e prodotti chimici
agricoltura di sussistenza	produzione per la vendita
agricoltura intensiva	attività su terreni molto estesi con scarsi investimenti di denaro
agricoltura estensiva	produzione per il consumo

— COMPLETO

2 L'agricoltura .... sostituisce i .... con concimi organici e riduce l'uso di ....

GRAFICO

I principali allevatori di bestiame in Europa

Allegato scaricabile

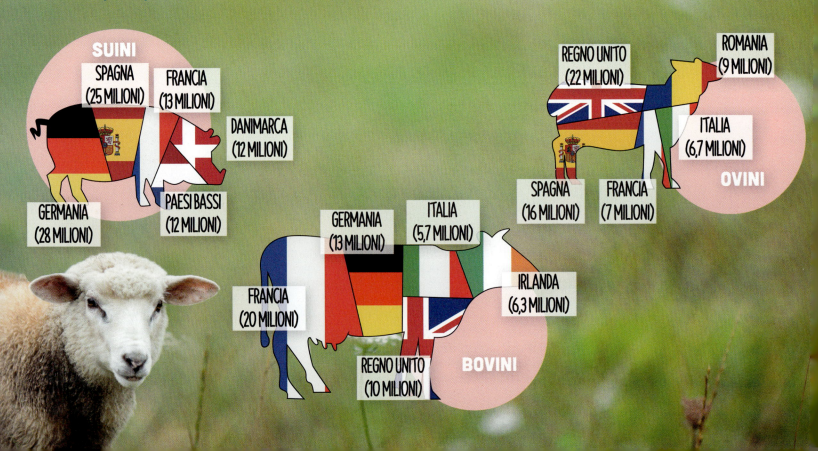

AGRICOLTURA E ALLEVAMENTO IN ITALIA

Una grande varietà climatica, molti prodotti agricoli

Grazie soprattutto a una grande varietà di climi l'Italia può vantare **una gamma molto ampia di prodotti agricoli**, che non si riscontra in nessun altro Stato europeo. Dalle Alpi alla Sicilia, passando per la Pianura Padana, gli Appennini e le varie regioni costiere, l'Italia è **ricca di prodotti agricoli di ogni genere**, che hanno contribuito tra l'altro nel tempo a fare dello "Stivale" **la culla del buon cibo** e della **gastronomia**, una delle nostre eccellenze conosciute in tutto il mondo.

L'agricoltura della Pianura Padana

Anche se ogni nostro territorio ha la sua particolare vocazione agricola, la **Pianura Padana rappresenta nel complesso l'area di produzione principale**. Il prodotto più diffuso è il **mais**, molto presente **soprattutto a nord del Po**. Il mais è infatti una pianta che richiede molta acqua nel periodo estivo e solo i fiumi che scendono dalle Alpi ne hanno sempre anche in questa stagione.

Oltre al mais, sono presenti altre colture, come **il frumento (l'Emilia-Romagna ne è il principale produttore), la soia, la barbabietola** e le **piante foraggere**. Queste ultime sono particolarmente importanti, in quanto vengono utilizzate per nutrire il **bestiame bovino**.

Nel settore occidentale, tra le province di Pavia, Vercelli e Novara, è inoltre diffusa la coltivazione del **riso**, di cui l'Italia è il primo produttore europeo. In molte aree della Pianura Padana non è stato ancora trovato un **equilibrio tra l'agricoltura, praticata in modo intensivo, e l'ambiente**. L'uso massiccio di **prodotti chimici** arreca infatti un danno a molte specie animali e vegetali, che un po' alla volta si sono ridotte o sono scomparse.

CARTA
Le coltivazioni in Italia

USO DEL SUOLO

- Foreste e boschi
- Prati e pascoli
- Aree coltivate
- Allevamento intensivo
- Nessuna attività agricola
- Grandi regioni urbane

COLTIVAZIONI

- Frumento
- Mais
- Riso
- Barbabietola da zucchero
- Patate
- Agrumi
- Olivo
- Vite
- Frutta

La vite, gli alberi da frutto, gli ortaggi

In molte **aree collinari** è diffusa la coltivazione della **vite**, per la produzione di uva da tavola e, soprattutto, da vino: l'Italia si contende infatti con la Francia il **primato mondiale nella produzione vinicola**. Non solo: la grande varietà dei suoli e (ancora una volta!) dei climi permette di coltivare uve diverse e quindi di ricavare un'ampia gamma di vini, apprezzati in tutto il mondo. A differenza di altre colture, legate ad alcune aree ben precise del Paese, la vite è coltivata ovunque. Veneto, Puglia ed Emilia-Romagna sono le regioni in cui si produce più vino.

Significativa, inoltre, è anche la coltivazione degli **alberi da frutto**, ad esempio per la produzione delle **mele**, come avviene in alcune aree delle Alpi (soprattutto in Trentino-Alto Adige), e delle **pere**, di cui l'Emilia-Romagna detiene il primato.

L'Italia è anche il primo **produttore europeo di ortaggi** (in particolare insalata, pomodori, cavolfiori e broccoli), coltivati soprattutto in Puglia, Emilia-Romagna e Campania.

L'agricoltura mediterranea

La nostra regione mediterranea si caratterizza soprattutto per la coltivazione del **grano duro** (utilizzato per la produzione della pasta), degli **agrumi** e dell'**ulivo**. In Europa l'Italia è preceduta solo dalla Spagna nella produzione di **arance**, **limoni** e **mandarini** (cioè, appunto, gli agrumi).

L'ulivo è molto diffuso **soprattutto nelle regioni del Sud**, che insieme danno circa il 90% della produzione nazionale di olio di oliva. Anche in questo caso, in Europa solo la Spagna supera l'Italia per quantità prodotta.

CURIOSITÀ

Il kiwi, un frutto arrivato da lontano... Chi non conosce il kiwi, il piccolo frutto esotico dalla polpa verde brillante? Oggi questo frutto, **originario della Cina meridionale**, si consuma in molti modi: intero, come succo di frutta, nei dolci o nel gelato. Eppure solo trent'anni fa era raro sui banchi dei fruttivendoli e **molto costoso**. Ma, con la globalizzazione, qualcosa è cambiato anche per il kiwi: **molti Paesi hanno cominciato a coltivarlo**, al punto che oggi è uno dei frutti che danno la maggiore produzione a livello mondiale.

L'Italia è il primo produttore di kiwi al mondo! È l'unico prodotto agricolo per il quale l'Italia detiene il primato mondiale!

1 La raccolta delle olive destinate alla spremitura.

2 La produzione delle mele si concentra soprattutto in Trentino-Alto Adige.

◢ L'allevamento bovino e suino nella Pianura Padana

In Italia, accanto all'agricoltura assume una grande rilevanza economica anche **l'allevamento**. Nel nostro Paese ci sono quasi 6 milioni di bovini, 9,6 milioni di suini, poco meno di 8 milioni tra ovini e caprini e addirittura quasi 200 milioni di volatili (principalmente polli e tacchini).

Il **settore più importante è quello bovino**, molto diffuso nella Pianura Padana a nord del Po: oltre alla carne, si ricava anche **il latte che viene in parte trasformato per ottenere i formaggi**, alcuni dei quali, come il Parmigiano Reggiano e il Grana Padano, sono conosciuti in tutto il mondo.

Anche l'**allevamento suino** è concentrato nella Pianura Padana, mentre per quello **ovino** è la Sardegna a piazzarsi ai vertici nazionali.

impara **IMPARARE**

— COMPLETO

1 Le principali aree produttive dell'agricoltura italiana sono:
la .... per mais, frumento, soia, barbabietola, riso, piante foraggere; le .... per vite, alberi da frutto;
la ...., l'Emilia-Romagna, la Campania per gli ortaggi;
le .... per ortaggi, grano duro, ..., olive.

GRAFICO
Il settore primario in Italia

Allegato scaricabile

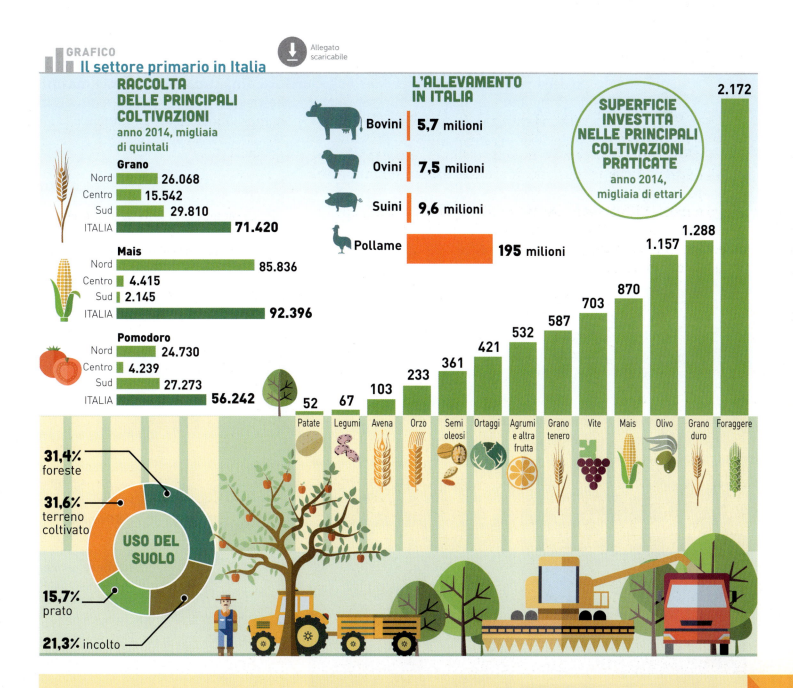

RACCOLTA DELLE PRINCIPALI COLTIVAZIONI
anno 2014, migliaia di quintali

Grano
Nord — 26.068
Centro — 15.542
Sud — 29.810
ITALIA — 71.420

Mais
Nord — 85.836
Centro — 4.415
Sud — 2.145
ITALIA — 92.396

Pomodoro
Nord — 24.730
Centro — 4.239
Sud — 27.273
ITALIA — 56.242

L'ALLEVAMENTO IN ITALIA
Bovini — **5,7** milioni
Ovini — **7,5** milioni
Suini — **9,6** milioni
Pollame — **195** milioni

SUPERFICIE INVESTITA NELLE PRINCIPALI COLTIVAZIONI PRATICATE
anno 2014, migliaia di ettari

Patate — 52
Legumi — 67
Avena — 103
Orzo — 233
Semi oleosi — 361
Ortaggi — 421
Agrumi e altra frutta — 532
Grano tenero — 587
Vite — 703
Mais — 870
Olivo — 1.157
Grano duro — 1.288
Foraggere — 2.172

USO DEL SUOLO
31,4% foreste
31,6% terreno coltivato
15,7% prato
21,3% incolto

LA PESCA E L'ACQUACOLTURA

Un settore in difficoltà

L'Europa è un continente piccolo ma con un lunghissimo profilo costiero ed è bagnata da molti mari. Anche per questo motivo, **la pesca ha una lunghissima tradizione ed è tuttora diffusamente praticata in numerosi Paesi.**

Tuttavia, negli ultimi decenni questo settore ha conosciuto **notevoli difficoltà** e, in alcune regioni, ha subito un **consistente declino**: dal 1995 a oggi, il numero di pescherecci è calato di circa 20.000 unità.

Dobbiamo però fare una distinzione tra pesca tradizionale e pesca industriale:

- la **pesca tradizionale** è effettuata da piccole imbarcazioni che escono in mare all'alba per gettare le reti e rientrano alla sera per scaricare il pescato. È diffusa maggiormente nel Mediterraneo;

- la **pesca industriale** è praticata con enormi navi, in grado di catturare grandi quantità di pesce e dotate di impianti per la lavorazione del pescato e la sua conservazione in celle frigorifere. Si pratica prevalentemente nell'Oceano Atlantico.

Negli ultimi decenni la pesca tradizionale è stata messa in difficoltà dallo sviluppo della pesca **industriale**, che ha inoltre un **forte impatto sull'ambiente marino** determinando un notevole impoverimento delle riserve ittiche, perché molti pesci vengono catturati ancor prima che abbiano compiuto il loro ciclo riproduttivo.

GRAFICO
Dove si pesca di più

I primi Paesi dell'UE
per quantità di pescato

10,6% FRANCIA
13,1% REGNO UNITO
13,9% DANIMARCA
16% SPAGNA

La pesca è sviluppata soprattutto nella regione atlantica

La regione europea nella quale la pesca assume maggiore importanza è quella **atlantica**: quasi l'85% del pescato si ricava infatti dall'Oceano Atlantico e dai mari settentrionali a esso collegati, mentre **il Mar Mediterraneo contribuisce per meno del 10%**. I Paesi che raggiungono i maggiori quantitativi sono la **Russia** e la **Norvegia**.

Nell'Unione Europea, invece, primeggiano la Spagna, il Regno Unito, la Francia e la Danimarca. A livello mondiale, **l'UE nel suo complesso è oggi al quinto posto per quantità di pescato**. La Spagna e la Francia sono anche i Paesi comunitari con la più **grande industria di lavorazione del pesce.**

I pesci più pescati sono le specie che vivono soprattutto nell'oceano: l'aringa, in primo luogo, poi lo spratto (un pesce simile alla sardina), lo sgombro, la sardina, il sugarello e il merluzzo. I tonni, di due specie, danno oggi solo il 4% del pescato.

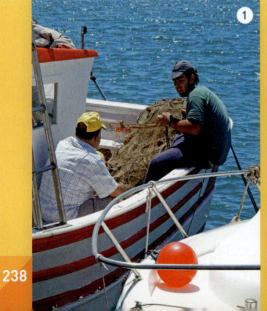

1 Il settore della pesca tradizionale ha conosciuto un grave declino negli ultimi decenni.

2 Nei Paesi del Mediterraneo la pesca ha spesso un carattere tradizionale ed è praticata con piccole imbarcazioni.

3 L'aringa è tra i pesci più pescati nell'Atlantico.

Nel Mediterraneo una grande flotta ma con navi più piccole

I Paesi del Mediterraneo possono contare su una consistente flotta di pescherecci, ma spesso di dimensioni inferiori rispetto a quelli che solcano le acque dell'Atlantico. In Italia, ad esempio, la pesca ha spesso ancora un **carattere tradizionale** e riveste una certa importanza **soprattutto sul versante adriatico e in Sicilia**.

Nel complesso, la pesca occupa oggi **un numero molto modesto di lavoratori**: poco più di 160.000 nell'intera Unione Europea (20.000 in Italia). Le più alte percentuali di addetti al settore si trovano in Portogallo, in Grecia, in Croazia e, a nord, in Scozia e in Irlanda.

Cresce l'acquacoltura

Alla pesca si affianca **l'acquacoltura**, cioè l'allevamento di pesci, molluschi e crostacei. In Europa l'acquacoltura è responsabile di circa il 20% del totale della produzione ittica (in Italia di oltre il 40%) e impiega 80.000 persone. **Spagna**, **Francia** e **Regno Unito** sono i primi tre Paesi dell'Unione Europea in questo campo, seguiti dall'Italia.

Metà della produzione complessiva è costituita da **molluschi**. Tra le specie che danno i maggiori quantitativi, la **cozza** è al primo posto, seguono la trota, il salmone e l'ostrica.

Anche in questo campo è emerso il problema della **sostenibilità ambientale**, in quanto gli allevamenti ittici intensivi producono acque di scarico inquinate. Inoltre, la valutazione della **qualità delle produzioni** deve tenere conto anche delle **condizioni in cui i pesci vengono allevati**.

GRAFICO
I principali produttori acquicoli dell'UE

12% ITALIA
17% FRANCIA
20% SPAGNA
REGNO UNITO 16%

impara **IMPARARE**

— RISPONDO

1 Quale settore è stato danneggiato dallo sviluppo della pesca industriale?

2 Quale percentuale di pesce forniscono rispettivamente l'Oceano Atlantico e il Mar Mediterraneo?

— IMPARO NUOVE PAROLE E COMPLETO

3 La "sovrapesca" è la ....
....
....

4 Il rimedio è ....

5 Che cos'è l'acquacoltura e che problemi pone?

ZOOM

Le tonnare Per secoli in Italia e in altri Paesi mediterranei sono rimaste attive le **tonnare**, per la pesca del **tonno rosso**. Nelle tonnare **si dispongono le reti in mare**, vicino alla costa, attaccate l'una all'altra in modo da formare un corridoio di camere successive in cui i tonni vengono "guidati" sino alla camera finale, nella quale restano imprigionati. Qui avviene poi la **mattanza**, basata su una tradizione antichissima e molto cruenta.

Mentre, dalle barche, i pescatori sollevano le reti, i tonni si trovano via via senz'acqua e iniziano a muoversi freneticamente, sbattendo l'uno contro l'altro, fino a essere sfiniti. A questo punto entrano in azione gli arpioni dei pescatori e l'acqua della tonnara comincia a tingersi di rosso.

Ancora pochi decenni fa in Italia erano attive numerose tonnare, soprattutto in Sicilia, ma una dopo l'altra hanno cessato l'attività, anche a causa della riduzione del numero di tonni nel Mediterraneo, come conseguenza della **sovrapesca** (*overfishing*, una pesca troppo intensa che non rispetta il ritmo con il quale i pesci sono in grado di riprodursi). Fino a pochi anni fa era rimasta attiva la **tonnara di Carloforte**, sull'isoletta di San Pietro, in Sardegna.

MINERALI E FONTI ENERGETICHE IN EUROPA

GLOSSARIO

Materie prime: materiali grezzi che derivano dallo sfruttamento delle risorse naturali e che vengono lavorati per produrre i beni desiderati.

◢ Con le risorse del sottosuolo si producono molti dei beni che utilizziamo

Le risorse del sottosuolo si distinguono in **due categorie principali**:

■ le **materie prime** energetiche, cioè il petrolio, il gas naturale e il carbone;

■ i **minerali**.

Molti dei beni che utilizziamo quotidianamente derivano dalla lavorazione di queste risorse estratte dal sottosuolo. Un esempio? Lo smartphone, un vero e proprio concentrato di elementi che derivano da risorse minerarie: alluminio, litio, cobalto, rame, silicio, persino oro e argento e molto altro ancora! La custodia è invece di plastica, che si ricava dal petrolio.

◢ L'Europa consuma più energia di quella che produce

La società e l'economia dei Paesi avanzati richiedono **grandi quantità di energia**, che viene utilizzata per far funzionare le fabbriche, muovere i mezzi di trasporto (auto, camion, treni, aerei), riscaldare e illuminare le case e gli edifici in generale. Buona parte di questa energia deriva ancor oggi dai **combustibili fossili** che si estraggono dal sottosuolo: **petrolio, gas naturale** (il metano) **e carbone**.

Naturalmente, possedere grandi riserve di queste materie prime offre un grande vantaggio, ma sono pochi i Paesi europei che possono vantare enormi risorse. **Petrolio e gas, ad esempio, sono concentrati in pochi Stati**: in Russia, soprattutto, ma anche nei giacimenti *off-shore* (cioè in mare aperto) di Regno Unito, Norvegia e Paesi Bassi. **Il carbone** (che fu il "motore" della Rivoluzione industriale) **è invece più diffuso** (soprattutto in Germania e Polonia), ma la sua importanza come combustibile è andata riducendosi nel tempo perché rispetto al petrolio è meno facile da estrarre e da trasportare e, inoltre, è il combustibile fossile più inquinante.

Nel complesso, **l'Unione Europea consuma molta più energia di quella che produce** al punto che ne importa da altri Paesi per oltre il 50% del fabbisogno.

Contenuto integrativo

1 Moltissimi prodotti di uso quotidiano, come tablet e smartphone, derivano dalle risorse minerarie.

2 Impianto di estrazione di gas naturale nel Mar Baltico.

3 Impianto di estrazione petrolifera.

◢ I combustibili fossili inquinano e si esauriscono

L'intenso utilizzo dei combustibili fossili è causa di **gravi problemi ambientali** in quanto essi sono fortemente inquinanti, soprattutto il carbone e il petrolio.

Le **polveri sottili** che respiriamo, ad esempio, pericolose per la salute, vengono prodotte in buona parte dai processi di combustione dei derivati del petrolio, come il gasolio e la benzina.

Inoltre, i combustibili fossili presentano un altro grave problema: **le loro riserve non sono infinite** e, anzi, al ritmo attuale **entro alcuni decenni potrebbero esaurirsi** (salvo il carbone, per il quale è prevista una durata di circa 140 anni).

Immagina che cosa accadrebbe se fossero già esaurite oggi: la tua scuola e la casa in cui vivi non sarebbero riscaldate, dovresti recarti a scuola a piedi o in bicicletta, perché le automobili e gli autobus sarebbero bloccati. Alla sera e di notte, inoltre, resteresti al buio, perché buona parte dell'elettricità si produce bruciando i combustibili fossili.

GLOSSARIO

Polveri sottili: dette anche *particolato*, sono l'insieme delle particelle microscopiche sospese nell'aria. Buona parte delle polveri è originata dai processi di combustione, come quelli che avvengono nei motori dei veicoli, negli impianti di riscaldamento e in molte industrie.

CURIOSITÀ

In Norvegia più petrolio "a testa" che in Arabia Saudita Grazie ai suoi giacimenti situati nel Mare del Nord, **la Norvegia è un grande produttore di petrolio**. Da sola **ne estrae una quantità di poco inferiore a quella dell'intera Unione Europea**.

Per la Norvegia è davvero una grande fortuna, anche perché questo Paese, ricco di montagne e di corsi d'acqua, dispone di molte centrali idroelettriche, con le quali soddisfa l'intero fabbisogno di energia della popolazione.

Ma c'è anche un'altra curiosità. **L'Arabia Saudita è nota per essere un grandissimo "serbatoio"** di petrolio e infatti contende alla Russia e agli USA il primo posto al mondo nell'estrazione del cosiddetto "oro nero". **Eppure in rapporto al numero di abitanti, la produzione di petrolio della Norvegia è addirittura superiore!** Non per nulla, se si esclude il piccolo Lussemburgo, la Norvegia è il Paese europeo con il più elevato PIL pro capite.

L'intenso utilizzo di energia provocherà l'esaurimento dei combustibili fossili. Nelle immagini:
4 Londra di notte.
5 Il traffico di Berlino.

impara **IMPARARE**

_RISPONDO

1 Chi possiede le materie prime energetiche in Europa? Elenca sul quaderno gli Stati europei più ricchi di materie prime.

_COMPLETO

2 L'utilizzo di petrolio e .... causa problemi ambientali; si tratta inoltre di fonti non ....

Le risorse minerarie

L'Europa non dispone neppure di grandi riserve di minerali e molti Paesi per soddisfare il fabbisogno delle industrie devono ricorrere all'importazione da altri continenti. **Se si esclude la Russia**, tutti gli altri Stati europei insieme posseggono solo **circa l'1% delle riserve mondiali di ferro**. Inoltre, la distribuzione delle risorse minerarie è tutt'altro che omogenea. La Polonia, ad esempio, ha buone riserve di rame e di argento, l'Irlanda di zinco, la Grecia di nickel, il Portogallo di tungsteno. L'argento è il metallo più abbondante in Europa in termini di percentuale sulle riserve mondiali (8%).

Si affermano le energie rinnovabili

Per cercare di risolvere i problemi derivanti dall'aumento del fabbisogno energetico a fronte della scarsità delle risorse, si sta sviluppando sempre più lo sfruttamento delle **fonti energetiche rinnovabili** così chiamate perché, a differenza dei combustibili fossili, **non si esauriscono**. Inoltre queste fonti (se si escludono le biomasse) **non producono sostanze inquinanti**. Sono suddivise in diverse categorie:

■ **solare**: l'energia del Sole viene convertita da appositi pannelli (posti sul tetto o sulle facciate degli edifici) in elettricità e in calore;

■ **eolica**: sfrutta il vento per produrre energia elettrica, attraverso grandi pale che ruotano a 50-100 metri d'altezza;

■ **idroelettrica**: utilizza l'energia generata dalla caduta dell'acqua per produrre energia elettrica in apposite centrali;

GRAFICO
Energie rinnovabili

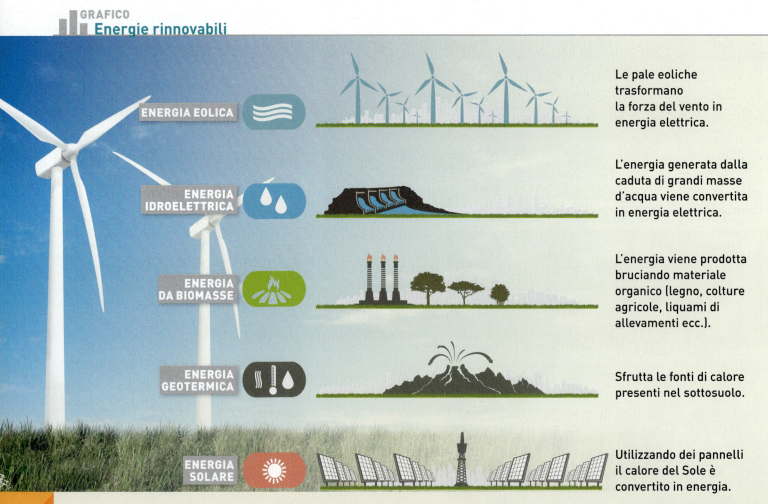

ENERGIA EOLICA

Le pale eoliche trasformano la forza del vento in energia elettrica.

ENERGIA IDROELETTRICA

L'energia generata dalla caduta di grandi masse d'acqua viene convertita in energia elettrica.

ENERGIA DA BIOMASSE

L'energia viene prodotta bruciando materiale organico (legno, colture agricole, liquami di allevamenti ecc.).

ENERGIA GEOTERMICA

Sfrutta le fonti di calore presenti nel sottosuolo.

ENERGIA SOLARE

Utilizzando dei pannelli il calore del Sole è convertito in energia.

- **geotermica**: sfrutta le fonti di calore che si trovano nel sottosuolo, spesso legate a fenomeni vulcanici. L'Italia è stato il primo Paese a utilizzare questa fonte di energia a fini industriali;

- **da biomasse**: produce energia bruciando, in appositi impianti, materia organica, come il legno, le colture agricole (ad esempio il mais), gli oli vegetali e i liquami degli allevamenti. Tuttavia, molti non sono d'accordo nel considerare ecologica questa fonte, in quanto la combustione produce sostanze inquinanti e, inoltre, i terreni utilizzati per produrre biomasse vengono sottratti alla produzione di cibo per l'uomo.

In alcuni Paesi, inoltre, esistono impianti che per produrre energia sfruttano persino il **moto ondoso** e le **maree**.

Anche se l'energia prodotta da fonti "pulite" e rinnovabili continua ad aumentare, attualmente soddisfa ancora solo una piccola percentuale (circa il 16%) del fabbisogno europeo.

In Europa **i principali produttori di energia solare sono la Germania e l'Italia**, che superano di gran lunga gli altri Paesi. La Germania si colloca al primo posto anche per la **produzione di energia eolica**, seguita dalla Spagna e dal Regno Unito. Russia e Norvegia possono contare invece su una grande produzione di **energia idroelettrica**.

Centrale idroelettrica in Portogallo.

Le terre rare, preziose per l'industria tecnologica

Tra gli elementi chimici presenti in natura ve ne sono alcuni diventati particolarmente preziosi, in quanto **utilizzati nell'industria tecnologica** (quella del settore cosiddetto hi-tech, che produce ad esempio smartphone e computer), che ai giorni nostri è la più promettente. Si tratta delle **terre rare**, presenti a basse concentrazioni in un centinaio di minerali diversi. La maggior parte di questi minerali si trova in soli tre Paesi: Cina, Usa e India. L'Italia possiede però importanti giacimenti di due elementi: l'antimonio (in Toscana) e il titanio (in Liguria).

GRAFICO
Paesi con la maggiore produzione di energia elettrica da fonti rinnovabili nel 2013*

* Valori in migliaia di tonnellate equivalenti di petrolio (tep)

impara **IMPARARE**

— COMPLETO

1 Le fonti energetiche rinnovabili sono:

a) .... (appositi pannelli convertono l'energia solare in elettricità e calore);

b) .... (sfrutta il vento per produrre energia elettrica);

c) .... (utilizza l'energia creata dalla caduta dell'acqua per produrre energia elettrica);

d) .... (sfrutta le fonti di calore presenti nel sottosuolo);

e) da .... (produce energia bruciando materia organica).

MINERALI E FONTI ENERGETICHE IN ITALIA

In Italia l'energia disponibile è insufficiente

L'Italia è un **grande consumatore di energia**, preceduta in Europa solo da Germania, Francia e Regno Unito. Il sottosuolo dell'Italia non ha però sufficienti risorse energetiche per soddisfare il fabbisogno del Paese. Per questo motivo, **circa l'80% dell'energia che utilizziamo viene importato dall'estero**. Il petrolio è acquistato dall'Arabia Saudita, dalla Russia e dall'Azerbaigian, mentre il gas naturale viene importato principalmente dalla Russia, dall'Algeria e dalla Libia.

Anche l'Italia tuttavia dispone di **riserve di una certa rilevanza, pur se non paragonabili a quelle dei grandi produttori**. Le ricerche condotte nel sottosuolo (sia sulla terraferma sia sui fondali marini) hanno permesso di scoprire **importanti giacimenti di petrolio e di gas**. Per le riserve di petrolio l'Italia si colloca addirittura al **primo posto in Europa, se si escludono i giacimenti off-shore** dei grandi produttori del Mare del Nord (Norvegia e Regno Unito). Questa posizione è stata raggiunta grazie alla scoperta dei **giacimenti della Basilicata**, che da soli forniscono i 3/4 del petrolio estratto in Italia.

Il nostro Paese si colloca inoltre al **quarto posto in Europa per le riserve di gas**, presente soprattutto nella **Pianura Padana**. Le attività estrattive sono però ridotte rispetto alle potenzialità, in quanto le nuove perforazioni sono state spesso bloccate per timore dei danni che si sarebbero potuti arrecare all'ambiente.

Le risorse minerarie sono scarse

L'Italia non è particolarmente ricca di risorse minerarie e, soprattutto, **scarseggiano i metalli**, per i quali si ricorre massicciamente alle importazioni.

In passato erano famosi i giacimenti di ferro dell'isola d'Elba (sfruttati fin dall'antichità) e della Valle d'Aosta, quelli di mercurio e di rame in Toscana, di piombo e zinco in Sardegna, di bauxite in Puglia e in Abruzzo. Gran parte di queste miniere, attive durante il secolo scorso, è ormai chiusa.

È importante ancora l'estrazione del **talco (terzo posto mondiale)** di alta qualità, utilizzato per molti scopi, tra cui la produzione di borotalco. In Toscana si estrae poi il **salgemma**, utilizzato dall'industria chimica e nell'alimentazione.

Oggi l'attività estrattiva si concentra soprattutto sulle **risorse utilizzate dall'industria edile**, come la sabbia, la ghiaia, l'argilla, il granito e il marmo. Per quest'ultimo, di particolare pregio è il **marmo bianco delle Alpi Apuane**, esportato soprattutto in Cina, India e Nord Africa.

CARTA
Risorse energetiche in Italia

RISORSE ENERGETICHE

P Petrolio

G Gas naturale

C Carbone

ENERGIA ELETTRICA

□ Centrale idroelettrica

□ Centrale termoelettrica

□ Centrale geotermoelettrica

◢ Le energie rinnovabili sono in forte crescita

Un aspetto molto positivo riguarda la **forte crescita delle energie rinnovabili** che, nel 2015, sono giunte a coprire il **46% del consumo di energia elettrica in Italia**. Considerando l'insieme delle fonti rinnovabili, l'Italia occupa oggi il secondo posto in Europa, dietro la Germania, per energia prodotta.

Molto importante è il **settore fotovoltaico**: con i pannelli solari si produce oggi oltre l'8% dell'energia consumata annualmente. In questo campo, inoltre, l'Italia ha fatto passi da gigante, al punto che tra il 2005 e il 2014 lo sfruttamento dell'energia prodotta dal Sole è aumentato addirittura di 400 volte. La fonte rinnovabile che dà però il maggior contributo è quella **idroelettrica**, ottenuta dalle numerose **dighe e centrali** presenti soprattutto nell'Italia settentrionale. Il comparto idroelettrico contribuisce per poco meno della metà al totale dell'energia prodotta con fonti rinnovabili.

▮▮ GRAFICO
Produzione di energia rinnovabile in Italia
(percentuali per tipologia)

ENERGIA EOLICA	ENERGIA IDROELETTRICA	ENERGIA GEOTERMICA	BIOENERGIA	ENERGIA SOLARE
12,6%	48,5%	4,9%	15,5%	18,5%

impara **IMPARARE**

— RISPONDO

1 Per ciascuna delle seguenti affermazioni indica se è vera o falsa.

a) L'Italia esporta l'80% dell'energia che produce. Ⓥ Ⓕ

b) L'Italia sfrutta solo una piccola parte dei giacimenti di petrolio e delle riserve di gas disponibili nel sottosuolo. Ⓥ Ⓕ

c) Il 46% del fabbisogno energetico italiano è soddisfatto dalle energie rinnovabili. Ⓥ Ⓕ

d) La principale fonte rinnovabile sfruttata in Italia è l'energia eolica. Ⓥ Ⓕ

e) L'Italia non dispone di grandi risorse minerarie. Ⓥ Ⓕ

f) Il nostro Paese importa grandi quantità di marmo bianco dalla Cina. Ⓥ Ⓕ

g) Le riserve di gas italiane si trovano nella Pianura Padana. Ⓥ Ⓕ

h) Il salgemma si estrae soprattutto in Basilicata. Ⓥ Ⓕ

Verifica interattiva

CONOSCENZE

Conoscere i concetti fondamentali della geografia economica

1 **Completa il testo.**

L' .... è l'insieme delle attività umane che servono a soddisfare i .... (cibo, istruzione, svago, salute).

La .... studia il modo in cui le attività .... si distribuiscono sul territorio e le loro ....

2 **Completa la tabella dei settori principali dell'economia con le attività elencate.**

artigianato • allevamento • servizi pubblici • selvicoltura • industria • turismo • estrazione delle risorse minerarie • servizi privati • agricoltura • pesca • commercio

SETTORE PRIMARIO	SETTORE SECONDARIO	SETTORE TERZIARIO
....	....	....
....	....	....

3 **Scrivi almeno tre attività che fanno parte del settore terziario avanzato (o quaternario).**

A. ....   B. ....   C. ....

4 **Collega ogni indicatore economico con la rispettiva definizione.**

A. Prodotto Interno Lordo (PIL)

B. PIL pro capite

C. Indice di Sviluppo Umano (ISU)

D. Popolazione attiva (o forza lavoro)

E. Tasso di occupazione

F. Tasso di disoccupazione

1. Parte di popolazione in grado di lavorare.
2. Ricchezza prodotta in media da ogni abitante.
3. Quota di persone in cerca di lavoro rispetto al totale della forza lavoro.
4. Somma del valore di tutti i beni e i servizi prodotti in un anno.
5. PIL pro capite, grado di istruzione degli abitanti e durata media della loro vita.
6. Percentuale di quanti hanno un'occupazione rispetto al totale della forza lavoro.

Conoscere il settore primario dell'economia

5 **Indica se le frasi seguenti sono vere (V) o false (F).**

A. Nel sistema di agricoltura capitalistico i prodotti sono destinati interamente al mercato. Ⓥ Ⓕ

B. L'agricoltura intensiva prevede la coltivazione applicata su aree molto estese. Ⓥ Ⓕ

C. L'agricoltura estensiva è la produzione di un'unica specie vegetale in una determinata zona. Ⓥ Ⓕ

D. Francia, Spagna e Germania occupano i primi posti nella produzione agricola europea. Ⓥ Ⓕ

E. Nell'agricoltura biologica i fertilizzanti chimici sono sostituiti con fertilizzanti organici. Ⓥ Ⓕ

6 Osserva il grafico. Quale Paese ha il PIL più alto? Quale il più basso? E l'Italia a quale livello si trova? Scrivi le risposte qui sotto.

....

....

....

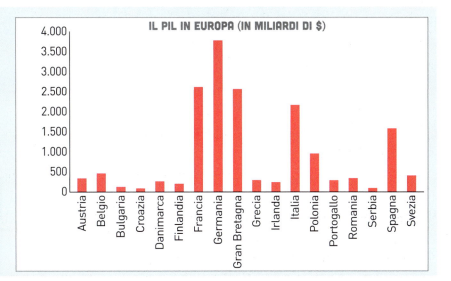

IL PIL IN EUROPA (IN MILIARDI DI $)

7 Scegli un colore per ciascuno dei prodotti agricoli elencati, crea la legenda e colora la carta d'Italia secondo le aree di produzione.

☐ mais, soia, barbabietola, piante foraggere

☐ riso

☐ ulivo

☐ vite

☐ frumento

☐ ortaggi

☐ alberi da frutto

☐ agrumi

8 Completa la carta d'Italia con la distribuzione delle principali risorse energetiche indicando con P il petrolio e con G il gas naturale.

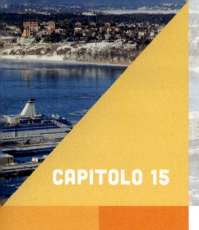

1 IL SETTORE SECONDARIO

◢ L'industria produce i beni che utilizziamo ogni giorno

Il **settore secondario** comprende le **attività industriali** e **artigianali** che servono per la trasformazione delle materie prime in beni diversi. Tutti gli oggetti **che utilizziamo**, dalla penna che usi per scrivere ai vestiti che indossi, sono frutto delle attività industriali. Allo stesso modo, la casa in cui abiti, la strada asfaltata che percorri ogni giorno, le ferrovie su cui viaggiano i treni e i treni stessi esistono grazie alle industrie che li producono.

L'Europa ha una lunghissima tradizione in questo settore dell'economia perché **l'industria nasce proprio nel nostro continente** grazie al processo, avviatosi verso la fine del '700, noto come **Rivoluzione industriale**.

◢ Industria pesante e industria leggera

Esistono diverse categorie di industrie, che possiamo distinguere in base alla lavorazione che vi si svolge, alla tipologia di cliente cui si rivolge o, ancora, in base al prodotto finale.

Una prima grande distinzione viene fatta tra **industria pesante** e **industria leggera**:

■ l'**industria pesante** si occupa della lavorazione dei minerali, come il ferro, e dei combustibili fossili, come il petrolio. Di questo settore fanno parte, ad esempio, le acciaierie e l'industria cementiera. L'industria pesante non produce direttamente per il consumatore: i clienti a cui si rivolge sono altre aziende, che utilizzano i suoi prodotti come materia prima da trasformare. L'industria automobilistica utilizza ad esempio le lamiere d'acciaio (prodotte dall'industria pesante) per costruire le carrozzerie delle automobili. Le aziende che appartengono a questa categoria hanno in genere grandi dimensioni e investono **capitali ingenti** in fabbricati e macchinari;

■ l'**industria leggera** è invece quella che non richiede la presenza di grandi impianti fissi (ad esempio l'industria tessile o quella alimentare) e produce gli oggetti destinati direttamente al consumatore finale: se pensi alla straordinaria varietà dei prodotti che utilizziamo, puoi capire che questa seconda categoria comprende una gamma più ampia di industrie.

I vari tipi di industria

In base al prodotto finale, possiamo distinguere numerosi tipi di industria, tra cui:

- l'industria **metallurgica e siderurgica**, che produce i metalli a partire dai minerali e li lavora in vario modo anche per ottenere delle leghe, come l'acciaio;

- l'industria **metalmeccanica**, che utilizza i semilavorati dell'industria metallurgica per produrre macchinari di vario tipo;

- l'industria **chimica**, che lavora materie prime allo scopo di ottenere sostanze chimiche da utilizzare in molti campi, ad esempio quello farmaceutico, alimentare, agricolo, cosmetico e così via;

- l'industria **petrolchimica**, che lavora gli idrocarburi (petrolio, gas naturale) per ottenere combustibili e semilavorati da cui si ricavano poi le plastiche e molti altri prodotti;

- l'industria **edile**, che si occupa della costruzione degli edifici, delle strade e di altre infrastrutture come ponti e viadotti;

- l'industria **tessile**, che utilizza fibre naturali e artificiali per produrre i tessuti che servono in primo luogo per l'abbigliamento;

- l'industria **alimentare**, che lavora le materie prime derivanti dal settore primario per la preparazione di alimenti di ogni tipo;

- l'industria **elettronica e informatica**, che produce un'ampia gamma di beni intermedi oppure destinati al consumatore finale, come i personal computer, i televisori, gli smartphone, i navigatori satellitari.

1. La produzione di macchinari è un comparto importante dell'industria metalmeccanica.
2. Le fonderie fanno parte dell'industria pesante.
3. Le aziende alimentari appartengono all'industria leggera perché producono beni rivolti direttamente ai consumatori.
4. L'industria tessile produce i tessuti che servono per realizzare i capi d'abbigliamento.
5. L'industria edile si occupa della costruzione di edifici e infrastrutture.
6. L'industria chimica produce sostanze da utilizzare tra l'altro in campo farmaceutico, cosmetico, alimentare.

GLOSSARIO

Deindustrializzazione: processo di progressiva riduzione del peso dell'industria nell'economia di un dato Paese o regione. Nei Paesi avanzati ha coinciso con un aumento del peso del settore terziario.

1 Catena di montaggio robotizzata per l'assemblaggio di automobili.

2 Produzione di abiti in India. Numerose industrie tessili europee hanno trasferito parte delle loro produzioni in questo Paese asiatico.

◢ Il "peso" dell'industria si è ridotto nei Paesi avanzati

Durante buona parte del '900 il progresso economico è stato trainato dallo sviluppo industriale. Negli ultimi decenni del secolo scorso nei Paesi più avanzati il settore secondario ha perso però gradualmente importanza, all'interno di un processo chiamato **deindustrializzazione**.

Questo ha coinciso con un altro processo, quello di **terziarizzazione**, un termine che sta a significare che nelle economie più evolute il settore terziario ha acquisito sempre più importanza.

Ciò ovviamente **non significa che le industrie stiano scomparendo**, ma solo che il loro peso nel sistema economico è diventato minore.

In generale, più un'economia progredisce e più il terziario tende ad avere il sopravvento sull'industria. Ciò accade per diversi motivi:

- **l'aumento del reddito delle famiglie** stimola la domanda di beni immateriali (servizi) legati alle attività ricreative e culturali (ad esempio nei settori del turismo, dello spettacolo e del benessere della persona);

- **la maggiore ricchezza** fa crescere anche la richiesta di servizi in campo finanziario e assicurativo, settori che infatti hanno avuto un enorme sviluppo;

- **le innovazioni tecnologiche** introdotte nell'industria hanno aumentato la produttività riducendo il fabbisogno di lavoratori, che si sono quindi spostati verso il settore dei servizi.

Una prima lettura dei dati economici dell'Europa ci dimostra l'aumento dell'importanza del settore terziario: **in buona parte dei Paesi europei l'industria è oggi responsabile di una quota di PIL compresa tra il 20% e il 30%, mentre il terziario si attesta a più del 70%**.

1

◢ La delocalizzazione, un fenomeno dei giorni nostri

Soprattutto a partire dagli anni 2000, il peso dell'industria nell'economia dei Paesi avanzati si è ridotto anche a causa di un altro fenomeno, che prende il nome di **delocalizzazione**.

Per risparmiare sul costo del lavoro, molte aziende europee hanno deciso di spostare la produzione in altri luoghi (delocalizzare significa infatti trasferire altrove un impianto industriale) **dove la manodopera è meno costosa**. Per questo motivo hanno aperto fabbriche nella lontana Asia o nel Nord Africa, ma anche in alcuni Stati dell'Europa dell'Est, dove i **salari** sono più bassi. Così, ad esempio, la Polonia e la Repubblica Ceca ospitano impianti tedeschi e in Romania sono presenti numerose industrie italiane.

Il fenomeno si può considerare una conseguenza della **globalizzazione**, un termine utilizzato dagli anni '90 per indicare la sempre maggiore integrazione delle varie regioni del mondo sul piano economico e culturale (questo tema sarà approfondito nel Volume 3). Tra i vari effetti, ha avuto anche quello di portare le imprese a guardare al mondo intero per scegliere dove realizzare le proprie produzioni con costi minori.

La scelta di delocalizzare ha un doppio effetto: da un lato i Paesi in cui le imprese si trasferiscono ne beneficiano poiché aumentano le opportunità di lavoro e cresce l'economia; dall'altro nei Paesi d'origine dell'azienda la delocalizzazione causa la **perdita di molti posti di lavoro**.

GLOSSARIO

Salario: è il compenso in denaro che ogni lavoratore dipendente (di un'azienda privata o di un ente pubblico) riceve ogni mese. In genere si parla di salario quando il lavoro ha contenuto manuale, come nel caso dell'operaio, di stipendio quando il lavoratore è un impiegato.

impara **IMPARARE**

—RISPONDO

1 Quando è nata l'industria in Europa?

2 Quanti tipi di industrie conosci? Di che cosa si occupano? Completa la tabella con almeno tre esempi.

Industria	Si occupa di...

3 Da che cosa dipendeva il progresso economico di un Paese per buona parte del '900?

4 E in seguito?

—COMPLETO

5 Le .... europee preferiscono spostare le loro .... in Europa dell'............ o in .... e .... per risparmiare, ma ciò provoca la .... di posti di .... nei Paesi avanzati. Questo processo si chiama "...........................".

2 L'INDUSTRIA IN EUROPA

I settori industriali

Nonostante il duplice processo di deindustrializzazione e di delocalizzazione, l'Europa rimane ancora **una delle aree più industrializzate del mondo**, insieme al Nord America (Stati Uniti e Canada) e all'Estremo Oriente (Giappone e Corea del Sud, a cui in tempi più recenti si è aggiunta la Cina).

In alcuni settori, anzi, il continente può ancora vantare **produzioni da primato a livello mondiale**. È il caso ad esempio del settore chimico e farmaceutico, di quello meccanico e di quello automobilistico.

Nelle **produzioni tecnologicamente più avanzate** (elettronica, informatica, biotecnologie), l'Europa non è invece ancora riuscita a colmare il **ritardo** rispetto a Paesi come Stati Uniti, Giappone e Corea del Sud: oggetti di uso quotidiano come il televisore, il personal computer e lo smartphone sono fabbricati in larghissima parte al di fuori del nostro continente.

Nei **settori a più basso contenuto di tecnologia** (come il tessile), invece, l'Europa si trova oggi a **competere con i Paesi in via di sviluppo**, come la Cina, l'India, il Brasile, il Vietnam e numerosi altri.

Anche **l'industria di base**, in particolare quella siderurgica e metallurgica, pur essendo ancora diffusa, è messa in difficoltà dalla competizione con le economie emergenti.

L'industria è più sviluppata nell'Europa occidentale

Nel complesso, **l'industria è più sviluppata nell'Europa occidentale** rispetto a quella dell'Est. All'interno di questa porzione continentale, i Paesi in cui il settore secondario è più forte sono quelli della **regione centrale**, come **Germania**, **Svizzera**, **Paesi Bassi** e **Belgio**. A questi si aggiungono però anche l'**Inghilterra**, alcune regioni della **Francia** (come quella di Parigi), l'**Italia centro-settentrionale**, la **Catalogna** in Spagna e la **Svezia meridionale**.

La Germania è il Paese leader nella produzione industriale europea e si colloca ai primi posti anche a livello mondiale. Le multinazionali tedesche primeggiano in molti settori, come quello automobilistico (la Volkswagen si colloca al 2° posto mondiale dopo la giapponese Toyota), chimico-farmaceutico (Bayer), elettronico (Siemens) e degli elettrodomestici (Bosch, Braun, Miele).

GLOSSARIO

Multinazionale: impresa di grandi dimensioni che opera in campo industriale, commerciale o finanziario, che ha sede direzionale in un Paese ma controlla anche filiali in altri Stati (l'argomento sarà approfondito nel Volume 3).

1 Produzione di cioccolato nel Canton Ticino, Svizzera.

2 Assemblaggio meccanico di elettrodomestici in una industria tedesca.

3 Veduta di un impianto di depurazione industriale.

La **Svizzera**, nonostante le piccole dimensioni, può vantare colossi in campo alimentare (Nestlé è la più grande **multinazionale** del settore a livello mondiale), della farmaceutica (Novartis, La Roche) e dell'orologeria (Rolex, Swatch).

Nei **Paesi Bassi** primeggiano grandi gruppi industriali del settore petrolifero (Royal Dutch-Shell, tra i primi quattro a livello mondiale), elettronico (Philips), dei prodotti alimentari e per la casa (Unilever).

In **Svezia** ha sede l'Ikea, colosso mondiale nel campo dell'arredamento.

Decisamente **più arretrati sono alcuni Stati dell'Europa meridionale**, in particolare il Portogallo e la Grecia. Nei Paesi dell'**Europa orientale** l'industria è nel complesso **meno diversificata e più incentrata sul comparto di base** (come quello energetico e siderurgico) e su quelli a minore contenuto tecnologico. In quest'area del continente, Polonia e Repubblica Ceca sono tra gli Stati in cui il settore secondario mostra la maggiore vivacità.

3

ZOOM

Industria e inquinamento Alle attività industriali si ricollega un importante problema ambientale, quello dell'**inquinamento**, che può avere **gravi ripercussioni sulla salute umana**.

Alcune sostanze residue dei processi produttivi vengono infatti **scaricate nell'aria e nei corsi d'acqua**, con pesanti conseguenze sull'ecosistema. Particolarmente grave è l'**inquinamento causato dai metalli pesanti** (come il piombo, il cadmio, l'alluminio e il mercurio).

Questi metalli possono entrare nell'organismo degli esseri viventi, uomo compreso, sia attraverso l'aria sia attraverso l'acqua. Si tratta di **sostanze con elevata tossicità** e che, per di più, si accumulano senza poter essere smaltite.

Occorre però sottolineare che in Europa (e in generale nei Paesi avanzati) **nei decenni passati le industrie inquinavano molto di più rispetto a oggi**, per due motivi:

- con il progredire della scienza e della tecnologia le fabbriche si sono dotate di **sistemi anti-inquinamento sempre più efficaci e di depuratori** per abbattere gli inquinanti presenti nelle acque di scarico;
- la **legislazione** (sia quella dell'Unione Europea, sia quella dei singoli Paesi) è diventata nel corso del tempo più rigida, fissando dei **limiti ben precisi entro i quali le emissioni inquinanti devono mantenersi per non arrecare danni all'uomo e agli ecosistemi** e prevedendo delle sanzioni per le industrie che non li rispettano.

impara **IMPARARE**

— RISPONDO

1 Per ciascuna delle seguenti affermazioni indica se è vera o falsa.

a) L'Europa è una delle aree più industrializzate del mondo. Ⓥ Ⓕ

b) Nelle produzioni tecnologicamente più avanzate l'Europa ha superato Stati Uniti, Giappone e Corea del Sud. Ⓥ Ⓕ

c) L'industria è più sviluppata nell'Europa occidentale che in quella orientale. Ⓥ Ⓕ

d) La Francia è il primo Paese in Europa per produzione industriale. Ⓥ Ⓕ

e) I Paesi europei nei quali l'industria è più sviluppata sono Germania, Svizzera, Paesi Bassi, Belgio. Ⓥ Ⓕ

L'INDUSTRIA IN ITALIA

◢ L'esplosione industriale del Dopoguerra

L'Italia uscì dalla Seconda Guerra Mondiale (1940-1945) con un sistema produttivo in pessime condizioni. Tuttavia la ripresa fu velocissima, grazie alla **crescita esplosiva delle attività industriali** negli anni successivi al conflitto e, soprattutto, **a partire dagli anni '50**. In questo periodo, caratterizzato da un boom economico senza precedenti (non per nulla si parla di "**miracolo economico**"), l'industria del settore siderurgico, meccanico, ma anche petrolifero, elettrico e chimico (l'industria pesante, quindi) ebbe una crescita straordinaria, che creò un gran numero di posti di lavoro.

Già a quell'epoca, tuttavia, divenne evidente lo **squilibrio tra il Nord, dove si concentrava la gran parte delle industrie, e il Sud**: per questo motivo in quegli anni si verificò **un'intensa emigrazione dalle regioni meridionali verso la Lombardia, il Piemonte, la Liguria**, ovvero le regioni del cosiddetto **triangolo industriale** (che aveva come vertici Milano, Torino e Genova).

◢ L'industria fa crescere le città e trasforma il paesaggio urbano

Lo sviluppo dell'industria ha avuto effetti rilevanti anche nel determinare la crescita e la trasformazione di numerosi centri abitati.

Un ottimo esempio di questo processo si è avuto nella periferia nord di Milano, in particolare nell'area di **Sesto San Giovanni**, che dalla prima metà del '900 ha accolto importanti industrie come le acciaierie Falck, la Breda (nel settore metalmeccanico) e la Campari (nel settore alimentare). Da piccolo Comune, Sesto San Giovanni si è trasformato in "città operaia" accogliendo lavoratori provenienti da ogni parte d'Italia: nel censimento del 1936 Sesto aveva 35.000 abitanti, che sono diventati 45.000 nel 1951 e quasi il triplo (oltre 92.000) nel 1971.

Torino è cresciuta invece attorno alla Fiat, di gran lunga la principale industria automobilistica d'Italia. Anche qui la presenza di diversi stabilimenti e delle industrie dell'**indotto** ha attratto un alto numero di lavoratori, soprattutto dal Sud, provocando l'espansione della periferia dove sono sorti nuovi quartieri.

GLOSSARIO

Indotto: è l'insieme delle aziende, di piccole e medie dimensioni, che producono componenti necessari alla grande industria per realizzare i suoi prodotti.

Negli anni '70 inizia il declino della grande industria

Dopo gli anni del boom, tra gli anni '70 e '80 la grande industria italiana è entrata in una **fase di declino**, che ha avuto come cause, tra le altre, la **scarsa capacità di innovazione** e la crescente concorrenza dei Paesi in via di sviluppo.

Inoltre, proprio in questo periodo ha avuto inizio il processo di terziarizzazione dell'economia, a cui si è già accennato. Questo cambiamento ha portato non solo a **una grande trasformazione del mercato del lavoro** (sempre più "colletti bianchi", cioè impiegati, e sempre meno "tute blu", cioè operai), ma anche alla creazione di **un nuovo paesaggio urbano**, quanto meno in alcune grandi città del Nord.

A Milano, ad esempio, il centro è sempre più il cuore degli affari, grazie alla moda, al design, al commercio e alla finanza, mentre **le periferie pullulano di capannoni delle fabbriche abbandonati**.

Molte industrie di piccole dimensioni

Proprio negli anni '70, però, si afferma la caratteristica che ancora oggi rende **peculiare l'industria italiana**: è soprattutto in quel periodo, infatti, che si diffondono le **piccole e medie industrie**.

Ancora oggi il settore industriale dell'Italia si differenzia da quello degli altri Paesi dell'Europa occidentale proprio per questa caratteristica: **all'estero prevalgono le grandi industrie**, mentre **in Italia si è sviluppata una miriade di industrie piccole e medie**, spesso a conduzione familiare. Per certi aspetti questo ha costituito un punto di forza della nostra industria, ma di recente ha cominciato a trasformarsi in una **debolezza**, perché con la globalizzazione è diventato sempre più difficile, per le piccole industrie, competere con le grandi multinazionali. Per questo motivo e per la crisi scoppiata nel 2008, negli ultimi anni molte nostre piccole e medie aziende **sono state cedute a gruppi industriali stranieri**.

ZOOM

Dalle fabbriche riconvertite nascono nuovi progetti La chiusura delle grandi industrie ha comportato un grave problema: quello della **riconversione delle vaste superfici abbandonate, divenute simbolo del degrado urbano**. Soprattutto tra gli anni '90 e 2000 sono stati realizzati molti progetti di recupero delle aree dismesse (cioè, appunto, quelle in cui sorgevano le vecchie fabbriche, chiuse da tempo): al posto degli stabilimenti e delle ciminiere sono sorti nuovi quartieri residenziali, oppure aree destinate ai servizi.

Un riuscito esempio di riconversione è quello del **quartiere Bicocca di Milano** dove, al posto della vecchia fabbrica di pneumatici della Pirelli, hanno trovato posto una prestigiosa università, varie sedi di aziende, un importante teatro, oltre a diversi edifici a uso abitativo.

1 Gratosoglio, quartiere milanese, negli anni '70.
2 La stazione ferroviaria di Milano dopo l'arrivo di un treno dalla Sicilia, carico di emigranti.
3 L'HangarBicocca, oggi spazio espositivo per l'arte contemporanea.

I distretti industriali

Gran parte delle industrie italiane di piccole e medie dimensioni è raggruppata nei **distretti**, che rappresentano la spina dorsale dell'economia del nostro Paese.

Si tratta di aree geografiche in cui sono concentrate le industrie specializzate nello stesso settore di produzione.

Il distretto favorisce la crescita delle imprese, perché **la cooperazione stimola lo scambio di conoscenze e competenze** e, inoltre, la concorrenza contribuisce a rendere il distretto molto dinamico.

In Italia si contano **circa 200 distretti**, concentrati soprattutto nelle regioni del Centro e del Nord. In Lombardia ci sono ad esempio il distretto del mobile in **Brianza** e quello dei calzifici nel **Bresciano**; in Veneto (la regione che ne conta di più, circa 40) sono noti il distretto orafo di **Vicenza** e quello degli occhiali di **Belluno**; in Emilia-Romagna il distretto della piastrella di **Sassuolo** e quello agroalimentare del **Parmense**; nelle Marche il distretto della carta e degli elettrodomestici di **Fabriano**.

CARTA
I distretti industriali italiani

Contenuto integrativo

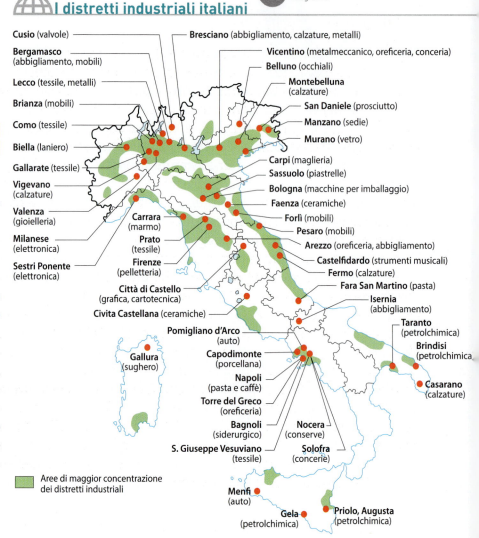

Cusio (valvole)
Bergamasco (abbigliamento, mobili)
Lecco (tessile, metalli)
Brianza (mobili)
Como (tessile)
Biella (laniero)
Gallarate (tessile)
Vigevano (calzature)
Valenza (gioielleria)
Milanese (elettronica)
Sestri Ponente (elettronica)
Carrara (marmo)
Prato (tessile)
Firenze (pelletteria)
Città di Castello (grafica, cartotecnica)
Civita Castellana (ceramiche)

Bresciano (abbigliamento, calzature, metalli)
Vicentino (metalmeccanico, oreficeria, conceria)
Belluno (occhiali)
Montebelluna (calzature)
San Daniele (prosciutto)
Manzano (sedie)
Murano (vetro)
Carpi (maglieria)
Sassuolo (piastrelle)
Bologna (macchine per imballaggio)
Faenza (ceramiche)
Forlì (mobili)
Pesaro (mobili)
Arezzo (oreficeria, abbigliamento)
Castelfidardo (strumenti musicali)
Fermo (calzature)
Fara San Martino (pasta)
Isernia (abbigliamento)
Taranto (petrolchimica)
Brindisi (petrolchimica)
Casarano (calzature)

Gallura (sughero)
Pomigliano d'Arco (auto)
Capodimonte (porcellana)
Napoli (pasta e caffè)
Torre del Greco (oreficeria)
Bagnoli (siderurgico)
S. Giuseppe Vesuviano (tessile)
Nocera (conserve)
Solofra (concerie)
Menfi (auto)
Gela (petrolchimica)
Priolo, Augusta (petrolchimica)

■ Aree di maggior concentrazione dei distretti industriali

ZOOM

Lumezzane e la Val Trompia, un "miracolo industriale" Se dalle montagne a nord di Brescia si guarda verso il fondovalle della **Val Trompia** e della **Val Gobbia**, si può restare impressionati: dai crinali a 1.200 metri di quota si può capire bene il "miracolo industriale" di queste valli, con i **capannoni che spuntano ovunque**, così fitti che si fa fatica oggi a trovare lo spazio per costruirne uno nuovo. Si tratta di **una delle aree più industrializzate d'Italia**, specializzata soprattutto nei prodotti in metallo: posateria, rubinetteria, valvole. Nel borgo di **Lumezzane** c'è addirittura un'impresa ogni 12 abitanti, compresi i neonati! L'alta specializzazione, l'integrazione tra le varie imprese e il livello di preparazione della manodopera hanno permesso a questo distretto cresciuto in mezzo alle montagne di reggere anche all'"urto" della concorrenza cinese.

① La produzione di piastrelle per l'edilizia si concentra nel distretto industriale di Sassuolo.

② Un liutaio. Cremona ha una lunghissima tradizione nella produzione artigianale di strumenti ad arco.

L'artigianato

Quando il lavoro dell'uomo, eseguito per mezzo di semplici attrezzi, prevale sul contributo fornito dalle macchine, siamo in presenza di una produzione artigianale. Mentre l'industria produce grandi quantità di beni tutti uguali, l'artigianato si dedica a piccole produzioni di oggetti che vengono fabbricati manualmente, uno a uno.

Le fabbriche, necessitando di vasti spazi, sono collocate in genere nelle **periferie esterne**, preferibilmente vicino a importanti arterie stradali o autostradali, indispensabili per rifornirsi di materie prime e per trasportare i prodotti finiti; le botteghe artigianali si trovano invece nelle città, anche in pieno centro storico, a contatto con i consumatori finali degli oggetti prodotti.

L'impresa artigianale ha sempre dimensioni ridotte: si basa molto spesso solo sul **lavoro del proprietario, che talvolta può essere coadiuvato da un numero limitato di collaboratori.**

Numerose imprese di questo settore sono attive nella **lavorazione dei metalli (fabbri)**, **del legno (falegnami) e dei tessuti (sarti)**. Nel complesso, in Italia l'artigianato riveste una notevole importanza, soprattutto nelle regioni centro-settentrionali.

Talvolta, inoltre, la produzione artigianale ha una **componente artistica**, che è strettamente legata alla manualità della lavorazione. Un esempio di questo tipo di produzione è quello della **liuteria**, cioè la realizzazione di strumenti musicali ad arco, che ha il suo centro principale a Cremona, in Lombardia; un altro esempio si ritrova a Valenza, in Piemonte, dove operano molti **artigiani orafi**.

Il "Made in Italy" nell'industria e nell'artigianato

 Contenuto integrativo

Il "Made in Italy", cioè "Prodotto in Italia", contraddistingue oggi l'eccellenza della produzione industriale e artigianale italiana. A fare del "Made in Italy" un marchio prestigioso riconosciuto e apprezzato in tutto il mondo sono soprattutto l'attenzione ai dettagli, la creatività, l'eleganza, il design, la qualità dei materiali e la capacità di innovare pur restando fedeli alla tradizione.

Nella **produzione industriale** sono ottimi esempi le **auto sportive** (come le Ferrari e le Lamborghini), prodotte in Emilia-Romagna, gli **occhiali** fabbricati in Veneto (Luxottica è leader mondiale nella produzione di lenti), la **rubinetteria** in Lombardia e in Veneto, le **piastrelle** in Emilia (Sassuolo è la capitale mondiale della piastrella, con 600 imprese).

Il "Made in Italy" come sinonimo di alta qualità si estende poi all'**industria alimentare**, come quella della pasta, dei salumi e quella dolciaria.

Un caso particolare è poi il settore dell'**abbigliamento** e soprattutto l'industria dell'**alta moda**, per la quale i marchi italiani si posizionano ai vertici mondiali.

Anche nell'**artigianato** il "Made in Italy" conta diverse eccellenze, ad esempio nel campo delle **calzature**, della **sartoria** e dell'**oreficeria** (quest'ultima soprattutto a Valenza, Vicenza e Arezzo).

②

impara **IMPARARE**

__ RISPONDO

1 Sai perché si parla di "triangolo industriale"? Rispondi dopo che sulla carta dell'Italia avrai unito le città di Torino, Milano, Genova: quale figura geometrica risulta?

__ COMPLETO

2 Il declino della grande .... è cominciato in Italia negli anni .... Questo cambiamento ha portato a una trasformazione del .... urbano.

__ LAVORO SUL TESTO

3 Che cos'è un distretto industriale? Sottolinea la risposta sul testo.

__ IMPARO NUOVE PAROLE

4 Unisci con una freccia le espressioni al loro significato.

colletti bianchi	operai
tute blu	impiegati

5 Che cosa significa l'espressione "Made in Italy"?

IL SETTORE TERZIARIO

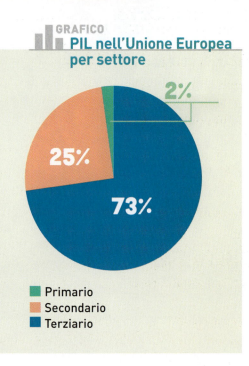

2%

25%

73%

- ■ Primario
- ■ Secondario
- ■ Terziario

Il settore trainante dell'economia

Il settore terziario comprende tutti i **servizi**, sia quelli rivolti direttamente alle persone sia quelli destinati alle imprese: in questo settore non si producono beni, oggetti, ma, appunto, servizi.

In tutti i Paesi europei e, più in generale, in tutti i Paesi avanzati, **la maggior parte del PIL (cioè della ricchezza) è prodotta ai giorni nostri dal settore terziario**.

Analizzando il PIL di qualsiasi Stato con un'economia avanzata, vediamo che le percentuali del peso economico di ciascun settore sono sempre in scala: quella più piccola riguarda il settore primario, quella intermedia il settore secondario, quella più grande il terziario.

La stessa cosa accade alla **percentuale di lavoratori dei tre settori**. Nell'Unione Europea, in media, il 73% del PIL è oggi generato dal terziario, il 25% dal secondario, solo il 2% dal primario.

In generale, la percentuale di ricchezza prodotta dal terziario tende a essere più alta nei Paesi dell'Europa occidentale, che hanno iniziato per primi il processo di trasformazione dell'economia. Ovviamente, **tutto ciò non significa che agricoltura e industria non siano importanti**: quello che mangiamo proviene dall'agricoltura e tutti gli oggetti che utilizziamo sono prodotti dall'industria.

Le attività che compongono il terziario

Il settore terziario è come un **grande contenitore**, al cui interno dobbiamo fare subito una distinzione tra **terziario pubblico e privato**.

- Il **terziario pubblico** comprende tutti i servizi offerti dagli enti pubblici di qualunque tipo: gli ospedali, le scuole, le università, i Comuni e i trasporti, sia all'interno delle città sia all'esterno, come le ferrovie;
- il **terziario privato** è ancora più ampio e include ad esempio il commercio, le attività bancarie e assicurative, l'editoria, i servizi culturali e ricreativi, il turismo e i trasporti privati.

1 La corte centrale del British Museum, sede espositiva londinese tra le più visitate al mondo.

2 Il commercio fa parte del settore terziario.

Il commercio: importazioni ed esportazioni

Il commercio consiste nell'attività di scambio (acquisto o vendita) di beni materiali e immateriali. Può essere **interno a un Paese** oppure avvenire **tra Paesi diversi**. Con il progredire dell'economia mondiale e dei trasporti internazionali, **le attività commerciali con l'estero sono diventate sempre più estese** al punto che oggi, nel cosiddetto "**villaggio globale**", ogni merce può raggiungere qualunque parte del mondo.

Nelle attività commerciali con Paesi diversi si distingue tra:

- **importazioni**, cioè i beni che vengono acquistati dall'estero;
- **esportazioni**, ovvero i beni che un Paese produce e vende ad altri Paesi.

Il settore terziario avanzato o quaternario

All'interno del settore terziario esiste un quarto settore, chiamato **quaternario o terziario avanzato**, di cui fanno parte le attività legate alla ricerca scientifica, all'alta finanza, alla comunicazione, alla direzione delle grandi aziende e degli istituti pubblici ecc., che utilizzano **manodopera altamente qualificata**, con un elevato grado di istruzione.

ZOOM

La crescita del commercio elettronico Internet rappresenta probabilmente la più straordinaria innovazione della storia nel modo di comunicare, ma costituisce anche una vera e propria "autostrada elettronica" per il commercio. Il cosiddetto e-commerce, cioè appunto il commercio effettuato tramite Internet, ha continuato a crescere anche negli ultimi anni, caratterizzati dalla crisi economica. Dopo l'Asia, l'Europa è il continente nel quale il commercio elettronico ha raggiunto il valore più alto: nel 2014, acquisti e vendite online hanno superato i 400 miliardi di euro. L'e-commerce è molto sviluppato nel Regno Unito, in Germania e in Francia, mentre lo è ancora poco nei Paesi del Sud, Italia compresa.

GRAFICO
Principali partner commerciali dell'Italia

PAESI VERSO CUI L'ITALIA ESPORTA

(Valori in miliardi di euro)

Germania	50
Francia	42
Stati Uniti	29,8

PAESI DA CUI L'ITALIA IMPORTA

(Valori in miliardi di euro)

Germania	54,6
Francia	30,6
Cina	25

impara **IMPARARE**

_ RISPONDO

1. Che cosa produce il settore terziario? Fai qualche esempio.
2. Qual è la percentuale di PIL prodotto dal terziario nell'Unione Europea?
3. Qual è l'altro nome del settore quaternario?

_ COMPLETO

4. Il terziario pubblico comprende i servizi offerti da enti pubblici come

   ...., ...,

   ferrovie; il terziario privato invece comprende banche, ..., editoria.

5. Il commercio è nato per lo .... di prodotti tra Paesi .... e riguarda le .... se si compera dall'estero e le

   .... se si vende all'estero.

Osservo e
IMPARO
Erickson
pag. 28
pag. 30

Il turismo, un settore trainante dell'economia

A partire dagli anni '60 del secolo scorso il turismo ha assunto un'importanza crescente a livello mondiale e in Italia costituisce **uno dei comparti più redditizi del settore terziario**. Ma **per quale motivo il turismo è così importante nell'economia di un Paese?** La risposta è semplice: i turisti spendono denaro durante il loro soggiorno e in tal modo creano ricchezza e lavoro nel Paese in cui si recano. A beneficiarne non sono solo gli alberghi, i ristoranti e i negozi, ma anche altre categorie che costituiscono il cosiddetto **indotto**. Ad esempio, il turista che si ferma in un albergo paga una tariffa giornaliera ma, a sua volta, l'albergatore deve rifornirsi di ciò che serve per soddisfare il cliente rivolgendosi a dei commercianti, che così beneficiano a loro volta della presenza dei turisti. I commercianti però non producono questi beni ma li acquistano, contribuendo così ulteriormente ad alimentare l'indotto, in una catena che, come puoi immaginare, è molto lunga.

Da privilegio per pochi a fenomeno di massa

Il turismo è soprattutto un prodotto dei tempi moderni e della società del benessere caratteristica dei Paesi avanzati. Anche nei secoli passati, per la verità, esisteva il turismo, ma era limitato a una ristretta *élite*, colta e con buone possibilità finanziarie. A partire dagli anni '60, grazie alla crescita economica **le famiglie hanno cominciato a disporre di un reddito superiore a quello che serviva per soddisfare i bisogni primari**, come la casa, il cibo, l'istruzione di base. Questa maggiore ricchezza poteva essere spesa per lo svago e quindi anche per viaggiare. A disposizione di chi voleva compiere viaggi per turismo c'era poi un bene che cominciava a diffondersi proprio in quel periodo: l'**automobile**. Con l'aumento del numero di veicoli in circolazione si pensò di migliorare la rete viaria, ad esempio costruendo **importanti autostrade**, come quella "del Sole", la più lunga d'Italia. A questo punto, c'erano tutti i requisiti perché prendesse il via il **boom del turismo**, che a partire dagli **anni '70-'80** si è ulteriormente intensificato, anche grazie all'uso sempre più frequente di un altro mezzo per viaggiare: l'**aereo**.

1 Le città d'arte europee attraggono turisti da ogni parte del mondo. Nell'immagine una sala della Galleria degli Uffizi a Firenze.

2 Casa Batlló progettata dall'architetto Antoni Gaudí a Barcellona.

3 Le case colorate di Burano, Venezia.

Il turismo in Europa

In Europa sono molto sviluppati sia il **turismo interno**, cioè quello originato da spostamenti all'interno del continente, sia quello **di provenienza extraeuropea**.

Ben **6 dei primi 10 Paesi al mondo per arrivi di turisti stranieri sono in Europa**, con la **Francia** che occupa stabilmente il primo posto, mentre la **Spagna** si piazza al terzo dietro agli Stati Uniti.

La "piccola" Europa attira più turisti degli altri continenti per diversi motivi: in primo luogo, perché più di ogni altro è **ricchissima di storia, di monumenti, di musei**, poi per la **forte diversificazione dell'offerta turistica**: non ci sono infatti solo le grandi capitali, le numerose città d'arte, ma anche paesaggi, montagne e regioni balneari di primissimo piano. Il terzo motivo è dato dalla **qualità delle strutture ricettive**, come gli alberghi, ma anche **dei servizi e delle infrastrutture**, tutti elementi che stimolano il turismo.

Il turismo in Italia Contenuto integrativo

In Italia il turismo riveste una grande importanza economica. Il turismo interno è molto sviluppato e numerosi sono anche gli stranieri che scelgono il nostro Paese come meta delle proprie vacanze, **quasi 50 milioni ogni anno**.

L'Italia, d'altro canto, ha **un patrimonio straordinario**, che comprende un gran numero di monumenti, siti archeologici e musei; e poi paesaggi storici e naturali magnifici, superbe montagne e un'offerta estremamente varia anche per il turismo balneare. **Tutto bene, quindi? Non proprio**. Infatti, mentre nel 1950 addirittura un turista su 5 sceglieva l'Italia come meta, oggi solo il 4% del turismo internazionale si dirige in Italia. Per diversi decenni siamo stati la prima meta turistica nel mondo, mentre oggi siamo scesi al quinto posto. Il motivo? Per attrarre i turisti occorre anche offrire **servizi adeguati, ottime infrastrutture (ad esempio i trasporti) e dare un'immagine di Paese efficiente**. Ed è proprio su questi aspetti che l'Italia deve ancora migliorare.

GRAFICO
Dove vanno i turisti stranieri in Italia

Allegato scaricabile

- 45%
- 17%
- 9%
- 9%
- 4%
- 3%
- 13%

- ■ Città di interesse storico e artistico
- ■ Località marine
- ■ Località lacustri
- ■ Località montane
- ■ Località collinari
- ■ Località termali
- ■ Altre località

impara **IMPARARE**

— COMPLETO

1 Il turismo è importante perché produce ...., crea .... e offre ....

2 L'Europa attira più turisti degli altri .... perché è ricca di ...., di .... e di musei, ci sono molte città ...., splendidi ....; ha alberghi di alta .... e offre ottimi ....

3 L'indotto è costituito da .... e servizi in un processo a catena.

— RISPONDO

4 Quanti turisti stranieri si recano in Italia ogni anno?

5 Nonostante il suo patrimonio artistico e naturale, l'Italia è scesa dal primo al quinto posto come meta turistica: perché?

6 LE RETI DEI TRASPORTI IN EUROPA

Osservo e IMPARO pag. 32 Erickson

◢ Le reti di trasporto sono fondamentali per lo sviluppo economico

Nel mondo moderno gli spostamenti, sia di persone sia di merci, hanno raggiunto livelli mai conosciuti in precedenza.

Per fare in modo che le persone possano spostarsi da un luogo all'altro e per consentire il trasporto delle merci, è necessario che un Paese sia dotato di **strade**, **autostrade**, **ferrovie** che, nel loro insieme, costituiscono la **rete dei trasporti terrestri**. Possedere una rete di trasporti efficiente è una condizione essenziale per il buon funzionamento di un Paese e della sua economia in primo luogo. Prova ne è che gli Stati più avanzati hanno ottime reti di trasporti, mentre quelli economicamente arretrati ne sono carenti.

Per valutare l'efficienza di una rete di trasporti si considerano sia l'**estensione** e la **distribuzione** sul territorio (che deve essere ben servito non solo nelle aree più densamente abitate) sia la **qualità delle infrastrutture e dei servizi** (le strade devono essere tenute in buone condizioni e anche le ferrovie devono ricevere un'adeguata manutenzione).

Contenuto integrativo

◢ In Europa la rete di trasporti più "fitta" del mondo

Tra i vari primati del nostro "piccolo" continente c'è anche quello dello sviluppo della rete dei trasporti terrestri: **in nessun'altra parte del mondo è così fitta come in Europa!**

Le ragioni sono diverse. In primo luogo, l'Europa è il continente nel quale la **crescita economica è stata più precoce** e lo sviluppo delle reti di trasporto è proceduto di pari passo con l'avanzamento dell'economia.

Inoltre, il nostro continente ha **moltissime città**, che necessitano di essere collegate a una fitta rete di strade, autostrade e ferrovie. Nonostante le dimensioni ridotte, poi, l'Europa è suddivisa in **molti Stati**, ognuno dei quali ha provveduto a costruire una propria rete. Infine, devi pensare che in alcuni Paesi molto vasti, ad esempio gli Stati Uniti e l'Australia, le distanze tra le varie regioni sono così grandi da richiedere spesso l'uso dell'aereo, piuttosto che di automobili e treni.

❶ Le reti di trasporto influenzano profondamente l'economia di un Paese.

❷ Rispetto alle strade, le autostrade permettono spostamenti molto più rapidi, soprattutto perché non attraversano città e paesi e consentono quindi di mantenere una velocità media superiore. I mezzi pesanti, cioè i camion, percorrono in prevalenza le autostrade e trasportano circa i 3/4 delle merci movimentate in Europa. Nell'immagine, un'autostrada tedesca.

◢ Strade e autostrade

Il **trasporto su gomma**, cioè quello che avviene tramite **automobili e camion**, utilizza la **rete stradale e autostradale**.

L'Europa dispone di una rete stradale e autostradale molto sviluppata, anche se **la situazione è diversa da Paese a Paese**. In generale, possiamo dire che gli Stati occidentali più avanzati hanno una rete ben sviluppata, mentre quelli dell'Est hanno ancora delle carenze da colmare.

Un altro fattore che influenza la rete dei trasporti terrestri è la **morfologia del territorio**: dove è pianeggiante, essa si sviluppa facilmente, mentre nelle regioni montuose risulta più difficile.

Per capire se una rete è più o meno sviluppata occorre **rapportarla all'estensione del Paese**: Francia e Germania hanno reti di lunghezza simile, ma la Francia ha un territorio assai più vasto, per cui la rete tedesca risulta molto più fitta.

In termini di lunghezza, la **Spagna** è il Paese con la rete autostradale più sviluppata, mentre in rapporto all'estensione del territorio i valori massimi si raggiungono nei **Paesi Bassi** e in **Belgio**.

Una strada in Islanda. La morfologia del territorio influenza la creazione della rete viaria.

ZOOM

Nei Paesi avanzati si usa di più la bicicletta

L'Europa vanta dunque un record rispetto al livello di sviluppo della rete dei trasporti stradali e ferroviari.

Ma c'è un altro primato, non meno importante, detenuto da alcuni Paesi europei: il **numero di biciclette in rapporto alla popolazione**.

La cosiddetta "**mobilità dolce**", cioè appunto quella basata sull'uso delle biciclette, è particolarmente sviluppata nei **Paesi dell'Europa centrale e scandinava**, che non per nulla sono tra gli Stati più avanzati del mondo sotto diversi aspetti.

Nei **Paesi Bassi**, che occupano il primo posto in questa classifica, ci sono circa 16,5 milioni di biciclette, in pratica **una per abitante!** In **Danimarca**, che si piazza al secondo posto, ci sono invece 4 biciclette ogni 5 persone. Nel complesso, tra i primi 10 Paesi di questa classifica **ben 8 sono europei**. Il dato curioso è che la bicicletta si usa di più nei Paesi dove il clima è più freddo, si usa di meno in quelli mediterranei. Alla base di un simile risultato ci sono **fattori culturali**, come il senso della disciplina, e l'attenzione ai problemi ambientali, come l'inquinamento. Inoltre, l'uso della bicicletta è stato incentivato dalla predisposizione di efficientissime reti di **piste ciclabili**.

Un altro aspetto da sottolineare è che il **tasso di mortalità dovuto a incidenti stradali** ha valori più bassi proprio nei Paesi dell'Europa centro-settentrionale, gli stessi in cui la bicicletta è spesso lo strumento più usato per muoversi nelle città.

CURIOSITÀ

Il ponte più lungo d'Europa Negli ultimi due decenni in Europa sono stati costruiti alcuni ponti lunghissimi. Il più lungo è il **Vasco da Gama**, nella laguna di Lisbona, inaugurato nel 1998: considerando solo la parte situata sull'acqua (e non quindi i prolungamenti sulla terraferma) misura 9,3 km. Il secondo è invece il **ponte di Øresund** (nella foto), che è anche l'unico, in Europa, a collegare due Stati: si distende infatti tra Copenaghen, capitale della Danimarca, e Malmö, in Svezia. È stato inaugurato nel 2000 ed è lungo 7,8 km.

Il ponte si collega poi con un'isola artificiale, estesa per ben 3 km, prima di proseguire per una distanza analoga con un tunnel sottomarino.

Ma com'è stato possibile costruire un ponte così lungo sul mare?

Un fattore si è rivelato fondamentale: la bassissima profondità del fondale marino, tra 2 e 6 metri!

Le ferrovie

La rete ferroviaria è molto sviluppata in Europa ed è utilizzata **sia per il trasporto delle persone sia per il trasporto delle merci** (circa il 17% viaggia su rotaia).

Anche in questo caso si riscontrano notevoli differenze tra i vari Paesi europei: Belgio, Germania, Paesi Bassi e Svizzera dispongono della rete ferroviaria più fitta, mentre quelli in cui è meno sviluppata sono i Paesi dell'estremo Nord (come la Norvegia e la Finlandia), che sono in gran parte disabitati, alcuni Paesi dell'Est, ma anche la Grecia, quasi interamente montuosa.

La **Svizzera**, pur avendo un territorio in gran parte occupato da montagne, è un Paese molto avanzato, che ha saputo ben sfruttare i fondovalle per costruire le infrastrutture ferroviarie.

A partire dagli anni '80, i Paesi dell'Europa occidentale hanno inoltre investito sulla **rete ferroviaria ad alta velocità**, in grado di collegare le città principali in tempi rapidissimi, con velocità talvolta superiori a 300 km/h.

La **Francia** è stato il primo Stato a costruire queste moderne ferrovie: già nel 1981 inaugurò il TGV (che significa "treno ad alta velocità") per collegare le città di Parigi e Lione.

Il trasporto su acqua

Per i Paesi avanzati è essenziale, oltre al trasporto su gomma e rotaia, poter disporre anche di una buona rete di **trasporto su acqua**, che comprende due categorie:

■ il **trasporto marittimo**;

■ la **navigazione interna**, su fiumi e canali.

La prima tipologia interessa tutti i Paesi bagnati dai mari. Il trasporto marittimo è utilizzato soprattutto per il trasferimento delle merci e può avvalersi dei container, che sono parallelepipedi di metallo con dimensioni standard, cioè uguali ovunque.

Il vantaggio sta quindi nel fatto che un container può essere trasferito da un mezzo all'altro, in ogni parte del mondo.

Il principale **porto** d'Europa **per i container** è quello di **Rotterdam**, nei Paesi Bassi: nel mondo è superato solo da alcuni porti asiatici. Per i trasferimenti via mare delle persone vengono utilizzati traghetti e navi da crociera.

La navigazione interna è molto sviluppata in alcuni Paesi dell'Europa centrale (**Paesi Bassi**, **Germania** e **Belgio**) e utilizza sia i fiumi sia i canali artificiali.

◢ Il trasporto aereo è in crescita

La società e l'economia dei Paesi avanzati rendono oggi necessaria anche la presenza di **efficienti aeroporti** per il trasporto di passeggeri e di merci. I voli si distinguono in **interni e internazionali**; nel nostro continente questa seconda categoria comprende a sua volta i **voli tra Paesi europei e quelli intercontinentali**.

Il traffico aereo è cresciuto notevolmente negli ultimi decenni, sia per il grande sviluppo del **turismo internazionale** sia per la progressiva **riduzione del costo dei biglietti**, anche grazie alla diffusione, a partire dagli anni '90, delle compagnie "low cost", cioè a basso costo (che oggi in Europa sono oltre 40).

L'Europa può vantare alcuni dei più trafficati aeroporti del mondo e 2 dei primi 10 a livello globale si trovano proprio nel nostro continente: sono quelli di **Londra** e di **Parigi**. L'aereo serve però anche per trasportare merci: in questo caso il primato europeo spetta a **Francoforte**, capitale economica della Germania.

① Cargo lungo il canale artificiale di Kiel (98 km) che collega il Mare del Nord al Mar Baltico.

② La Francia è stato il primo Paese ad adottare l'alta velocità.

③ Aerei della British Airways, la più grande compagnia aerea del Regno Unito.

TABELLA — I primi 10 aeroporti d'Europa (2014)		
Nazione	**Aeroporto**	**Traffico passeggeri**
Regno Unito	Londra, Heathrow	72.332.000
Francia	Parigi, Charles de Gaulle	61.890.000
Germania	Francoforte sul Meno	57.878.000
Paesi Bassi	Amsterdam, Schiphol	52.543.000
Spagna	Madrid, Barajas	39.661.000
Germania	Monaco di Baviera	38.518.000
Italia	Roma, Fiumicino	35.938.000
Regno Unito	Londra, Gatwick	35.427.000
Spagna	Barcellona	35.177.000
Francia	Parigi, Orly	28.249.000

impara ◢ IMPARARE

— COMPLETO

1 Un Paese e la sua economia sono floridi quando la rete dei trasporti è ...., in buone .... e con un'adeguata ....

2 In Europa strade e autostrade sono più sviluppate negli Stati .... e nelle zone ...., Paesi Bassi e .... hanno la rete autostradale più fitta.

3 La rete ferroviaria .... collega le principali città europee in tempi rapidissimi.

— LAVORO SUL LESSICO

4 Che cosa si intende per "mezzi pesanti"?

....

5 Che cosa si intende per "alta velocità"?

....

....

LE RETI DEI TRASPORTI IN ITALIA

La rete stradale e autostradale

L'Italia dispone oggi di una rete stradale e autostradale nel complesso molto sviluppata. Tuttavia, si riscontrano **forti differenze tra le varie aree**, dovute sia al diverso livello di sviluppo tra Nord e Sud sia alla forma del Paese, che è lunga e stretta, sia all'orografia. Non bisogna, infatti, dimenticare che più dei tre quarti del nostro territorio sono costituiti da rilievi, in cui la costruzione di autostrade è difficile se non addirittura impossibile. Anche per questo motivo **le autostrade sono numerose nella Pianura Padana**, mentre nella penisola corrono soprattutto in prossimità delle fasce costiere, che sono per lo più pianeggianti.

Dalle ferrovie locali all'alta velocità

Anche la rete ferroviaria è molto estesa in Italia. Oggi il nostro Paese dispone di ben 26.000 km di ferrovie, una cifra che lo pone al **terzo posto in Europa**, preceduto solo da Germania e Francia, che hanno però un'estensione superiore.
Come per la rete di trasporto stradale, tuttavia, si riscontra una **forte differenza tra Nord e Sud**, sia per l'estensione della rete sia per l'efficienza dei servizi. Eppure **la prima ferrovia italiana è stata costruita proprio nel Sud**: la Napoli-Portici fu inaugurata addirittura già nel 1839, in quello che allora si chiamava Regno delle Due Sicilie.

1 Una strada tortuosa sulle montagne del Trentino.

2 Viadotto autostradale nel Lazio.

3 L'Autostrada del Sole, che collega Milano e Napoli, è la più importante autostrada italiana.

4 Il porto calabrese di Gioia Tauro fino a pochi anni fa era il primo scalo del Mediterraneo per il trasporto di container.

La navigazione marittima

La navigazione marittima riveste una particolare importanza per il **trasporto delle merci**, soprattutto quando si tratta di spostamenti sulle lunghe distanze. L'Italia, con i suoi 7.500 km di coste, può vantare un alto numero di **porti mercantili** (cioè destinati ad accogliere le merci), anche se nessuno è in grado di competere con i grandi porti del Mare del Nord. Per molti anni il principale porto italiano, per quantità di merci movimentate, è stato quello di **Genova**, che in tempi recenti è stato però superato dal porto di **Trieste**.

Gli aeroporti

Negli ultimi decenni anche nel nostro Paese il traffico aereo è aumentato, soprattutto grazie alla riduzione del prezzo dei biglietti, dovuto alla maggiore concorrenza e alla presenza delle cosiddette compagnie "low cost": se oggi viaggiare in aereo è alla portata di un sempre maggior numero di persone, solo 30 anni fa rappresentava un lusso per pochi.

I principali aeroporti internazionali del nostro Paese si trovano a Roma (**Fiumicino**) e a Milano (**Malpensa**): entrambi sono molto lontani però, come flusso di passeggeri e numero di collegamenti, dai più grandi aeroporti del continente.

CURIOSITÀ

È italiano il treno più veloce d'Europa

L'Italia è la patria dei bolidi a quattro ruote, come le Ferrari, le Lamborghini e le Maserati. Negli ultimi anni, però, sono stati effettuati **grandi investimenti sull'alta velocità ferroviaria** e oggi è italiano anche il treno più veloce d'Europa: è il **Frecciarossa 1000**, inaugurato nel 2015, in grado di raggiungere la velocità di 400 km/h. Si tratta di un vero gioiello della tecnologia italiana, che consente di viaggiare tra Milano e Roma in appena 2 ore e 30 minuti, un tempo che ancora pochi anni fa sarebbe stato del tutto impensabile.

Questo "supertreno" non è però solo veloce: è anche silenzioso e concepito in modo da consumare poco in rapporto alle prestazioni.

impara **IMPARARE**

— COMPLETO

1 L'Italia è al .... posto in Europa per chilometri di ferrovie, tuttavia la rete è più sviluppata nel .... del Paese che nel ....

2 L'aereo è utilizzato soprattutto per il trasporto di .... Negli ultimi decenni il traffico aereo è molto .... I principali aeroporti italiani sono .... e ....

LE TELECOMUNICAZIONI

DOMANDA&RISPOSTA

Che cosa significa ICT?

Sempre più spesso i mass-media utilizzano la sigla **ICT**. Sono le iniziali di tre parole in inglese, cioè "**Information and Communication Technology**", ovvero "Tecnologia dell'Informazione e della Comunicazione". Anche in italiano si ricorre comunemente a questa sigla per indicare **l'insieme delle tecniche utilizzate allo scopo di immagazzinare, elaborare e trasmettere i dati e le informazioni**. ICT sta a indicare anche il settore economico che si occupa di svolgere queste attività.

L'era delle telecomunicazioni

Una delle più grandi rivoluzioni dell'epoca che stiamo vivendo, forse addirittura la più grande di tutte, riguarda lo **sviluppo delle telecomunicazioni**. Ma che cosa vuol dire esattamente questa parola? Significa **comunicare a distanza**, mediante l'uso di **apparecchi elettronici**, come il telefono, sia fisso che mobile, il computer, il televisore.

Se il telefono ha cominciato a diffondersi già alla fine dell'800 e il televisore è comparso negli anni '30 del secolo scorso, è però soprattutto a partire **dagli anni '90 e 2000** che, grazie allo **sviluppo di Internet, della telefonia mobile e dei satelliti**, le telecomunicazioni hanno assunto un ruolo molto significativo nella nostra vita.

Parallelamente agli strumenti per comunicare, si è sviluppata enormemente l'**informatica**, cioè la scienza che si occupa di elaborare le informazioni e i dati che vengono trasmessi con i dispositivi elettronici.

Proprio dall'unione tra le telecomunicazioni e l'informatica è nata una nuova scienza, la **telematica**. Ai giorni nostri, nei Paesi avanzati, la quantità di informazioni che ogni giorno viene scambiata per via telematica è così ingente e il trasferimento talmente veloce che la società in cui viviamo è stata definita "**società dell'informazione**".

1 Le reti satellitari trovano ampia applicazione nel campo delle telecomunicazioni, della navigazione marittima e in ambito militare.

Lo sviluppo della telefonia mobile

A chi è nato negli anni 2000 appare del tutto normale avere uno smartphone o vedere i propri genitori utilizzarlo regolarmente. Eppure il telefono portatile (cioè il cellulare) è una invenzione recente. **Fino attorno alla metà degli anni '90, infatti, c'erano solo i telefoni fissi**, decisamente meno pratici. La rete di telefonia fissa, inoltre, era costosa, in quanto per funzionare richiedeva di predisporre **una lunghissima rete di cavi sotterranei**.

Negli anni successivi e in misura sempre crescente si è diffusa la **telefonia mobile**, che in poco tempo è letteralmente esplosa: oggi in Italia ci sono circa 90 milioni di telefoni cellulari, un numero pari a una volta e mezza la popolazione!

La rivoluzione di Internet

Nella metà degli anni '90 ha cominciato a diffondersi tra la popolazione **un'altra grande innovazione destinata a modificare radicalmente il modo di comunicare**, in Italia come nel resto del mondo: si tratta di **Internet**, la rete in grado di mettere in comunicazione tra loro miliardi di persone tramite il **World Wide Web**, la "ragnatela globale". In realtà, la prima rete tra computer era nata quasi 40 anni prima, negli Stati Uniti, ma era utilizzata solo per scopi militari e per scambiare informazioni tra università.
Oggi **circa il 65% delle famiglie italiane ha una connessione a Internet**: la percentuale può apparire molto alta, ma si colloca al di sotto della media europea. L'uso di Internet è infatti molto più diffuso nei Paesi dell'Europa centro-settentrionale rispetto a quelli mediterranei e dell'Est.

2 Lo sviluppo di Internet, della telefonia mobile e dei satelliti ha dato origine alla cosiddetta "società dell'informazione".

3 Circa il 65% delle famiglie italiane (meno della media europea) ha una connessione a Internet.

4 Il settore della telefonia mobile è in continua espansione.

CARTA
La diffusione di Internet in Europa

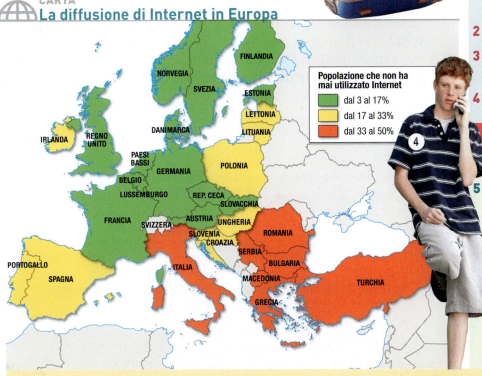

Popolazione che non ha mai utilizzato Internet
- dal 3 al 17%
- dal 17 al 33%
- dal 33 al 50%

CURIOSITÀ

Il primo cellulare, pesante e costosissimo! I moderni cellulari e smartphone concentrano una sofisticata tecnologia in poco spazio e in un peso modesto, ma il primo modello di telefono portatile era ben diverso. Il **Motorola DynaTAC 8000X**, fabbricato dalla Motorola, nota industria americana che ancora oggi produce cellulari, entrato in commercio nel lontano 1984, **pesava poco meno di 1 kg**. Il suo costo, soprattutto, era davvero strabiliante rispetto ai modelli attuali: quasi 4.000 dollari, che corrisponderebbero ai giorni nostri a circa 8.000 euro! Insomma, sarebbe come se oggi lo smartphone costasse come una piccola automobile e, considerato lo stipendio medio in Italia, servirebbero circa 6 mesi di lavoro per acquistarlo!

impara
IMPARARE

_RISPONDO
1 Quando hanno cominciato a diffondersi i telefoni?
2 Che cos'è la telematica?
3 Quando ha cominciato a diffondersi la telefonia mobile?
4 E Internet?

IMPARARE *insieme*

A PICCOLI GRUPPI
5 Per i vostri nonni e le altre persone della loro generazione Internet e i telefoni mobili costituiscono un fatto relativamente nuovo, dato che non erano ancora diffusi una ventina di anni fa. Dividetevi in gruppi di quattro o cinque e provate a immaginare in che modo si comunicava prima degli anni '90. Confrontatevi con gli altri gruppi.

VERIFICA

Verifica interattiva

▲ **Conoscere i settori secondario e terziario dell'economia**

1 Scegli le definizioni corrette per i seguenti termini.

A. Deindustrializzazione:
☐ **1.** scomparsa delle industrie.
☐ **2.** aumento delle industrie.
☐ **3.** riduzione dell'importanza delle industrie.

B. Terziarizzazione:
☐ **1.** aumento dell'importanza del settore terziario rispetto all'industria.
☐ **2.** scomparsa del terziario a vantaggio dell'industria.
☐ **3.** scomparsa delle industrie nelle economie più evolute.

C. Delocalizzazione:
☐ **1.** inquinamento e distruzione dell'ambiente da parte delle industrie.
☐ **2.** spostamento delle sedi di produzione industriale in altri Paesi per risparmiare sui costi.
☐ **3.** permanenza delle industrie nell'Europa occidentale.

2 Completa il testo con le parole mancanti.

L'Europa è una delle aree più .... del mondo e primeggia soprattutto nel settore chimico e farmaceutico, in quello .... e in quello .... Il Paese leader in questi settori è la .... , mentre la Svizzera vanta colossi in campo alimentare, ... e dell' .... Nei Paesi Bassi sono sviluppati i settori .... ed elettronico, in .... quello dell'arredamento. Alcuni Stati dell'Europa meridionale, come il .... e la .... , sono invece decisamente più arretrati.

3 Perché dal 2008 molte piccole industrie italiane sono state vendute a gruppi stranieri?
Indica le risposte corrette.

☐ **A.** Per mancanza di operai.
☐ **B.** Per guadagnare di più.
☐ **C.** Perché la concorrenza era troppo forte.
☐ **D.** Perché in famiglia non andavano d'accordo.
☐ **E.** Perché le piccole aziende non riuscivano a competere con le multinazionali.
☐ **F.** A causa della crisi scoppiata nel 2008.

4 Indica se le frasi seguenti sono vere (V) o false (F).

A. L'artigianato produce oggetti che vengono fabbricati manualmente, a uno a uno. Ⓥ Ⓕ

B. Le imprese artigianali hanno un numero molto elevato di dipendenti. Ⓥ Ⓕ

C. L'impresa artigianale ha piccole dimensioni. Ⓥ Ⓕ

D. L'artigianato ha un'importanza limitata per l'economia italiana. Ⓥ Ⓕ

5 Indica almeno tre servizi che fanno parte del terziario pubblico e tre che fanno parte del terziario privato.

Terziario pubblico: ....

Terziario privato: ....

6 Divisi in due gruppi svolgete l'attività proposta.

A. Il primo gruppo svolge una ricerca, tramite interviste a familiari e amici o tramite Internet, su quali sono le industrie pesanti presenti nella vostra provincia. Il secondo gruppo svolge la stessa ricerca, ma relativa alle industrie leggere. Scrivete poi i due elenchi sui vostri quaderni.

B. Con i dati che avete raccolto, costruite un grafico che rappresenti la suddivisione tra industrie pesanti e industrie leggere nella vostra provincia.

7 Sapendo che il PIL europeo è dato per il 25% dall'industria, per il 73% dal terziario, e solo per il 2% dal primario, completa l'areogramma e coloralo scrivendo a quali settori corrispondono i tre spicchi.

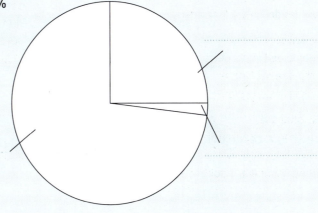

8 A coppie, svolgete un'indagine sul territorio in cui abitate rispondendo alle domande seguenti.

A. Qual è il distretto industriale più vicino? ....

B. In quale zona si trova? ....

C. Qual è il settore di produzione? ....

D. A chi sono destinati i prodotti? ....

E. Conoscete qualcuno che vi lavora? Chi? ....

9 Dividetevi in gruppi di 4-5 allievi. In base alla vostra esperienza, scrivete quali suggerimenti dareste al vostro sindaco per rendere più accogliente la vostra città e per farla diventare una meta turistica ambita.

10 Procurati la mappa della tua città e controlla se ci sono piste ciclabili: utilizza la scala, calcola per quanti km si estendono le piste ciclabili e quali zone attraversano. Dove le estenderesti ancora e perché? Evidenzia il nuovo tracciato con il pennarello verde sulla mappa e scrivi le risposte sul quaderno.

11 Collegati tramite Internet al sito di Trenitalia e immagina di viaggiare sul Frecciarossa 1000 da Milano a Napoli: quanto costa il biglietto in seconda classe? Quanti km percorri? In quali stazioni ferma il treno? Quanto tempo impieghi per raggiungere la meta? Con i dati ottenuti, compila una tabella sul quaderno.

12 Dove e quando è stata costruita la prima ferrovia italiana? Individua sulla carta contenuta nel tuo Atlante la città di partenza e quella di arrivo e calcola quanti km distano servendoti della scala. Rispondi sul quaderno.

PRIMO RIPASSO

Usa le parole e completa gli schemi.

DISOCCUPATI – ATLANTICO – LEGGERA – INQUINANTI – MANO – TURISMO – INTERNET – ESPORTAZIONI – TRADIZIONALE

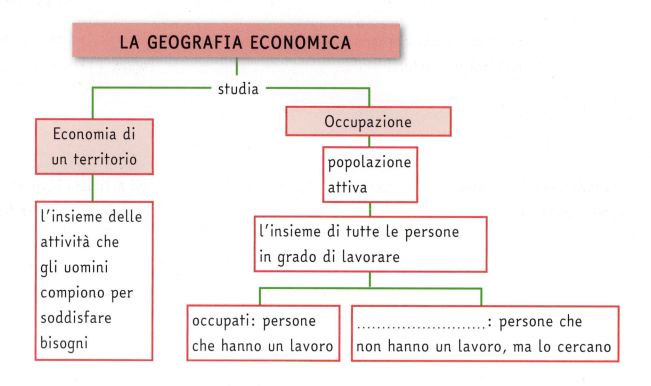

LA GEOGRAFIA ECONOMICA

studia

Economia di un territorio

l'insieme delle attività che gli uomini compiono per soddisfare bisogni

Occupazione

popolazione attiva

l'insieme di tutte le persone in grado di lavorare

occupati: persone che hanno un lavoro

..........................: persone che non hanno un lavoro, ma lo cercano

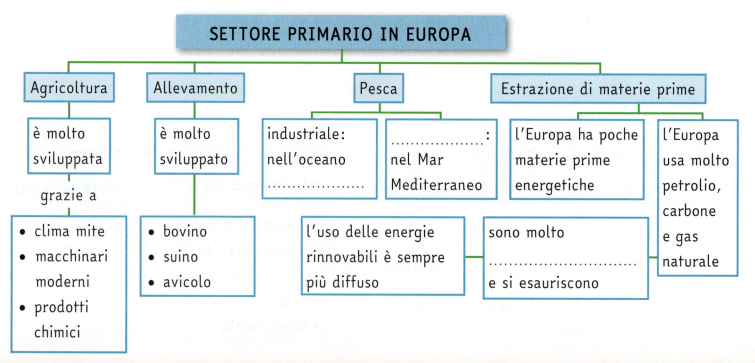

SETTORE PRIMARIO IN EUROPA

Agricoltura

è molto sviluppata

grazie a

- clima mite
- macchinari moderni
- prodotti chimici

Allevamento

è molto sviluppato

- bovino
- suino
- avicolo

Pesca

industriale: nell'oceano ....

....................: nel Mar Mediterraneo

l'uso delle energie rinnovabili è sempre più diffuso

Estrazione di materie prime

l'Europa ha poche materie prime energetiche

sono molto .... e si esauriscono

l'Europa usa molto petrolio, carbone e gas naturale

IL SETTORE SECONDARIO

Trasformazione di materie prime

industria

usa macchinari, realizza grandi quantità di prodotti

pesante

lavorazione di materie prime minerali

....

realizzazione di prodotti finiti

artigianato

attività lavorativa che produce oggetti fatti a ....

gli artigiani lavorano sia nelle fabbriche sia nelle botteghe

IL SETTORE TERZIARIO

Servizi

commercio
- importazioni
- ....

trasporti
- strade e autostrade
- ferrovie
- trasporto su acqua
- trasporto aereo

....

ampliato grazie a

sviluppo dei mezzi di trasporto (auto, aerei) e delle reti stradale e autostradale

telecomunicazioni
- telefonia mobile
- computer con connessione ....

1   LA SINTESI

■ L'**economia** è l'insieme delle attività che l'uomo compie per soddisfare i propri bisogni. Per comprenderla si utilizzano alcuni indicatori: **PIL** (Prodotto Interno Lordo, la somma del valore di tutti i beni e i servizi prodotti in un anno), **PIL pro capite** (la ricchezza prodotta in media da ogni abitante), **ISU** (Indice di Sviluppo Umano, che considera il PIL pro capite, il grado di istruzione degli abitanti e la durata media della loro vita); **popolazione attiva** (forza lavoro, la parte di popolazione in grado di lavorare); **tasso di occupazione** (la percentuale degli occupati rispetto alla popolazione tra 15 e 64 anni); tasso di **disoccupazione** (la quota di persone che sono in cerca di lavoro rispetto al totale della forza lavoro).

■ L'economia si suddivide in **tre settori: primario** (agricoltura, allevamento, pesca, selvicoltura, estrazione delle risorse minerarie), **secondario** (industria e artigianato) e **terziario** (commercio e servizi). Il **quaternario** riguarda la ricerca scientifica.

■ Il modello agricolo europeo è quello "**capitalistico**"; il **territorio** è spesso intensamente **sfruttato** attraverso la **monocoltura**. La principale produzione agricola europea è quella dei **cereali**. In **Italia** c'è una grande varietà di prodotti agricoli. L'**allevamento** in Europa è soprattutto bovino, suino e avicolo; in Italia è diffuso soprattutto nella Pianura Padana con i **bovini** e i **suini**. La **pesca** è sviluppata soprattutto nell'Oceano Atlantico, mentre il Mar Mediterraneo contribuisce solo per meno del 10%. Le **risorse del sottosuolo** si distinguono in: **materie prime energetiche** e **minerali**. Buona parte dell'energia deriva dai **combustibili fossili**. Dati i gravi problemi ambientali è indispensabile rispettare l'ambiente (ecosostenibilità), tenendo conto della **qualità delle produzioni** e sviluppando lo sfruttamento delle **fonti energetiche rinnovabili**.

■ L'**industria** si divide in **leggera e pesante**. Verso la fine del '900 l'industria ha perso importanza (**deindustrializzazione**) a vantaggio del settore terziario (**terziarizzazione**). Negli anni 2000 si assiste alla **delocalizzazione**, cioè le industrie si trasferiscono in **Asia ed Europa dell'Est** perché la manodopera costa meno. L'Europa, in particolare quella occidentale (Germania, Svizzera, Paesi Bassi, Belgio), resta comunque una delle aree più industrializzate del mondo. In **Italia** a partire dagli anni '50 si è verificato il "**boom economico**" al Nord con la migrazione di molti lavoratori dal Sud verso il **triangolo industriale** (Torino, Milano, Genova). Tra gli anni '70 e '80 si sono diffuse molto le **piccole e medie aziende** che si sono concentrate nei **distretti**. Anche l'**artigianato** ha un ruolo importante nell'economia italiana.

■ I comparti più importanti del terziario sono il **commercio** e il **turismo**, di cui beneficia tutto l'**indotto**.

■ In Europa è diffuso il trasporto **su acqua**: il più importante **porto mercantile** è a **Rotterdam**, mentre in Italia troviamo **Genova**, **Trieste** e **Gioia Tauro**. Il **trasporto aereo** si rivolge soprattutto alle persone. La **rete stradale** è sviluppata in modo diverso nelle varie aree europee. Una delle rivoluzioni più importanti dei nostri giorni riguarda le **telecomunicazioni**, cioè la comunicazione a distanza tramite apparecchi elettronici.

LA MAPPA

GEOGRAFIA ECONOMICA

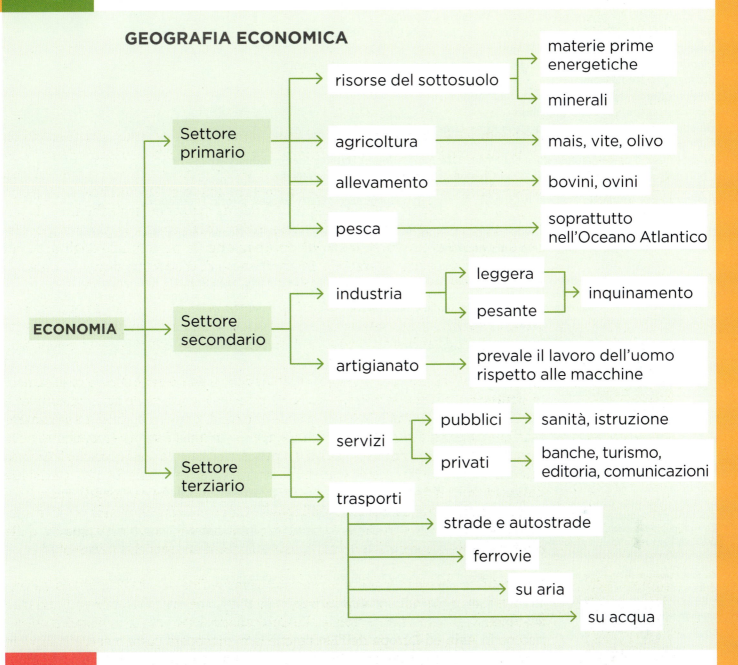

3 L'INTERROGAZIONE

Leggi le domande e verifica se conosci le risposte. Se non sei sicuro/a, torna a leggere il testo alle pagine indicate. Poi rispondi oralmente a ciascuna domanda.

1 Quali sono e di che cosa si occupano i tre settori dell'economia? → pag. 224

2 Quanti tipi di agricoltura conosci? → pag. 230

3 Che cosa produce maggiormente l'agricoltura italiana? → pag. 235

4 Quali sono le caratteristiche del settore secondario? → pag. 248

5 Quali informazioni conosci a proposito delle attività del settore terziario? → pag. 258

6 Come vengono utilizzate le vie di comunicazione in Europa? → pag. 263

Il progetto dell'opera è a cura di **Sergio Mantovani** e **Irene Calloud Sacchetti**.
I testi dei volumi 1 e 3 sono a cura di **Sergio Mantovani**, i testi del volume 2 sono a cura di **Irene Calloud Sacchetti**.

Coordinamento editoriale e redazionale: Vincenza Cazzaniga
Redazione: Marta Del Zanna, Silvia Menzinger, Les Mots Libres, Bologna
Progetto grafico: Studio Elastico, Milano
Elaborazione digitale testo e immagini e impaginazione: Studio Mizar, Bergamo
Cartografia: Studio Aguilar
Disegni: Annalisa Durante - Durante illustrations
Ricerca iconografica: Lucia Impelluso
Gli apparati didattici sono stati curati da Anna Jacod, Paola Rezzani
Copertina: Studio Elastico, Milano
In copertina: Il parco naturale Puez-Odle nelle Dolomiti © Robert Harding Picture Library RF / AGF
Contenuti digitali: Sara Massa; Lightbox Creative Software, Roma; Federico Iaboni

Referenze iconografiche: Archivio RCS; AGF; Alamy / IPA; Cuboimages; Getty Images; iStock; Thinkstock.

Si ringraziano i docenti Sandra Avigdor, Marzia Carniel, Roberta Castellan, Daniela De Donato, Maria Moro, Germana Golia
e Roberta Zancanaro per la preziosa collaborazione.

Il progetto per la didattica inclusiva presente in *Geonatura* (*Materiali e strumenti per l'insegnante*, pagine studente *Primo ripasso* e *Per leggere insieme* in Atlante *Osservo e Imparo*) è a cura del gruppo di esperti della Ricerca e Sviluppo Erickson, con la supervisione scientifica di Dario Ianes, Sofia Cramerotti, Francesco Zambotti, Massimo Turrini e Silvia Moretti.
Per le attribuzioni complete si veda la Guida insegnante.

© 2016, Edizioni Centro Studi Erickson S.p.A.
Via del Pioppeto 24
38121 Trento
www.erickson.it

Le pagine *Primo ripasso* sono realizzate con il carattere EasyReading®.
Font ad alta leggibilità: strumento compensativo per i lettori con dislessia
e facilitante per tutte le categorie di lettori.
www.easyreading.it

I diritti di traduzione e riproduzione, totali o parziali anche ad uso interno e didattico con qualsiasi mezzo, sono riservati per tutti i Paesi.
Le fotocopie per uso personale del lettore possono essere effettuate nei limiti del 15% di ciascun volume/fascicolo di periodico dietro pagamento alla SIAE del compenso previsto dall'art. 68, commi 4 e 5, della legge 22 aprile 1941 n. 633.
Le riproduzioni effettuate per finalità di carattere professionale, economico o commerciale o comunque per uso diverso da quello personale possono essere effettuate a seguito di specifica autorizzazione rilasciata da CLEAREdi, Corso di Porta Romana 108, 20122 Milano,
e-mail **autorizzazioni@clearedi.org**

La realizzazione di un libro presenta aspetti complessi e richiede particolare attenzione nei controlli: per questo è molto difficile
evitare completamente errori e imprecisioni.
L'Editore ringrazia sin da ora chi vorrà segnalarli alle redazioni. Per segnalazioni o suggerimenti relativi al presente volume scrivere a:
supporto@rizzolieducation.it

L'Editore è a disposizione degli aventi diritto con i quali non gli è stato possibile comunicare per eventuali involontarie omissioni o inesattezze nella citazione delle fonti dei brani o delle illustrazioni riprodotte nel volume. L'Editore si scusa per i possibili errori di attribuzione e dichiara la propria disponibilità a regolarizzare.

I nostri testi sono disponibili in formato accessibile e possono essere richiesti a: Biblioteca per i Ciechi Regina Margherita di Monza (http://www.bibliotecaciechi.it) o Biblioteca digitale dell'Associazione Italiana Dislessia "Giacomo Venuti" (http://www.libroaid.it).
Il processo di progettazione, sviluppo, produzione e distribuzione dei testi scolastici dell'Editore è certificato UNI EN ISO 9001.

Proprietà letteraria riservata

L'Editore è presente su Internet all'indirizzo: http://www.rizzolieducation.it

Il processo di progettazione, sviluppo, produzione e distribuzione dei testi scolastici di RCS Libri S.p.A. – Divisione Education è certificato UNI EN ISO 9001:2008 (n. 100801) da Lloyd's Register Quality Assurance.

ISBN 978-88-915-2006-7

© 2016 RCS Libri S.p.A. – Milano
© 2016 Rizzoli Libri S.p.A., Milano
Tutti i diritti riservati

Prima edizione: gennaio 2016

Ristampe:
2016   2017   2018   2019
   1   2   3   4   5   6   7

Stampato presso: L.E.G.O. S.p.A., Lavis (TN)

RCS Education

RICERCA E SVILUPPO ERICKSON
in collaborazione con STEFANO LENZI

ATLANTE

OSSERVO E IMPARO

L'EUROPA E L'ITALIA

Coordinamento redazionale: Milena Fabbri
Redazione: Geraldina Pippolini
Progetto grafico: Elastico, Milano
Copertina: Elastico, Milano
Elaborazione digitale del testo,
immagini e impaginazione: Studio Mizar, Bergamo

Le prove invalsi sono a cura di Anna Jacod e Paola Rezzani

Le pagine *Per leggere insieme* sono a cura del gruppo
di esperti della Ricerca e Sviluppo Erickson,
con la supervisione scientifica del professor *Dario Ianes*,
Sofia Cramerotti, Francesco Zambotti,
Massimo Turrini, Silvia Moretti
I contenuti delle pagine *Per leggere insieme*
sono di *Stefano Lenzi*
Revisione editoriale: *Francesco Zambotti* (coordinamento),
Niccolò Lucchetti

© 2016, Edizioni Centro Studi Erickson S.p.A.
Via del Pioppeto 24
38121 Trento
www.erickson.it

Le pagine di questo volume sono realizzate
con il carattere EasyReading™. Font ad alta leggibilità:
strumento compensativo per i lettori con dislessia
e facilitante per tutte le categorie di lettori.
www.easyreading.it

© 2016 RCS Libri S.p.A. – Milano
Prima edizione: gennaio 2016
Stampato presso: L.E.G.O S.p.A Lavis (TN)

FABBRI EDITORI

in collaborazione con

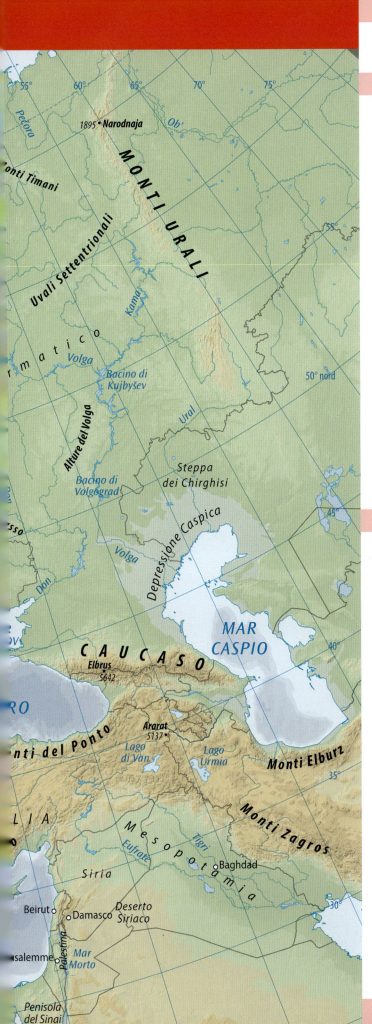

RICORDA CHE:

- In geografia, la **morfologia** è lo studio delle forme della superficie terrestre, dunque del territorio. Si descrivono i rilievi, la forma delle coste e così via.

- L'**idrografia** studia la distribuzione delle acque di un territorio e di quelle che lo circondano; descrive quindi la presenza e le caratteristiche di fiumi, laghi e mari.

- Il **bacino fluviale** (o idrografico) è il territorio attraversato da un fiume e da tutti i corsi d'acqua che lo alimentano o che alimentano i suoi affluenti.

I RECORD DEL CONTINENTE

montagna più alta	Monte Bianco (4.810 m)
fiume più lungo	Volga (3.692 Km)
lago più grande	Ladoga (17.700 Km²)
isola più grande	Gran Bretagna (229.885 Km²)

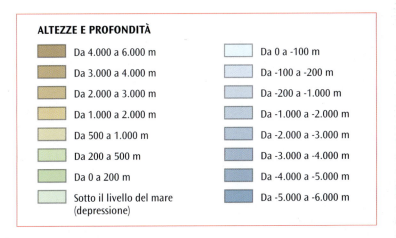

ALTEZZE E PROFONDITÀ

Da 4.000 a 6.000 m	Da 0 a -100 m
Da 3.000 a 4.000 m	Da -100 a -200 m
Da 2.000 a 3.000 m	Da -200 a -1.000 m
Da 1.000 a 2.000 m	Da -1.000 a -2.000 m
Da 500 a 1.000 m	Da -2.000 a -3.000 m
Da 200 a 500 m	Da -3.000 a -4.000 m
Da 0 a 200 m	Da -4.000 a -5.000 m
Sotto il livello del mare (depressione)	Da -5.000 a -6.000 m

OCEANO ATLANTICO

MAR DI NORVEGIA

1

MONTI SCANDINAVI

PENISOLA SCANDINAVA

5

Lago Ladoga

Isole Britanniche

MARE DEL NORD

MAR BALTICO

Bassopiano Germanico

La Manica

CARPAZI

A L P I

PIRENEI

PENISOLA IBERICA

2

Stretto di Gibilterra

6

Danubio

B A L C A N I

PENISOLA BALCANICA

PENISOLA ITALIANA

PINDO

MAR

ANAT

MAR MEDITERRANEO

1 L'Europa ha un profilo costiero molto irregolare: ha molte penisole, golfi e stretti.

2 Lo Stretto di Gibilterra nel suo punto più stretto è ampio 14 km e separa il Mar Mediterraneo dall'Oceano Atlantico, ma anche il continente europeo dal continente africano.

3 I Monti Urali sono il confine naturale dell'Europa con il continente asiatico a est. Sono montagne molto antiche e poco elevate.

4 La catena del Caucaso è il confine naturale tra Europa e Asia a sud-est: ha grandi montagne, ricche di ghiacciai, molto simili alle Alpi. Il Caucaso separa anche due mari chiusi: quali?

5 L'Europa è ricca di laghi. Molti si trovano nella parte settentrionale del continente. Il lago più grande è il lago Ladoga che si trova in Russia.

6 L'Europa è ricca di fiumi. Il Danubio è uno dei fiumi più lunghi: attraversa 10 Stati e sfocia nel Mar Nero.

EUROPA POLITICA

RICORDA CHE:

- Uno **Stato** è un'entità politica che esercita un'autorità esclusiva, detta **sovranità**, su un determinato **territorio**. Uno Stato si può dare varie forme di governo, per esempio la **repubblica** o la **monarchia**.

- Una **nazione** è una comunità di persone che condivide cultura, lingua e storia.
  Non è detto che a una nazione corrisponda uno Stato. Ci sono nazioni divise dai confini di diversi Stati e Stati che ospitano persone appartenenti a diverse nazioni.

- La **Costituzione** di uno Stato contiene le leggi fondamentali che lo governano. Le leggi costituzionali comprendono l'elenco dei **diritti** di cui gode ogni cittadino, la descrizione della **forma di governo**, della **struttura amministrativa** e così via.

I RECORD DEL CONTINENTE

Stato più grande	Russia (3.711.747 km² nella sola parte "europea" a ovest dei Monti Urali).
Stato più piccolo	Città del Vaticano (mezzo km²). È anche il più piccolo Stato del mondo.

Parigi ●	Capitale di Stato
Belfast ○	Capoluogo di Repubblica autonoma, Regione, dipendenza
Amburgo ○	Città con più di 1.000.000 di abitanti
Lione ○	Città da 250.000 a 1.000.000 di abitanti
Czestochowa ○	Città con meno di 250.000 abitanti

MAR
CASPIO

GEORGIA

AZERBAIGIAN
ARMENIA

USSIA

CHIA

In Europa ci sono **48 Stati**, di cui **36 Repubbliche** e **12 Monarchie**. In Europa ci sono così tanti Paesi perché le vicende politiche e militari della lunga storia europea hanno continuamente modificato confini e nomi degli Stati.

1 In Europa ci sono **5 Stati insulari** (cioè che si trovano su isole). Uno stato insulare è l'Islanda che è anche lo Stato meno popolato del continente. Quali sono gli altri?

2 Oltre all'Italia, in Europa ci sono **6 Stati** che si trovano **su delle penisole**. Quali sono?

3 Dopo la caduta dell'Unione Sovietica, oltre alla Russia (Federazione Russa), in Europa sono nati nuovi Stati indipendenti: Estonia, Lettonia, Lituania, Bielorussia, Ucraina, Moldova, Georgia, Armenia, Azerbaigian.

4 Nuovi Stati indipendenti sono nati anche nei **Balcani** dalla dissoluzione (scioglimento) della ex-Jugoslavia: Slovenia, Croazia, Macedonia, Bosnia ed Erzegovina, Serbia, Montenegro e Kosovo.

5 Oggi **28 Stati** dell'Europa fanno parte dell'**Unione Europea**: un progetto di collaborazione tra Stati che è nato nel 1.951. A **Bruxelles**, capitale del Belgio, si trovano le principali istituzioni dell'Unione Europea.

ALTEZZE E PROFONDITÀ

Da 4.000 a 6.000 m	Da 0 a -100 m
Da 3.000 a 4.000 m	Da -100 a -200 m
Da 2.000 a 3.000 m	Da -200 a -1.000 m
Da 1.000 a 2.000 m	Da -1.000 a -2.000 m
Da 500 a 1.000 m	Da -2.000 a -3.000 m
Da 200 a 500 m	Da -3.000 a -4.000 m
Da 0 a 200 m	

L'**Italia** è una penisola dell'Europa meridionale che si estende nel Mar Mediterraneo.

1 Le **Alpi** sono la catena montuosa più importante dell'Italia e dell'Europa. Qui si trovano le montagne più alte d'Europa. La montagna più alta è il **Monte Bianco** (4.810 m).

2 La lunga catena degli **Appennini** (1.100 chilometri) attraversa il paese da nord a sud. Si tratta di montagne più antiche delle Alpi, quindi meno alte.

3 In Italia ci sono numerosi fiumi ma sono di breve lunghezza. Il fiume più lungo è il **Po** (652 chilometri) che nasce sulle Alpi Occidentali, attraversa tutta la **Pianura Padana** e sfocia nel Mar Adriatico.

4 L'Italia comprende anche **due grandi isole**: la **Sardegna** e la **Sicilia**. La Sicilia è la più grande isola del Mediterraneo.

Roma ● Capitale di Stato

Napoli ◎ Capoluogo di Regione

Vicenza ○ Capoluogo di Provincia

L'Italia come Stato indipendente e unitario nasce nel **1.861** (**Regno d'Italia**). Dopo la Seconda Guerra Mondiale l'Italia diventa una **Repubblica** (**1.946**).
L'Italia è divisa in 20 regioni.

1 L'Italia confina a nord con Francia, Svizzera, Austria e Slovenia.

2 All'interno dell'Italia ci sono due minuscoli **Stati stranieri**: uno è la Repubblica di San Marino, riesci a individuare l'altro Stato?

3 La capitale d'Italia è **Roma**, nel Lazio. A Roma ci sono gli organi del potere politico: il **Parlamento**, dove i rappresentanti del popolo votano le leggi, il **Governo**, che ha il compito di attuare le leggi, e il **presidente della Repubblica**, il capo dello Stato.

4 La Sicilia è una regione a **statuto speciale**, cioè ha maggiore autonomia rispetto alle altre regioni.
Oltre alla Sicilia anche Valle d'Aosta, Trentino-Alto Adige, Friuli-Venezia Giulia e Sardegna sono regioni a statuto speciale.

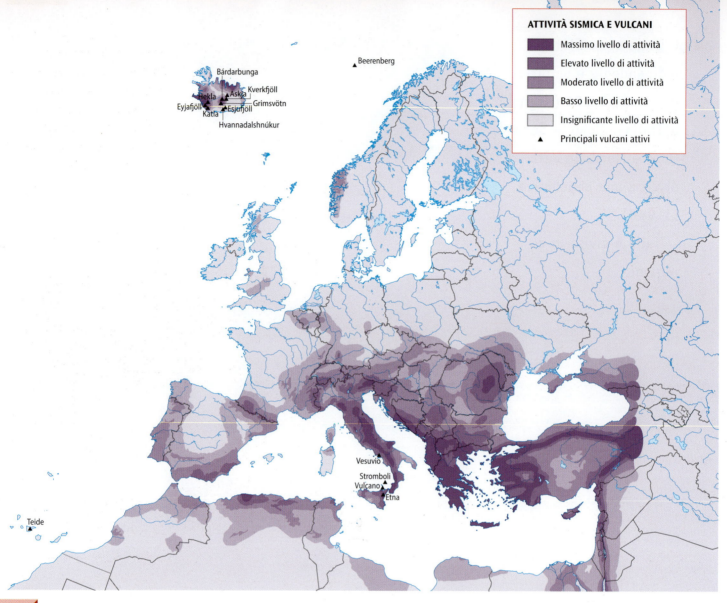

Bárdarbunga
Kverkfjöll
Askja
Hekla
Grimsvötn
Eyjafjöll
Esjufjöll
Katla
Hvannadalshnúkur

Beerenberg

Vesuvio
Stromboli
Vulcano
Etna

Teide

ATTIVITÀ SISMICA E VULCANI

- Massimo livello di attività
- Elevato livello di attività
- Moderato livello di attività
- Basso livello di attività
- Insignificante livello di attività
- ▲ Principali vulcani attivi

RICORDA CHE:

- La **crosta terrestre** è uno strato profondo dai 5 ai 35 chilometri che forma la superficie del pianeta, dal fondo degli oceani alle vette delle montagne.

- La crosta terrestre è divisa in blocchi detti **placche** o zolle, separati da lunghissime **spaccature**, lungo le quali si formano i **vulcani**; queste placche sono in continuo movimento (galleggiano sul magma che si trova all'interno della Terra) e sono responsabili dei **terremoti**.

- Un **terremoto** (o sisma) è una improvvisa vibrazione della crosta terrestre provocata dallo scontro tra le placche; a seconda dell'intensità un terremoto può produrre anche modificazioni del paesaggio e grandi distruzioni.

- Un **vulcano** è una profonda spaccatura nella crosta terrestre da cui esce il magma sotto forma di lava, ceneri e gas. La fuoriuscita di magma da un vulcano si chiama **eruzione**.

1 Le zone con il maggior numero di **terremoti** sono evidenziate sulla carta con il **colore più scuro**. Come puoi osservare si trovano ai bordi dei due continenti (Europa e Africa), dove si scontrano la placca eurasiatica e la placca africana (vedi pagina 14).

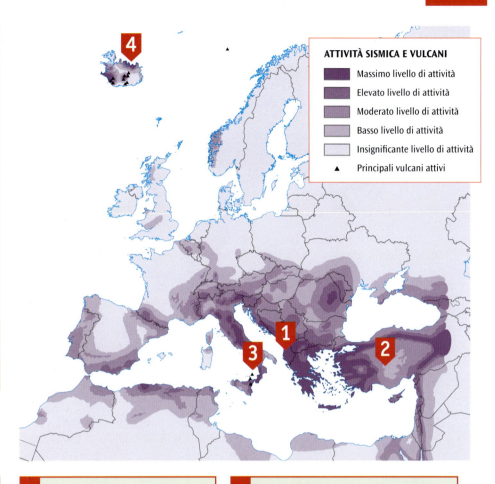

ATTIVITÀ SISMICA E VULCANI

Massimo livello di attività
Elevato livello di attività
Moderato livello di attività
Basso livello di attività
Insignificante livello di attività
▲ Principali vulcani attivi

2 Nel **2011** un forte terremoto ha colpito la **Turchia**, provocando 604 vittime e oltre 4.000 feriti.
Il potente terremoto si verificò a 16 chilometri di profondità.

3 I **vulcani** sono segnalati sulla carta da **piccoli triangoli neri**.
Come puoi osservare alcuni si trovano nel **sud dell'Italia**, proprio sulla linea di scontro tra le placche eurasiatica e africana.

4 L'**Islanda** è un'isola di **origine vulcanica** ed è una delle terre più giovani del pianeta; ha circa **300 vulcani** di cui 30 ancora attivi. Nel **2.010** una **violenta eruzione** di un vulcano islandese ha prodotto una densa colonna di fumo e ceneri che è arrivata in Francia.

ITALIA: AREE SISMICHE

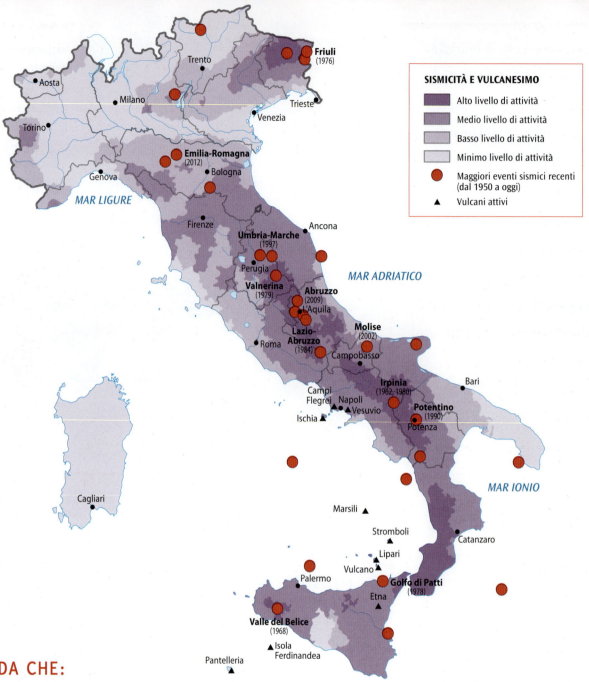

SISMICITÀ E VULCANESIMO

- Alto livello di attività
- Medio livello di attività
- Basso livello di attività
- Minimo livello di attività
- ● Maggiori eventi sismici recenti (dal 1950 a oggi)
- ▲ Vulcani attivi

Aosta · Milano · Torino · Trento · Trieste · Venezia

Friuli (1976)

Emilia-Romagna (2012) · Bologna · Genova

MAR LIGURE

Firenze · Ancona

Umbria-Marche (1997) · Perugia

Valnerina (1979)

Abruzzo (2009) L'Aquila

MAR ADRIATICO

Lazio-Abruzzo (1984) · Roma

Molise (2002) · Campobasso

Irpinia (1962, 1980) · Bari

Campi Flegrei · Napoli ▲ Vesuvio

Ischia ▲

Potentino (1990) · Potenza

Cagliari

MAR IONIO

Marsili ▲

Stromboli ▲

Lipari ▲

Vulcano ▲

Catanzaro

Palermo

Golfo di Patti (1978)

Etna ▲

Valle del Belice (1968)

▲ Isola Ferdinandea

Pantelleria ▲

RICORDA CHE:

- L'Italia è un Paese a **elevato rischio sismico** perché si trova vicino alla linea di frattura tra la zolla africana e la zolla euroasiatica.

- I terremoti che negli ultimi anni hanno provocato maggiori vittime e danni sono stati quello dell'**Aquila** nel 2009 (oltre 300 morti) e quello dell'**Emilia-Romagna** nel 2012, che ha danneggiato molti edifici e provocato decine di vittime.

- In Italia esistono almeno **dieci vulcani attivi** (che hanno dato manifestazioni negli ultimi 10.000 anni), concentrati nelle coste della Campania e in Sicilia. Solo l'Etna e lo Stromboli hanno un'attività continua, ma tutti questi vulcani possono, in tempi brevi o medi, produrre eruzioni.

1 Nella carta le zone sismiche (a rischio di terremoti) sono indicate da tre gradazioni diverse di viola. Il colore più chiaro indica che il pericolo dei terremoti è **basso**, per esempio in **Pianura Padana** e in buona parte delle **Alpi**; i colori più scuri indicano invece che il rischio è **medio** o **elevato**, per esempio lungo la catena degli **Appennini**. In quale regione il pericolo di terremoti è quasi nullo?

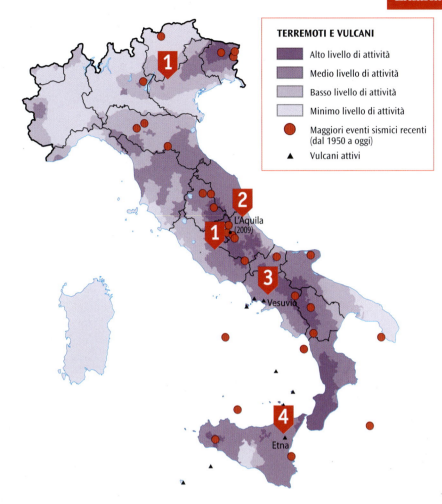

TERREMOTI E VULCANI

- Alto livello di attività
- Medio livello di attività
- Basso livello di attività
- Minimo livello di attività
- Maggiori eventi sismici recenti (dal 1950 a oggi)
- ▲ Vulcani attivi

L'Aquila (2009)

Vesuvio

Etna

2 I pallini rossi indicano i maggiori terremoti che si sono verificati in Italia dal 1950 a oggi. Nel **2009** un forte **terremoto** ha distrutto la storica città dell'**Aquila** (capoluogo dell'Abruzzo) e provocato oltre 300 morti. Qual è il rischio di terremoti in Abruzzo in base ai colori della carta? Ricordi altri terremoti che si sono verificati di recente in Italia?

3 Il **Vesuvio**, in Campania, è un vulcano **esplosivo**: rimane inattivo per periodi lunghi, la lava si indurisce al suo interno e forma un tappo. Durante le eruzioni il tappo viene sbriciolato da **esplosioni violente**. Nella storia si ricorda l'eruzione del Vesuvio del **79 d.C.**, quando fu distrutta la città di **Pompei**.

4 L'**Etna** è il vulcano attivo **più grande d'Italia e d'Europa**, è di tipo **effusivo**, cioè il magma fuoriesce dal cratere e forma fiumi di lava (roccia fusa). Le **esplosioni** sono **rare e non particolarmente violente**.

EUROPA: AREE PROTETTE

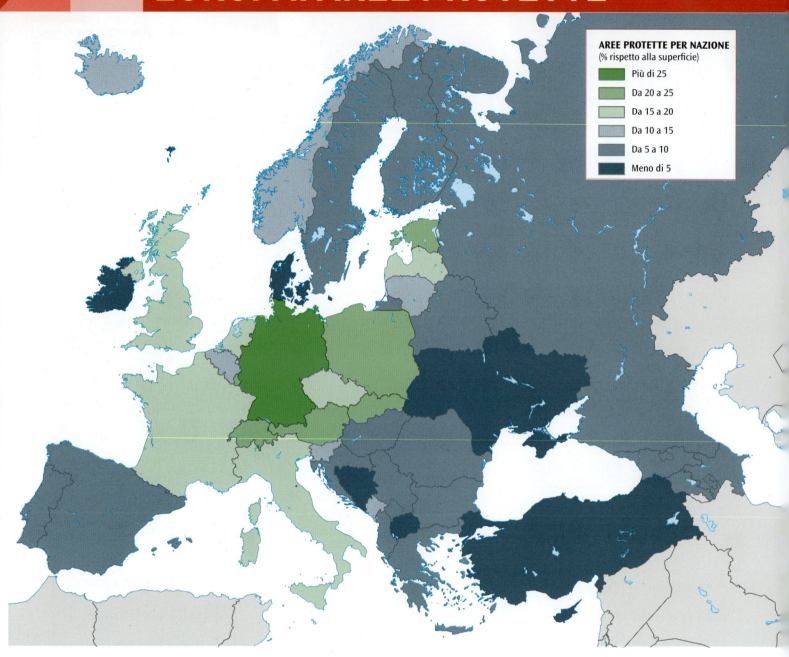

AREE PROTETTE PER NAZIONE
(% rispetto alla superficie)

- Più di 25
- Da 20 a 25
- Da 15 a 20
- Da 10 a 15
- Da 5 a 10
- Meno di 5

RICORDA CHE:

- Le **aree protette** sono parti del territorio di un Paese che, per la particolarità dei loro paesaggi e la ricchezza e varietà delle piante e degli animali che le abitano, sono **tutelate dalle istituzioni** (Stato, Regioni, ecc.) ma anche da **associazioni private** (istituti di ricerca, di beneficenza, ecc).

- Proteggere un'area significa che **molte attività che potrebbero danneggiare l'ambiente e i suoi**

habitat, come la caccia e la pesca oppure la costruzione di edifici, **sono proibite o limitate.**

- Un **habitat** è l'insieme delle condizioni ambientali in cui vive una particolare specie vegetale o animale.

- L'Europa è il continente che possiede il maggior numero di aree protette (oltre **140.000**).

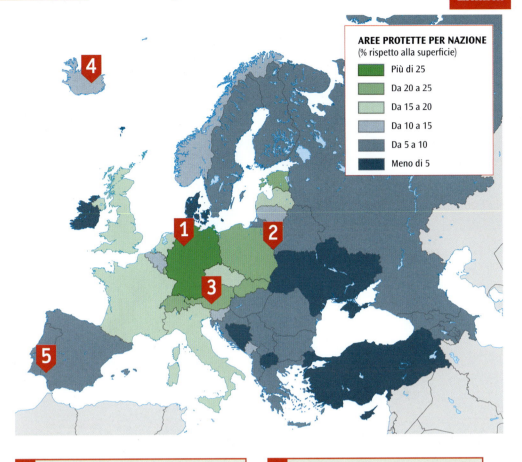

AREE PROTETTE PER NAZIONE
(% rispetto alla superficie)

- Più di 25
- Da 20 a 25
- Da 15 a 20
- Da 10 a 15
- Da 5 a 10
- Meno di 5

1 La **Germania** è il Paese con la percentuale di territorio protetto più alta (oltre il 25%). La Germania possiede **15 parchi nazionali** che comprendono anche due grandi aree marine collocate nel **Mare del Nord** e nel **Mar Baltico**.

2 Tra **Polonia** e **Bielorussia** si trova il **parco naturale più antico** d'Europa: una grande foresta protetta da più di **500 anni**. In questo parco vivono i rari bisonti europei.

4 In **Islanda** si trova il parco naturale più grande d'Europa. Il parco occupa il **12% dell'isola** e contiene: vulcani, geyser (spruzzi di acqua bollente che escono dal terreno) e grotte scavate nei ghiacciai dalla lava.

5 Il Parco Nazionale della **Doñana**, in **Spagna**, è famoso per i moltissimi uccelli che ci abitano durante le migrazioni stagionali: uccelli acquatici che arrivano dall'Europa del Nord per passare qui la stagione fredda.

3 Il Parco Nazionale degli **Alti Tauri**, in Austria, ospita tutti i tipi di paesaggio alpino.

ITALIA: AREE PROTETTE

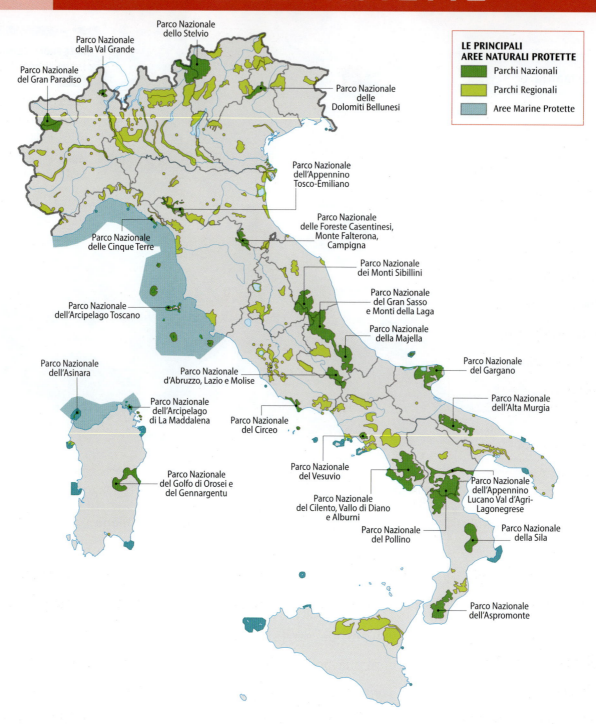

LE PRINCIPALI AREE NATURALI PROTETTE
- Parchi Nazionali
- Parchi Regionali
- Aree Marine Protette

Parco Nazionale dello Stelvio
Parco Nazionale della Val Grande
Parco Nazionale del Gran Paradiso
Parco Nazionale delle Dolomiti Bellunesi
Parco Nazionale dell'Appennino Tosco-Emiliano
Parco Nazionale delle Cinque Terre
Parco Nazionale delle Foreste Casentinesi, Monte Falterona, Campigna
Parco Nazionale dei Monti Sibillini
Parco Nazionale del Gran Sasso e Monti della Laga
Parco Nazionale della Majella
Parco Nazionale dell'Arcipelago Toscano
Parco Nazionale del Gargano
Parco Nazionale dell'Asinara
Parco Nazionale d'Abruzzo, Lazio e Molise
Parco Nazionale dell'Alta Murgia
Parco Nazionale dell'Arcipelago di La Maddalena
Parco Nazionale del Circeo
Parco Nazionale del Vesuvio
Parco Nazionale dell'Appennino Lucano Val d'Agri-Lagonegrese
Parco Nazionale del Golfo di Orosei e del Gennargentu
Parco Nazionale del Cilento, Vallo di Diano e Alburni
Parco Nazionale del Pollino
Parco Nazionale della Sila
Parco Nazionale dell'Aspromonte

RICORDA CHE:

- L'Italia è il Paese europeo che conta il maggior numero di specie di piante e animali.
  Solo quelle animali sono **58.000**, e molti degli **habitat** in cui questi animali vivono si trovano nei **parchi nazionali** e nelle **aree protette**.

- I **parchi nazionali italiani sono 24** e coprono circa il 5% dell'intero territorio (pari a oltre 15.000 km²).

- In Italia ci sono anche **152** parchi regionali, **30** aree marine protette, **147** riserve statali, **418** riserve regionali e quasi un migliaio di altre zone protette.

LE PRINCIPALI AREE NATURALI PROTETTE
- Parchi Nazionali
- Parchi Regionali
- Aree Marine Protette

1 Il parco nazionale più antico d'Italia è il **Gran Paradiso** in **Valle d'Aosta**. Nel Parco del Gran Paradiso ci sono paesaggi alpini incontaminati (puri) dove vivono molti animali: marmotte, camosci e stambecchi.

2 Il parco nazionale più grande d'Italia è il **Parco del Pollino**, tra **Basilicata** e **Calabria**. Nel Parco del Pollino ci sono molti **paesaggi diversi** e numerose specie vegetali, come il **pino loricato**, e animali, come l'**aquila reale** e il **capriolo**.

3 La regione che ha la maggiore percentuale di superficie protetta è l'**Abruzzo** (**più del 28%**). Qui si trova il **Parco Nazionale d'Abruzzo**. È un'area naturale molto grande dove si trovano anche **lupi** e **orsi**. In quali regioni ci sono meno parchi nazionali e regionali?

4 Il parco nazionale dell'**Arcipelago Toscano** è il più grande parco marino d'Europa. Ricordi qual è la maggiore (più grande) isola di questo arcipelago?

RICORDA CHE:

- L'Europa è meta di importanti **flussi migratori**, sia **interni** (cittadini che si spostano da un Paese all'altro dell'Europa) che **extraeuropei** (cittadini che si spostano da altri continenti verso l'Europa); infatti ogni anno moltissimi stranieri, provenienti dall'**Africa**, dall'**Asia** e dall'**America Latina**, arrivano nei Paesi europei più sviluppati,

alla ricerca di lavoro o per migliorare le loro condizioni di vita.

- Le persone abbandonano i loro Paesi di origine per motivi diversi: per fuggire da situazioni di **guerra**, di **persecuzione** (per motivi religiosi, politici o razziali), di **calamità naturali** (situazioni di grave siccità).

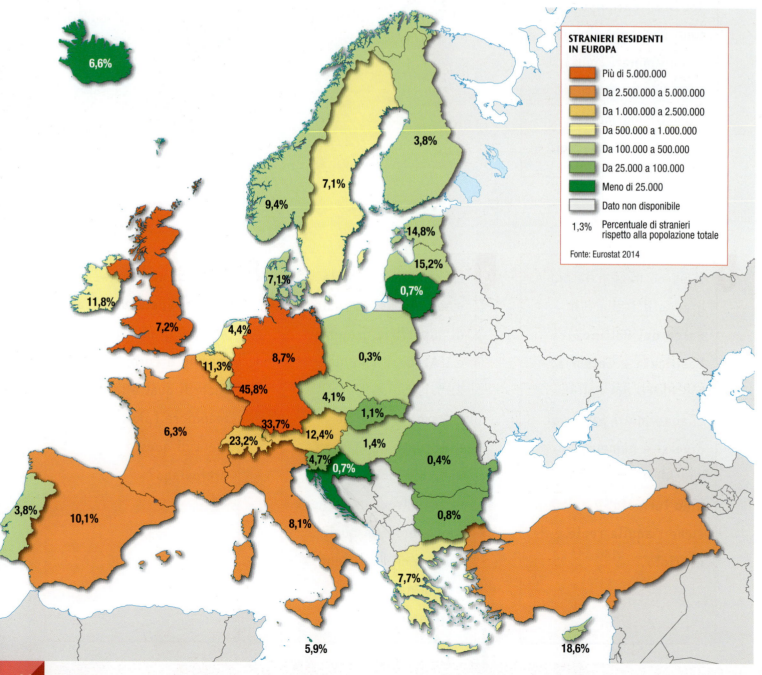

STRANIERI RESIDENTI IN EUROPA

- Più di 5.000.000
- Da 2.500.000 a 5.000.000
- Da 1.000.000 a 2.500.000
- Da 500.000 a 1.000.000
- Da 100.000 a 500.000
- Da 25.000 a 100.000
- Meno di 25.000
- Dato non disponibile

1,3% Percentuale di stranieri rispetto alla popolazione totale

Fonte: Eurostat 2014

1 La **Germania** è uno dei Paesi europei con il **maggior numero di cittadini stranieri**. La Germania è un Paese ricco e attira per questo molti immigrati (persone che lasciano il Paese di origine per trasferirsi all'estero). In Germania i cittadini stranieri sono l'**8,7**% della popolazione.

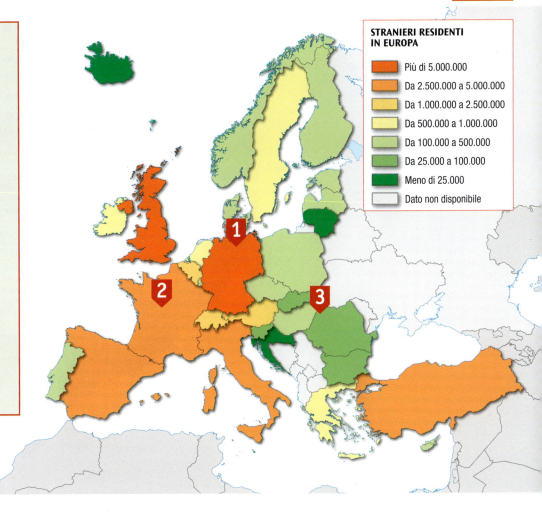

STRANIERI RESIDENTI IN EUROPA

- Più di 5.000.000
- Da 2.500.000 a 5.000.000
- Da 1.000.000 a 2.500.000
- Da 500.000 a 1.000.000
- Da 100.000 a 500.000
- Da 25.000 a 100.000
- Meno di 25.000
- Dato non disponibile

2 Un alto numero di cittadini stranieri è presente anche nei **Paesi del Mediterraneo:** Spagna, Francia e Italia (vai a pagina 24). La **Spagna** è la meta di molte persone provenienti dal Nord Africa (soprattutto dal vicino Marocco); in **Francia** ci sono molte persone che arrivano dalle ex-colonie nordafricane come l'Algeria.

3 I Paesi con un **basso numero di cittadini stranieri** si trovano soprattutto nell'**Europa dell'Est**. In questi Paesi infatti c'è un'economia ancora poco sviluppata e molta povertà.

ITALIA: STRANIERI RESIDENTI

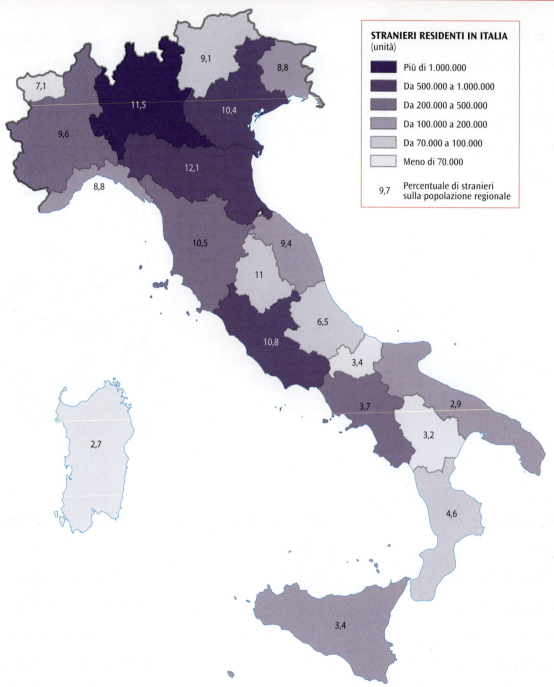

STRANIERI RESIDENTI IN ITALIA
(unità)

- Più di 1.000.000
- Da 500.000 a 1.000.000
- Da 200.000 a 500.000
- Da 100.000 a 200.000
- Da 70.000 a 100.000
- Meno di 70.000

9,7   Percentuale di stranieri sulla popolazione regionale

RICORDA CHE:

- L'Italia in **passato** è stata **terra di emigrazione**. Dal **1880** al **1915**, **15 milioni di italiani** hanno lasciato il Paese diretti verso altri Paesi europei o verso le Americhe (in un primo momento **Brasile** e **Argentina**, poi gli **Stati Uniti**).

- Oggi l'Italia è diventata **terra di immigrazione: oltre 5 milioni di stranieri** infatti vivono nel nostro Paese. Gli immigrati che risiedono in Italia provengono per la maggior parte da: Romania, Albania, Marocco, Cina, Ucraina.

Gli **stranieri residenti in Italia** al 1° gennaio 2.015 sono 5.014.437 e rappresentano l'**8,1%** **della popolazione** residente (che vive in Italia).

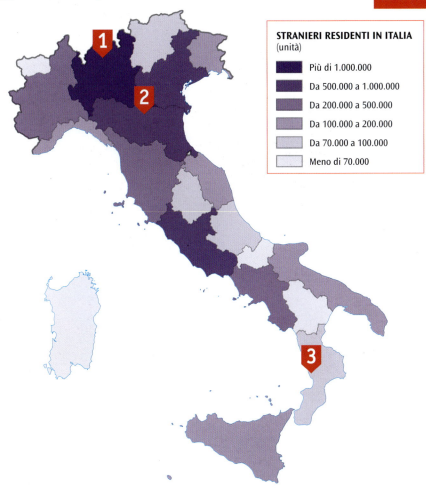

STRANIERI RESIDENTI IN ITALIA (unità)

- Più di 1.000.000
- Da 500.000 a 1.000.000
- Da 200.000 a 500.000
- Da 100.000 a 200.000
- Da 70.000 a 100.000
- Meno di 70.000

1 La **Lombardia** ospita il maggior numero di cittadini stranieri (oltre **1.000.000**). Gli stranieri rappresentano l'**11,5%** della popolazione residente in Lombardia. La comunità straniera più numerosa è quella proveniente dalla **Romania** (13,9% di tutti gli stranieri presenti sul territorio) seguita dal **Marocco** (9,1%) e dall'**Albania** (9,0%).

2 In **alcune regioni del Nord** (per esempio la Lombardia, il Veneto e l'Emilia-Romagna) il rapporto tra cittadini stranieri e cittadini italiani supera il **10%**. Queste regioni attirano molti immigrati perché **sono le regioni più ricche del Paese.**

3 Le **regioni del Sud** hanno un numero molto minore di cittadini stranieri: sia come numero assoluto, sia in rapporto alla popolazione italiana. Ad esempio: gli stranieri residenti in Calabria sono circa **90.000** e i cittadini stranieri rappresentano il 4,6% della popolazione residente (che vive in Calabria). Queste regioni attirano molti meno immigrati perché **hanno un'economia meno sviluppata delle regioni del Nord.**

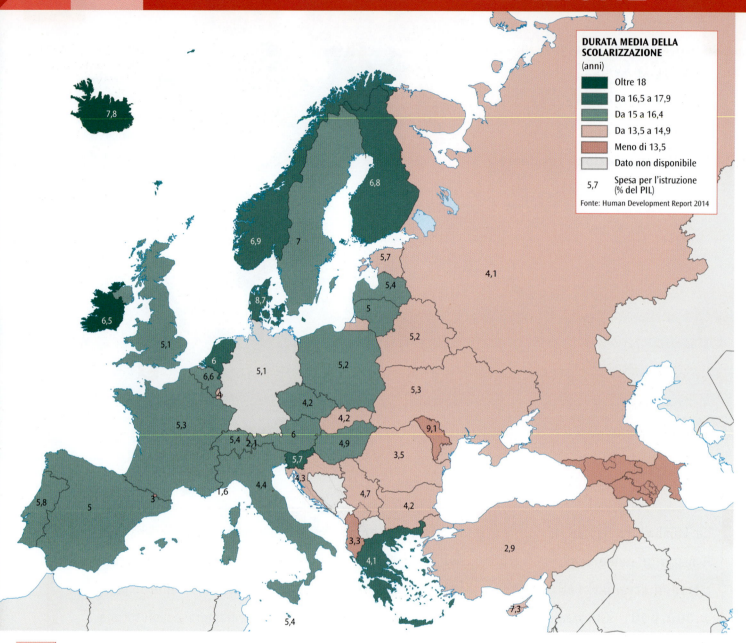

DURATA MEDIA DELLA SCOLARIZZAZIONE
(anni)

- Oltre 18
- Da 16,5 a 17,9
- Da 15 a 16,4
- Da 13,5 a 14,9
- Meno di 13,5
- Dato non disponibile

5,7 Spesa per l'istruzione (% del PIL)

Fonte: Human Development Report 2014

RICORDA CHE:

- Lo sviluppo economico e sociale di un Paese può essere misurato attraverso il **livello di istruzione** della sua popolazione, infatti i Paesi che spendono di più nell'istruzione sono anche i Paesi più avanzati del mondo.

- Il livello di istruzione della popolazione dipende da quanti anni i ragazzi passano sui banchi di scuola (**durata della scolarizzazione**). La durata media della scolarizzazione in Europa è elevata, ma presenta sensibili differenze da Paese a Paese.

- La **spesa per l'istruzione** in percentuale del **PIL** è la parte di ricchezza nazionale che viene dedicata all'istruzione pubblica (scuola e università).

- Il **Prodotto Interno Lordo (PIL)** misura la ricchezza prodotta da un Paese in un anno, cioè il valore di tutti i beni e servizi prodotti da tutti i settori dell'economia.

1 In **Irlanda** i ragazzi vanno a scuola in media fino a **18 anni** e anche oltre.

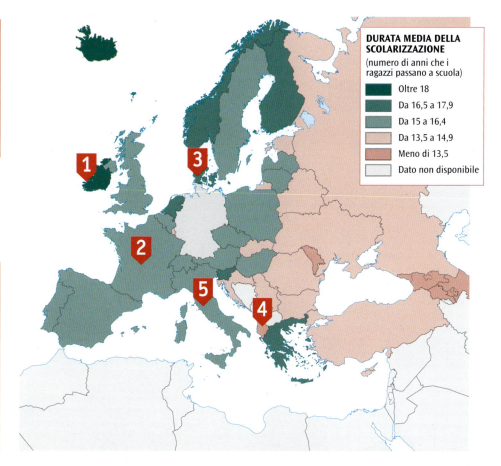

DURATA MEDIA DELLA SCOLARIZZAZIONE
(numero di anni che i ragazzi passano a scuola)

- Oltre 18
- Da 16,5 a 17,9
- Da 15 a 16,4
- Da 13,5 a 14,9
- Meno di 13,5
- Dato non disponibile

2 In **Francia** e nella maggior parte dei Paesi dell'Europa occidentale, i ragazzi vanno a scuola in media fino a **15 o 16 anni**.

3 La **Moldavia** e la **Danimarca** sono i Paesi che spendono di più per la scuola. La Danimarca spende più dell'**8%** del PIL (Prodotto Interno Lordo). La Moldavia spende più del **9%** del PIL.
Il PIL è tutta la ricchezza prodotta dal Paese in un anno.

4 L'**Albania** è tra i Paesi che spendono di meno per la scuola: il **3,3%** del Prodotto Interno Lordo.
I ragazzi albanesi vanno a scuola in media per **meno di 11 anni**.

5 L'**Italia** investe solo il **4,4%** del Prodotto Interno Lordo per l'istruzione.
L'Italia è al ventunesimo posto nella classifica dei Paesi europei.

EUROPA: INGRESSI TURISTICI

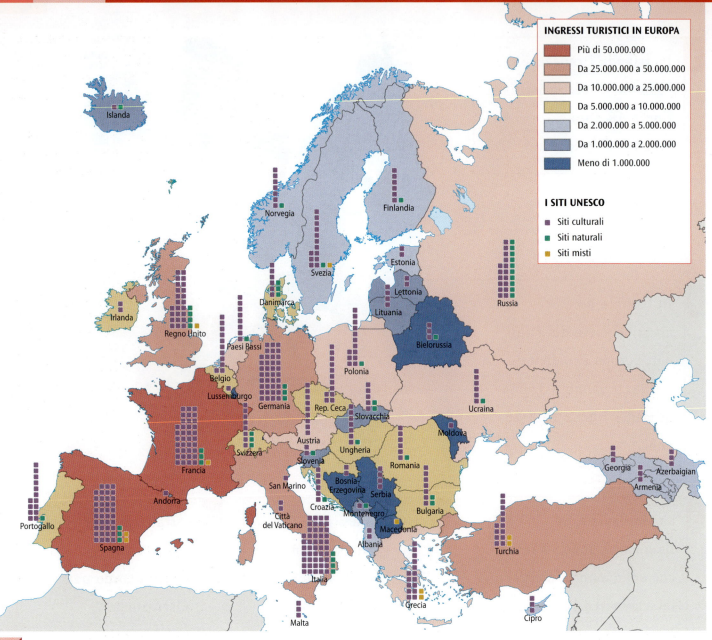

INGRESSI TURISTICI IN EUROPA

- Più di 50.000.000
- Da 25.000.000 a 50.000.000
- Da 10.000.000 a 25.000.000
- Da 5.000.000 a 10.000.000
- Da 2.000.000 a 5.000.000
- Da 1.000.000 a 2.000.000
- Meno di 1.000.000

I SITI UNESCO

- ■ Siti culturali
- ■ Siti naturali
- ■ Siti misti

RICORDA CHE:

- Un turista è una persona che viaggia in luoghi diversi da quello in cui vive abitualmente, per svago, per interesse personale, per istruzione e così via.

- I turisti sono attratti dall'Europa per il **clima mite**, gli **ambienti naturali** (dalla montagna al mare), per la **buona cucina** e i **vini pregiati**; ma soprattutto per i **monumenti**, le **opere d'arte** e le **città storiche**.

- Molte città e luoghi europei sono dichiarati **Patrimonio dell'Umanità** dall'UNESCO. L'UNESCO è l'Organizzazione delle Nazioni Unite per l'Educazione, la Scienza e la Cultura. Dal **1972** nomina i siti (luoghi) Patrimonio Mondiale dell'Umanità, luoghi di tutto il mondo che, per il loro particolare valore culturale o naturalistico, meritano speciali forme di riconoscimento e protezione (vedi anche pagina 30).

L'Europa è il **continente più visitato** dai turisti di tutto il mondo. Ci sono molte differenze tra Paese e Paese, come indicato dai colori della carta.

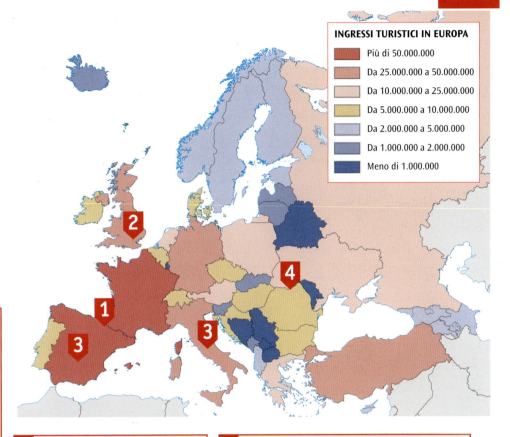

INGRESSI TURISTICI IN EUROPA

- Più di 50.000.000
- Da 25.000.000 a 50.000.000
- Da 10.000.000 a 25.000.000
- Da 5.000.000 a 10.000.000
- Da 2.000.000 a 5.000.000
- Da 1.000.000 a 2.000.000
- Meno di 1.000.000

1 La **Francia** e la **Spagna** hanno il maggior numero di turisti (più di 50 milioni ogni anno). La Francia, con 77 milioni di visitatori, è il Paese più visitato al mondo.

2 **Londra** è la città europea più visitata: ogni anno accoglie 15 milioni di turisti.

3 La **Spagna** e l'**Italia** hanno il maggior numero di siti culturali e naturali dichiarati Patrimonio Mondiale dell'Umanità.

4 Il turismo è meno sviluppato nei **Paesi dell'Europa orientale**. In queste aree ci sono meno strutture per accogliere i turisti (alberghi, case vacanza) e anche meno vie di comunicazione (strade, ferrovie, aeroporti).

ITALIA: INGRESSI TURISTICI

ARRIVI TURISTICI IN ITALIA

- Più di 10.000.000
- Da 5.000.000 a 10.000.000
- Da 2.500.000 a 5.000.000
- Da 1.000.000 a 2.500.000
- Meno di 1.000.000

PRINCIPALI LOCALITÀ TURISTICHE

- ● Località balneari
- ● Località montane
- ● Località termali
- ● Località artistiche
- ● Località archeologiche

MAR LIGURE

MAR ADRIATICO

MAR TIRRENO

MAR IONIO

MAR MEDITERRANEO

Courmayeur, Madonna di Campiglio, Selva di Val Gardena, Dobbiaco, Madesimo, Livigno, Vipiteno, Bolzano, Cortina d'Ampezzo, Tarvisio, Verbania, Aprica, Moena, Stresa, Trento, Levico Terme, Udine, Aosta, Gressoney, Como, Lecco, Boario, Riva del Garda, Grado, Sauze d'Oulx, Milano, Bergamo, Sirmione, Padova, Jesolo, Trieste, Torino, Salice Terme, Pavia, Verona, Abano Terme, Venezia, Lignano Sabbiadoro, Sestriere, Acqui Terme, Salsomaggiore Terme, Parma, Ferrara, Lidi Ferraresi, Limone Piemonte, Varazze, Genova, Bologna, Ravenna, Cesenatico, Alassio, Cinque Terre, Forte dei Marmi, Montecatini Terme, Rimini, Riccione, Pesaro, Sanremo, Viareggio, Lucca, Firenze, Senigallia, Ancona, Santa Margherita Ligure/Portofino, Pisa, Volterra, Urbino, Livorno, Siena, Perugia, Camerino, Porto San Giorgio, Follonica, Chianciano Terme, Assisi, San Benedetto del Tronto, Isola d'Elba, Castiglione della Pescaia, Orvieto, Spoleto, Alba Adriatica, Silvi, Porto Santo Stefano, Tuscania, L'Aquila, Pescara, Terminillo, Tarquinia, Caramanico Terme, Vieste, Roma, Fiuggi, Roccaraso, Monte Sant'Angelo, Ostia, Formia, Trani, Bari, Gaeta, Napoli, Fasano, Ostuni, Ponza, Pompei, Amalfi, Matera, Brindisi, Ischia, Capri, Paestum, Taranto, Metaponto, Otranto, Sorrento, Camerota, Crotone, Santa Teresa di Gallura, La Maddalena, Arzachena, Olbia, Alghero, Tropea, Barumini, Arbatax, Lipari, Messina, Egadi, Palermo, Cefalù, Reggio di Calabria, Segesta, Taormina, Selinunte, Sciacca, Catania, Agrigento, Siracusa, Pantelleria, Sant'Antioco, Cagliari

RICORDA CHE:

- L'Italia è al **quinto posto** nella classifica dei Paesi più visitati al mondo dai turisti. I turisti sono attratti dalle città, dalle opere d'arte, dalle località di mare e di montagna.

- L'Italia inoltre è il Paese che ha il maggior numero di luoghi dichiarati Patrimonio Mondiale dell'Umanità dall'UNESCO (vedi pagina 28).

Ogni anno quasi **50 milioni di turisti stranieri** visitano l'Italia.
I siti Patrimonio Mondiale dell'Umanità in Italia sono attualmente 51: 47 sono siti culturali e 4 sono siti naturali.

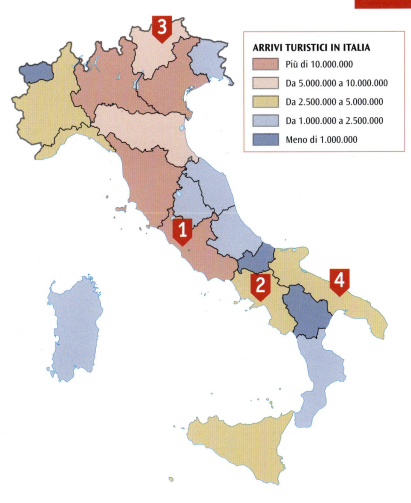

ARRIVI TURISTICI IN ITALIA
- Più di 10.000.000
- Da 5.000.000 a 10.000.000
- Da 2.500.000 a 5.000.000
- Da 1.000.000 a 2.500.000
- Meno di 1.000.000

1 **Roma** è la città di interesse artistico più visitata d'Italia.
La città è ricca di siti e musei archeologici e di monumenti e opere d'arte del Rinascimento e del Barocco.
Il centro storico di Roma è Patrimonio dell'Umanità dal **1.980**.

2 Il sito dell'antica città romana di **Pompei** è visitato ogni anno da quasi 3 milioni di persone. Pompei è Patrimonio dell'Umanità dal **1.989**.

3 Uno dei luoghi più visitati dai turisti sono le **Dolomiti**: un gruppo di montagne delle Alpi Orientali.
Le Dolomiti sono Patrimonio dell'Umanità dal **2.009**.

4 In **Puglia** negli ultimi anni è molto cresciuto il turismo sia al **mare** sia nelle **città d'arte**. I luoghi Patrimonio dell'Umanità sono Castel del Monte, Monte Sant'Angelo e i Trulli di Alberobello. Nella tua regione esistono luoghi o tradizioni dichiarati Patrimonio dell'Umanità?

EUROPA: VIE DI COMUNICAZIONE

RICORDA CHE:

- Il territorio europeo è attraversato da moltissime e diverse vie di comunicazione utilizzate per trasportare **persone** e **merci**.

- Queste vie di comunicazione possono essere **terrestri** (utilizzano veicoli su gomma e treni), **aeree** e **marittime**.

- L'Europa è il continente che ha la rete di trasporti più fitta del mondo.

1 La **rete stradale** è molto fitta soprattutto nell'**Europa centrale e settentrionale** perché ci sono i Paesi europei con l'economia più sviluppata.

VIE DI COMUNICAZIONE IN EUROPA

—— Autostrade

········ Principali rotte marittime

🛫 Aeroporti principali

⚓ Porti principali

2 Molte **merci** vengono spostate **via mare**, attraverso i molti porti. Il porto più importante d'Europa è il porto di **Rotterdam**.

3 Le **persone** si spostano soprattutto con gli **aerei**. L'aeroporto più importante d'Europa è quello di **Heathrow**, alla periferia di Londra (Regno Unito).

4 L'aeroporto di **Francoforte** (Germania) è l'aeroporto europeo più importante per il trasporto aereo delle **merci**.

ITALIA: VIE DI COMUNICAZIONE

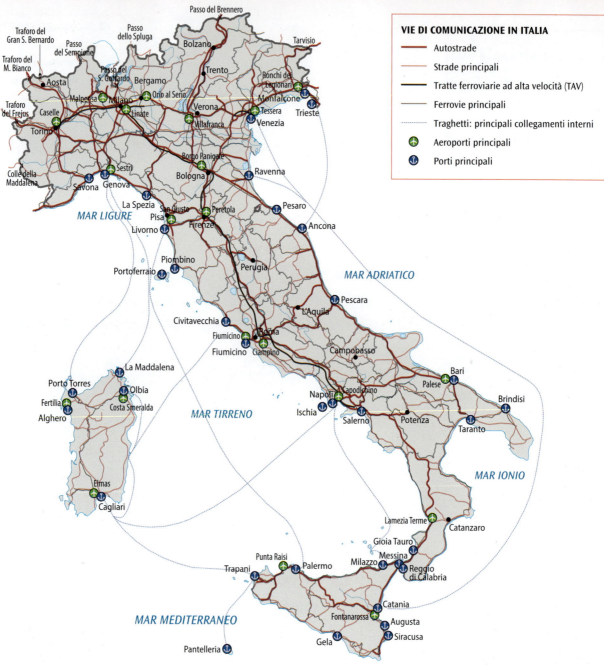

VIE DI COMUNICAZIONE IN ITALIA
- Autostrade
- Strade principali
- Tratte ferroviarie ad alta velocità (TAV)
- Ferrovie principali
- Traghetti: principali collegamenti interni
- Aeroporti principali
- Porti principali

RICORDA CHE:

- L'Italia, nonostante il suo territorio prevalentemente montuoso, ha sviluppato una **rete stradale** e **ferroviaria** tra le migliori d'Europa.

- Negli ultimi decenni si sono molto sviluppate le **ferrovie ad alta velocità**: linee ferroviarie appositamente costruite o adeguate per permettere la circolazione di treni che raggiungono velocità molto elevate (oltre i 250 chilometri orari).

- L'Italia è circondata dal mare (circa 7.500 chilometri di costa), è quindi molto sviluppato il **traffico marittimo**, con molte navi che trasportano **passeggeri** e **merci**.

- Negli ultimi anni sono cresciuti molto anche i **collegamenti aerei**.

VIE DI COMUNICAZIONE IN ITALIA

- Autostrade
- Tratte ferroviarie ad alta velocità (TAV)
- Aeroporti principali
- Porti principali

1 Le linee rosse rappresentano le **autostrade**. In quale area del Paese la rete autostradale è più fitta?

2 I porti più importanti per il trasporto delle merci sono **Genova** e **Trieste**. Trieste è oggi il porto mercantile più importante d'Italia.

3 Le **linee ferroviarie ad alta velocità** (TAV) collegano le **città più importanti**. Quali sono le città italiane collegate dall'Alta Velocità (nella carta questa linea ferroviaria è indicata con una linea nera)? Hai mai viaggiato su un treno ad alta velocità?

4 Gli **aeroporti** più importanti sono **Roma Fiumicino** e **Milano Malpensa**. Nella tua regione quali aeroporti ci sono?

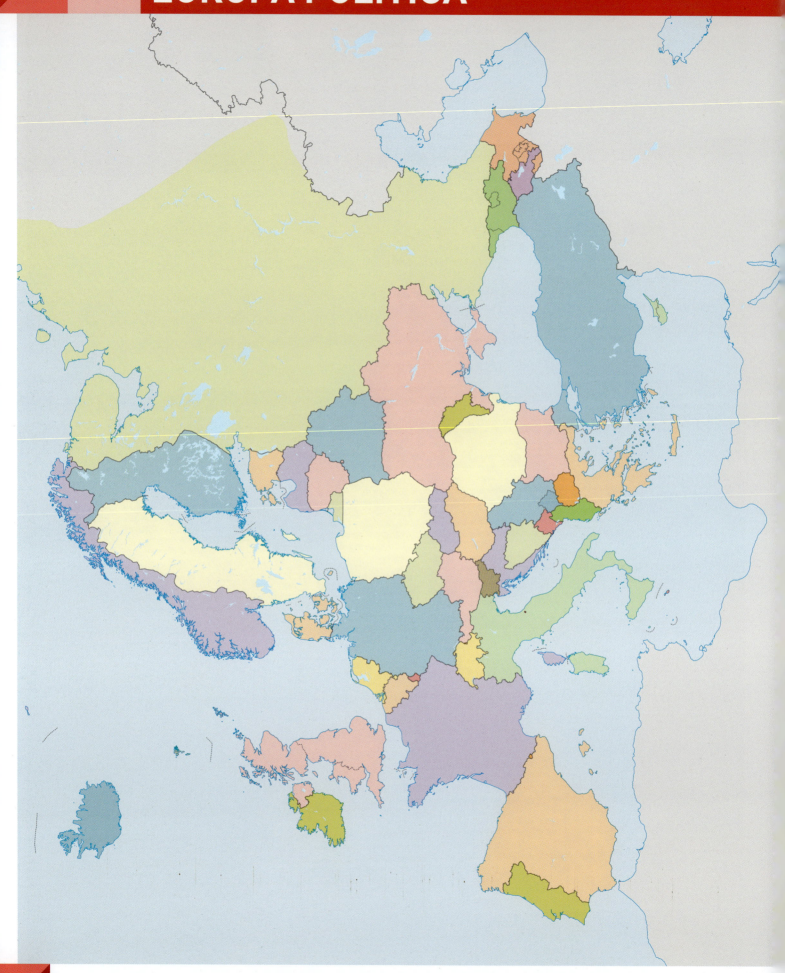

GUARDEREMO LA TERRA DA UNA MONGOLFIERA

1   Certo i fratelli Montgolfier, nati ad Annonay (Francia) verso la metà del 1700, inventori del primo aeromobile, la mongolfiera appunto, non potevano immaginare che il loro pallone, a distanza di quasi 250 anni, sarebbe diventato un mezzo adatto a fare straordinari viaggi nello spazio! Joseph e Etienne Montgolfier iniziarono a lavorare alla loro invenzione verso il 1780. Joseph,

5   il maggiore dei due fratelli, osservando i panni stesi ad asciugare sopra un fuoco, notò che si sollevavano verso l'alto.

Iniziò a pensare che dal fuoco si sprigionasse un gas con il potere di spingere gli oggetti dal basso verso l'alto. Naturalmente non era così, perché in realtà è l'aria che col calore diminuisce il suo peso specifico e tende a salire portando con sé ciò che la contiene.

10   Comunque, malgrado questo errore iniziale, gli esperimenti dei Montgolfier ebbero successo: nel dicembre del 1782 riuscirono a far sollevare da terra un cubo di seta riempito di aria calda. Quindi, costruito un aerostato molto più grande, nel giugno 1783, diedero una dimostrazione pubblica della loro invenzione che raggiunse un'altezza di quasi 2000 metri, coprendo in un quarto d'ora la distanza di circa 2 chilometri.

15   I fratelli Montgolfier ripeterono la loro impresa al cospetto della famiglia reale: nel castello di Versailles, il 19 settembre 1783, Etienne fece decollare una mongolfiera con a bordo una pecora, un'anatra e un gallo che atterrarono sani e salvi dopo 8 minuti. Fu poi la volta degli umani e, dopo molti esperimenti, il 21 novembre, il medico Rozier e il marchese d'Arlandes compirono a Parigi il primo autentico viaggio della storia.

20   Quanta strada da allora, anzi, quanto cielo e quante nuvole…!

Stampa francese del XVIII secolo che raffigura la partenza di una mongolfiera.

Già a partire dal 2016, grazie a una particolare capsula pressurizzata collegata a una mongolfiera, sarà possibile abbandonare dolcemente la Terra e salire sempre di più superando le nubi per vedere il pianeta curvarsi sullo sfondo di un cielo sempre più nero.

È l'entusiasmante avventura che promette di offrire World View Experience, una mongolfiera

25 ipertecnologica capace di trasportare otto persone fino a 30 chilometri dalla superficie terrestre in una lussuosa capsula pressurizzata. Il biglietto per godere di una simile ascesa si aggira sui 75mila dollari (circa 55mila euro).

Progettata da un'azienda di Tucson in Arizona (USA), la capsula è dotata di ogni confort: gli oblò sono stati dotati dei vetri più trasparenti mai realizzati per favorire un'ottima visione del

30 panorama. Il viaggio inizia con una dolce ascesa che in un'ora e mezzo trasporta i passeggeri fino all'altezza massima.

Arrivata in quota, la mongolfiera navigherà per circa due ore trasportata dai venti della stratosfera, permettendo ai viaggiatori di osservare l'incredibile panorama di Terra, stelle e atmosfera che circonda il Pianeta.

35 La mongolfiera tornerà poi a scendere e l'ultima fase del rientro avverrà con il distacco della capsula che, appesa al paracadute, toccherà il suolo a una distanza che può arrivare fino a 400 chilometri dal luogo del decollo, a seconda del clima e dell'intensità dei venti; un aerotaxi privato attenderà i passeggeri per ricondurli alla stazione di partenza.

Testi tratti e adattati da *Enciclopedia Utet Grandi Opere di cultura*, vol. 14, 2003 e da Airone, n. 397 Maggio 2014, "Guarderemo la Terra da una mongolfiera" di Rossana Rossi

B1. Perché i panni stesi ad asciugare sopra un fuoco si sollevano verso l'alto?

☐ A. Perché i panni bagnati sono respinti dal fuoco
☐ B. Perché l'aria col calore diminuisce di peso e sale portando con sé ciò che la contiene
☐ C. Perché il fuoco sprigiona un gas che fa sollevare i panni verso l'alto
☐ D. Perché l'aria col calore aumenta di peso e sale portando con sé ciò che la contiene

B2. Nel primo esperimento dei fratelli Montgolfier che forma aveva il modello di mongolfiera?

☐ A. Una sfera
☐ B. Un parallelepipedo
☐ C. Un esagono
☐ D. Un cubo

B3. Che cosa significa l'espressione "al cospetto"? (riga 15)

☐ A. Vicino a
☐ B. Prima di
☐ C. Davanti a
☐ D. Dietro a

B4. Che cosa si intende per "capsula pressurizzata"? (riga 21)

☐ A. Un medicinale
☐ B. Una cabina chiusa ermeticamente
☐ C. Un aereo
☐ D. Una mongolfiera

B5. In base a quello che hai letto, si può dire che solo poche persone potranno permettersi questo viaggio spaziale perché

☐ A. il costo del biglietto è molto elevato
☐ B. non tutti sono capaci a collegarsi a Internet
☐ C. la mongolfiera può trasportare solo otto persone
☐ D. non tutti sono capaci a guidare una mongolfiera

B6. Che cosa significa il termine "ascesa"? (riga 26)

☐ A. Atterraggio
☐ B. Discesa
☐ C. Viaggio
☐ D. Salita

B7. Qual è l'altezza massima che può raggiungere la mongolfiera World View Experience?

☐ A. 3 km
☐ B. 30 km
☐ C. 300 km
☐ D. 3.000 km

B8. L'espressione "Arrivata in quota" (riga 33) significa

☐ A. arrivata al confine con il cielo
☐ B. arrivata alla distanza massima dalla Terra che può raggiungere la mongolfiera
☐ C. arrivata alla stazione di partenza
☐ D. arrivata alla distanza minima dalla Terra che può raggiungere la mongolfiera

B9. Nello spazio la mongolfiera si sposterà grazie a

☐ A. i venti dell'atmosfera
☐ B. i motori della capsula
☐ C. i venti della stratosfera
☐ D. la gravità esercitata dalla Terra

B10. In base al testo, segna con una crocetta quali delle seguenti affermazioni sono vere e quali false.

	V	F
a. I fratelli Montgolfier iniziarono a lavorare alla loro invenzione verso il 1750	V	F
b. La dimostrazione per i reali di Francia avvenne al castello di Versailles	V	F
c. Il primo volo della mongolfiera con equipaggio umano avvenne nel novembre 1783	V	F
d. La mongolfiera World View Experience rimarrà nello spazio per circa due ore	V	F
e. All'atterraggio i passeggeri della World View Experience torneranno alla stazione di partenza con mezzi propri	V	F

B11. Scegli tra le seguenti frasi quale sintetizza meglio il brano che hai letto.

☐ A. La Terra può essere osservata dall'alto
☐ B. Tre animali in mongolfiera
☐ C. La mongolfiera dal 1780 al 2016
☐ D. I fratelli Montgolfier

CREATURE MITOLOGICHE DEL MAR MEDITERRANEO

1   Il Mar Mediterraneo è sicuramente uno dei luoghi più affollati da dei, demoni e mostri di ogni tipo. Qui, i rinvenimenti di ossa fossili di animali sconosciuti e di enormi dimensioni hanno dato origine alle varie credenze di mostri e creature fantasiose.

Un tipico esempio sono i Ciclopi, enormi esseri monocoli mangiatori di uomini, di cui Omero ci

5   fornisce l'agghiacciante descrizione; questi esseri mostruosi forse hanno avuto origine da leggende locali basate sul rinvenimento di animali per l'epoca misteriosi.

Infatti, in Sicilia, luogo dell'incontro di Ulisse e del ciclope Polifemo nell'Odissea, sono stati ritrovati resti di elefanti nani ed è facile capire come quell'unico foro centrale nei loro enormi crani, in realtà l'incavo nasale della proboscide, sia stato interpretato dagli antichi come l'unico occhio di una razza di

10   giganti.

Per la mitologia greca signore assoluto del Mediterraneo era Poseidone, dio degli abissi e dei terremoti. Non è un caso se Omero definisce il dio del mare «scuotiterra»: a lui si dovevano le improvvise inondazioni della costa, gli *tsunami*, che oggi sappiamo invece essere conseguenza diretta dei terremoti marini.

15   Gli Ippocampi, creature marine con il busto di cavallo e la coda di pesce che tanto spesso troviamo rappresentati nelle figurazioni antiche, erano inoltre la sua cavalcatura; ancora oggi chiamiamo "cavalloni" le onde più imponenti.

Anche le Sirene sono fra i mostri più famosi incontrati da Ulisse nel suo viaggio. Omero le descrive come esseri metà donna e metà pesce, che affascinavano i marinai col loro canto facendoli naufragare.

20   Altro spiacevole incontro di Ulisse fu quello con Scilla e Cariddi, due mostri marini che vivevano nello Stretto di Messina, divorando e inghiottendo le navi di passaggio con tutto l'equipaggio.

Scilla, placca
di terracotta,
arte greca
del V secolo a.C.

Secondo la leggenda, Cariddi era una ninfa tormentata da una continua e insaziabile voracità al punto che una volta rubò i buoi di Gerione per mangiarseli.

Allora Zeus, il capo degli dei dell'Olimpo, per punirla la tramutò in un orribile mostro che fino a tre

25 volte al giorno risucchia grandi quantità di acqua per poi risputarla, creando enormi vortici in grado di affondare le navi di passaggio.

Scilla era un'altra bellissima ninfa che viveva sulla sponda dello Stretto presso l'attuale città di Reggio Calabria. Era solita recarsi sulla spiaggia per fare il bagno e passeggiare. Un giorno il dio marino Glauco la vide e se ne innamorò e chiese alla maga Circe di preparargli una pozione d'amore per

30 Scilla. Ma Circe, innamorata a sua volta di Glauco, trasformò invece Scilla in un orribile mostro che mangiava i naviganti con le sue orrende fauci.

Pericolose correnti e gorghi rendevano oggettivamente pericoloso alla navigazione dell'epoca lo Stretto, ma anche lo scatenarsi in quell'area di terremoti e maremoti faceva sì che il posto fosse ritenuto infestato da feroci mostri marini.

35 Proprio da uno dei mostri marini più temuti nell'antichità, Ceto (divinità femminile raffigurata come un enorme pesce simile a una balena), prendono il nome i cetacei, i grandi mammiferi marini come balene, megattere, delfini e orche.

Secondo la mitologia greca Ceto era stata mandata da Poseidone a devastare le coste dell'odierna Jaffa, ma l'eroe Perseo la uccise: ancora nel II secolo d.C., testimoniano gli storici, era visibile lo

40 scheletro di un animale enorme che si diceva fosse quello di Ceto.

Ai cetacei appartengono inoltre sia il Leviatano, il terrificante mostro marino biblico, sia la balena che inghiottì il profeta Giona e che dopo tre giorni lo risputò su una spiaggia.

Adattamento dei testi da Luigi Piccardi, *Mostri marini del Mediterraneo*, in National Geographic, dicembre 2005

B1. Che cosa sono le "ossa fossili"? (riga 2)

☐ A. Ossa molto antiche conservatesi perché sepolte in profondità
☐ B. Ossa trovate nei fossi
☐ C. Ossa di dinosauri
☐ D. Ossa prive di forma definita

B2. Secondo l'Odissea, dove vivevano i Ciclopi?

☐ A. Nello Stretto di Messina
☐ B. Nel Canale di Sicilia
☐ C. In Sicilia
☐ D. Sulla costa calabrese

B3. Nella frase "esseri monocoli mangiatori di uomini" (riga 4) con quale espressione si può sostituire la parola "monocoli" conservando lo stesso significato?

☐ A. Esseri che indossano un monocolo
☐ B. Esseri con un solo occhio
☐ C. Esseri che vivono in un monolocale
☐ D. Esseri che possiedono un cannocchiale

B4. Che cosa ha dato origine al mito dei Ciclopi?

☐ A. Il ritrovamento in Sicilia di crani umani con una sola cavità oculare
☐ B. Il ritrovamento in Sicilia di crani di elefanti nani
☐ C. Il ritrovamento in Sicilia di crani umani
☐ D. Il ritrovamento in Sicilia di crani di elefanti nani con la cavità della proboscide

B5. Segna con una crocetta quali delle seguenti caratteristiche di Poseidone sono vere e quali false.

a. Era il dio degli abissi e dei terremoti	V	F
b. Omero lo definisce incendiario	V	F
c. Dà origine a temporali e crolli	V	F
d. Gli ippocampi erano la sua cavalcatura	V	F

B6. La parola "cetaceo" deriva da Ceto che era

☐ A. un mostro di cui è stato trovato lo scheletro e che fu ucciso da Perseo
☐ B. un mostro che doveva distruggere Jaffa, per ordine di Poseidone e che poi uccise Perseo
☐ C. un mostro che scambiò il suo scheletro con quello di Perseo
☐ D. un mostro che trovò lo scheletro di Perseo

B7. Attribuisci a Scilla e Cariddi le loro caratteristiche.

	Scilla	Cariddi
a. Ninfa	☐	☐
b. Amata da Glauco	☐	☐
c. Trasformata in mostro da Zeus	☐	☐
d. Molto vorace	☐	☐
e. Abitava nello Stretto di Messina	☐	☐
f. Mangiava navi e marinai	☐	☐
g. Trasformata in mostro da una pozione di Circe	☐	☐

B8. Per quale motivo gli antichi credevano che lo Stretto di Messina fosse abitato da orrendi mostri?

☐ A. Perché vi sono stati ritrovati resti di mostri marini
☐ B. Perché lo Stretto di Sicilia era molto pericoloso per la navigazione con i mezzi dell'epoca
☐ C. Perché in Sicilia abitavano molti dei greci
☐ D. Perché lo Stretto di Sicilia era un tratto di mare molto adatto alla navigazione con i mezzi dell'epoca

B9. Perché gli antichi costruivano miti e leggende per spiegare fenomeni naturali?

☐ A. Erano molto fantasiosi e amavano raccontare storie di dei ed eroi
☐ B. Non riuscendo a darsi una spiegazione scientifica di molti fenomeni naturali, li attribuivano a dei e a forze sovrumane
☐ C. Ricorrevano ai miti per ingraziarsi gli dei
☐ D. Preferivano i miti perché erano considerati più divertenti delle verità scientifiche

INDICE